21世纪高等学校计算机专业实用系列教材

U03369349

Python 快乐编程
Machine-Learning
机器学习
从入门到实战

◎千锋教育高教产品研发部／编著

清华大学出版社
北　京

内 容 简 介

本书采用理论与实战相结合的形式，通过生活中的例子来讲解理论知识，结合实际案例代码，帮助读者在掌握机器学习理论的同时，打下项目实践的基础，同时配有丰富的教学资源，帮助读者自学或开展教学工作。

本书共 13 章，涵盖机器学习入门所需的数学知识及相关算法，包括 K 近邻算法、决策树、朴素贝叶斯、逻辑回归与梯度下降、支持向量机、AdaBoost 算法、线性回归、K-means 算法、Apriori 算法、FP-growth 算法、主成分分析和奇异值分解。本书将理论与实际操作相结合，通过丰富的程序实例和详尽的步骤讲解，与读者一起跳出枯燥的理论知识，快乐学习。

本书适合刚进入机器学习领域的读者，也可以作为大专院校相关专业的教材。

图书在版编目(CIP)数据

Python 快乐编程：机器学习从入门到实战/千锋教育高教产品研发部编著.—北京：清华大学出版社，2021.7

21 世纪高等学校计算机专业实用系列教材

ISBN 978-7-302-57696-9

Ⅰ．①P…　Ⅱ．①千…　Ⅲ．①机器学习－程序设计－高等学校－教材　Ⅳ．①TP181

中国版本图书馆 CIP 数据核字(2021)第 045433 号

责任编辑：付弘宇　张爱华
封面设计：徐子惠
责任校对：李建庄
责任印制：宋　林

出版发行：清华大学出版社
　　　　网　　　址：http://www.tup.com.cn，http://www.wqbook.com
　　　　地　　　址：北京清华大学学研大厦 A 座　　　　　　邮　　编：100084
　　　　社 总 机：010-62770175　　　　　　　　　　　　　邮　　购：010-83470235
　　　　投稿与读者服务：010-62776969，c-service@tup.tsinghua.edu.cn
　　　　质量反馈：010-62772015，zhiliang@tup.tsinghua.edu.cn
　　　　课件下载：http://www.tup.com.cn，010-83470236
印 装 者：小森印刷霸州有限公司
经　　销：全国新华书店
开　　本：185mm×260mm　　印　张：17　　　　　字　　数：412 千字
版　　次：2021 年 8 月第 1 版　　　　　　　　　　　印　　次：2021 年 8 月第 1 次印刷
印　　数：1～2000
定　　价：59.80 元

产品编号：084752-01

前言

为什么要写这样一本书

当今世界是知识爆炸的世界，科学技术与信息技术飞速地发展，新兴技术层出不穷。但教科书却不能将这些知识内容随时编入，致使教科书的知识内容瞬息便会陈旧不实用，以致教材的陈旧性与滞后性尤为突出，在初学者还不会编写一行代码的情况下，就开始讲解算法，这样只会吓跑初学者，让初学者难以入门。

IT这个行业不仅需要理论知识，更需要实用型、技术过硬、综合能力强的人才。所以，高校毕业生求职面临的第一道门槛就是技能与经验的考验。学校往往注重学生的素质教育和理论知识，而忽略了对学生的实践能力培养。

如何解决这一问题

为了杜绝这一现象，本书倡导快乐学习，实战就业。本书在语言描述上力求准确、通俗、易懂，在章节编排上力求循序渐进，在知识点讲解时尽量避免术语和公式，从项目开发的实际需求入手，将理论知识与实际应用相结合，目标就是让初学者能够快速成长为初级程序员，并拥有一定的项目开发经验，从而在职场中拥有一个高起点。

千锋教育

前 言

在瞬息万变的 IT 时代，一群怀揣梦想的人创办了千锋教育，投身到 IT 培训行业。多年来，一批批有志青年加入千锋教育，为了梦想笃定前行。千锋教育秉承用良心做教育的理念，为培养"顶级 IT 精英"付出了一切努力。对于为什么会有这样的梦想，我们先来听一听用人企业和求职者的心声：

"现在符合企业需求的 IT 技术人才非常紧缺，这方面的优秀人才，我们会像珍宝一样对待，可为什么至今没有合格的人才出现？

"面试的时候，用人企业问能做什么，这个项目如何来实现，需要多长的时间，我们当时都蒙了，回答不上来。

"这已经是面试过的第十家公司了，如果再不行，是不是要考虑转行了，难道大学里的四年都白学了？

"这已经是参加面试的第 N 个求职者了，为什么都是计算机专业，但当问到项目如何实现时，怎么连思路都没有呢？"

这些心声并不是个别现象，而是中国社会存在的一种普遍现象。高校的 IT 教育与企业的真实需求存在脱节，如果高校的相关课程仍然不进行更新，毕业生将面临难以就业的困境。很多用人单位表示，高校毕业生表面上知识丰富，但这些知识绝大多数在实际工作中用之甚少，甚至完全用不上。针对上述存在的问题，国务院也做出了关于加快发展现代职业教育的决定。很庆幸，千锋教育所做的事情就是配合高校达成产学合作。

千锋教育致力于打造 IT 职业教育全产业链人才服务平台，全国数十家分校、数百名讲师坚持以教学为本的方针，采用面对面教学，教学大纲实时紧跟企业需求，拥有全国一体化就业体系，传授企业实用技能。千锋教育的价值观是"做真实的自己，用良心做教育"。

针对高校教师的服务

1. 千锋教育基于近年来的教育培训经验，精心设计了包含"教材＋授课资源＋考试系统＋测试题＋辅助案例"的教学资源包，能节省教师的备课时间，缓解教师的教学压力，显著提高教学质量。

2. 本书配套代码视频的索取网址：http://www.codingke.com/。

3. 本书配备了由千锋教育优秀讲师录制的教学视频，按本书知识结构体系部署到了教学辅助平台（扣丁学堂）上，可以作为教学资源使用，也可以作为备课参考。

高校教师如需索要配套教学资源,请关注(扣丁学堂)师资服务平台,扫描下方二维码关注微信公众平台索取。

扣丁学堂

针对高校学生的服务

1. 学 IT 有疑问,就找千问千知,它是一个有问必答的 IT 社区,平台上的专业答疑辅导老师承诺工作时间 3 小时内答复您学习 IT 时遇到的专业问题。读者也可以通过扫描下方的二维码关注千问千知微信公众平台,浏览其他学习者在学习中分享的问题和收获。

2. 学习太枯燥,想了解其他学校的伙伴都是怎样学习的,可以加入扣丁俱乐部。扣丁俱乐部是千锋教育联合各大校园发起的公益计划,专门面向对 IT 有兴趣的大学生,提供免费的学习资源和问答服务,已有超过 30 多万名学习者获益。

就业难,难就业,千锋教育让就业不再难!

千问千知

关 于 本 书

本书包含了千锋教育机器学习相关的全部课程内容,既可作为高等院校本专科计算机相关专业的机器学习入门教材,也是一本适合广大计算机编程爱好者的优秀读物。

抢 红 包

本书配套源代码、习题答案的获取方法:添加小千 QQ 号或微信号 2133320438。
注意:小千会随时发放"助学金红包"。

致 谢

千锋教育高教研发团队在近一年时间里参阅了大量机器学习基础教材和图书,通过反复修改最终完成了这本著作。另外,多名院校老师也参与了教材的部分编写与指导工作,除此之外,千锋教育 500 多名学员也参与到了教材的试读工作中,他们站在初学者的角度对教材提出了许多宝贵的修改意见,在此一并表示衷心的感谢。

意 见 反 馈

在本书的编写过程中,虽然力求完美,但难免有一些不足之处,欢迎各界专家和读者朋友们给予宝贵意见,联系方式:40490551@qq.com。

千锋教育高教产品研发部

2020 年 12 月于北京

目　　录

第 1 章　初识 Python 机器学习 ··· 1

  1.1　机器学习简介 ··· 1

    1.1.1　机器学习的起源及发展 ·· 1

    1.1.2　监督学习 ·· 2

    1.1.3　无监督学习 ·· 2

    1.1.4　半监督学习 ·· 4

    1.1.5　强化学习 ·· 4

    1.1.6　机器学习程序开发步骤 ·· 5

    1.1.7　机器学习发展现状 ·· 6

    1.1.8　机器学习的未来 ·· 7

  1.2　使用 Python 语言开发 ··· 9

  1.3　NumPy 函数库基础 ··· 10

    1.3.1　NumPy 函数库的安装 ·· 10

    1.3.2　NumPy 函数库入门 ·· 11

  1.4　SciPy 函数库基础 ·· 17

    1.4.1　SciPy 函数库的安装 ··· 17

    1.4.2　SciPy 函数库入门 ··· 18

  1.5　Matplotlib 库 ··· 20

    1.5.1　Matplotlib 库的安装 ··· 20

    1.5.2　Matplotlib 库的使用 ··· 20

  1.6　集成开发环境 Anaconda ·· 27

  1.7　本章小结 ··· 27

  1.8　习题 ··· 27

第 2 章　K 近邻算法 ·· 29

  2.1　K 近邻算法概述 ·· 29

    2.1.1　K 近邻算法的基本思想 ·· 30

    2.1.2　K 近邻的距离度量表示法 ······································ 30

    2.1.3　K 值的选择 ·· 35

  2.2　K 近邻算法的实现：KD 树 ··· 36

2.2.1　KD 树简介 ·· 36

2.2.2　KD 树的构建 ·· 36

2.2.3　搜索 KD 树 ·· 40

2.3　实战：利用 K 近邻算法改进约会网站 ·················· 42

2.4　本章小结 ··· 51

2.5　习题 ··· 51

第 3 章　决策树 ··· 52

3.1　决策树与信息熵 ··· 52

3.1.1　决策树简介 ··· 52

3.1.2　信息与自信息 ·· 54

3.1.3　信息熵 ·· 55

3.1.4　信息增益与划分数据集 ······························ 56

3.2　构建决策树 ··· 58

3.3　可视化决策树 ·· 60

3.3.1　注释结点 ·· 60

3.3.2　构建完整的注解树 ····································· 62

3.4　基尼指数与 CART 算法 ······································ 65

3.5　决策树的剪枝 ·· 70

3.6　本章小结 ··· 71

3.7　习题 ··· 71

第 4 章　朴素贝叶斯 ··· 72

4.1　概率分布与贝叶斯决策论 ···································· 72

4.2　条件概率 ··· 73

4.3　贝叶斯分类 ··· 74

4.4　朴素贝叶斯分类 ··· 75

4.5　实战：利用朴素贝叶斯分类模型进行文档分类 ········· 76

4.5.1　将单词表转换为向量 ·································· 77

4.5.2　概率计算 ·· 78

4.5.3　通过朴素贝叶斯模型进行文件分类 ················· 80

4.6　实战：利用朴素贝叶斯分类模型过滤垃圾邮件 ········· 82

4.6.1　切分文本 ·· 82

4.6.2　通过朴素贝叶斯模型过滤垃圾邮件 ················· 84

4.7　本章小结 ··· 88

4.8　习题 ··· 88

第 5 章　逻辑回归与梯度下降 ·· 90

5.1　逻辑回归与 Sigmoid 函数 ··································· 90

5.1.1 逻辑回归简介 ······ 90

5.1.2 Sigmoid 函数简介 ······ 91

5.2 梯度下降算法 ······ 91

5.2.1 二维坐标系中的梯度下降算法 ······ 94

5.2.2 三维坐标系中的梯度下降算法 ······ 95

5.3 通过梯度下降算法找到最佳参数 ······ 97

5.4 决策边界 ······ 98

5.5 梯度下降算法的改进 ······ 100

5.5.1 批量梯度下降算法 ······ 100

5.5.2 随机梯度下降算法 ······ 105

5.6 本章小结 ······ 108

5.7 习题 ······ 108

第 6 章 支持向量机 ······ 110

6.1 支持向量机简介 ······ 110

6.2 寻找最大间隔 ······ 112

6.3 序列最小优化 ······ 114

6.3.1 序列最小化算法简介 ······ 114

6.3.2 通过序列最小优化算法处理小规模数据集 ······ 114

6.3.3 通过完整的序列最小优化算法进行优化 ······ 119

6.4 核函数及其应用 ······ 126

6.4.1 高斯核函数 ······ 127

6.4.2 高斯核函数的应用 ······ 128

6.5 本章小结 ······ 134

6.6 习题 ······ 135

第 7 章 AdaBoost 算法 ······ 136

7.1 集成学习算法简介 ······ 136

7.2 AdaBoost 算法原理 ······ 138

7.3 单层决策树与 AdaBoost 算法 ······ 139

7.4 实战：通过 AdaBoost 算法进行分类 ······ 142

7.5 非均衡分类 ······ 144

7.5.1 分类性能度量指标：正确率、召回率 ······ 144

7.5.2 分类性能度量指标：ROC 曲线 ······ 146

7.5.3 非均衡数据的采样方法 ······ 149

7.6 本章小结 ······ 150

7.7 习题 ······ 150

第 8 章 线性回归 ··· 152

8.1 线性回归原理 ··· 152

8.1.1 简单的线性回归 ··· 152

8.1.2 多元线性回归 ··· 155

8.2 局部加权线性回归 ··· 160

8.3 正则化的线性回归 ··· 164

8.3.1 岭回归 ··· 166

8.3.2 Lasso 回归 ·· 169

8.4 方差与偏差的平衡 ··· 173

8.5 本章小结 ··· 175

8.6 习题 ··· 175

第 9 章 K-means 算法 ··· 177

9.1 无监督学习算法 ·· 177

9.2 K-means 算法简介 ··· 179

9.3 构建简单的 K-means 模型 ·· 180

9.4 K 值的选择 ·· 183

9.4.1 肘部法则 ··· 183

9.4.2 轮廓系数 ··· 185

9.4.3 间隔统计量 ·· 187

9.4.4 Canopy 算法 ··· 190

9.5 二分 K-means 算法 ·· 193

9.6 本章小结 ··· 197

9.7 习题 ··· 197

第 10 章 Apriori 算法 ·· 199

10.1 关联分析算法简介 ·· 199

10.2 Apriori 算法的工作原理 ··· 201

10.3 实战：Python 编程发现频繁项集 ·· 202

10.4 实战：Python 编程发现强关联规则 ·· 207

10.5 本章小结 ·· 210

10.6 习题 ·· 210

第 11 章 FP-growth 算法 ·· 212

11.1 FP-growth 算法简介 ··· 212

11.2 构建 FP 树 ·· 213

11.2.1 创建 FP 树的数据结构 ··· 213

11.2.2 通过 Python 构建 FP 树 ·· 215

11.3　通过 FP-growth 算法提取频繁项集 ●●●●●●●●●●●●●●●●●●●●●●●●●●●●●● 221

　　11.3.1　提取条件模式基 ●●●●●●●●●●●●●●●●● 221

　　11.3.2　创建条件 FP 树 ●●●●●●●●●●●●●●●●● 222

11.4　实战：从超市购物清单中发掘信息 ●●●●●●●●●●●●●●●●●●●●●●●● 224

11.5　本章小结 ●● 229

11.6　习题 ●●● 230

第 12 章　主成分分析 ●● 231

12.1　数据降维 ●● 231

12.2　实战：通过 Python 实现简单的主成分分析 ●●●●●●●●●●●●●●●● 235

12.3　对 Iris 数据集降维 ●● 239

12.4　本章小结 ●● 242

12.5　习题 ●●● 242

第 13 章　奇异值分解 ●● 243

13.1　特征值分解 ●●● 243

13.2　奇异值分解简介 ●● 245

13.3　实战：通过 Python 实现图片压缩 ●●●●●●●●●●●●●●●●●●●●●●●●● 247

13.4　基于协同过滤的推荐算法 ●●●●●●●●●●●●●●●●●●●●●●●●●●●●●●●● 249

　　13.4.1　推荐算法概述 ●●●●●●●●●●●●●●●●●●●●●●●● 249

　　13.4.2　协同推荐系统概述 ●●●●●●●●●●●●●●●●●●● 250

　　13.4.3　实战：通过 Python 实现基于用户的协同推荐系统 ●●●●●●● 251

　　13.4.4　实战：通过 Python 实现基于物品的协同推荐系统 ●●●●●●● 254

　　13.4.5　构建推荐引擎面临的挑战 ●●●●●●●●●●●●●●● 256

13.5　本章小结 ●●● 257

13.6　习题 ●●● 257

第 1 章　初识 Python 机器学习

本章学习目标

- 了解机器学习的起源及发展；
- 掌握机器学习应用程序开发的基本步骤；
- 掌握 NumPy 函数库的安装与使用；
- 掌握 SciPy 函数库的安装与使用；
- 掌握 Matplotlib 库的安装与使用。

机器学习研究的主要目标是让计算机模拟人类的学习行为以获取新的知识或技能，并重新组织已有的知识结构，使之不断改善自身。简单来说，机器学习就是计算机从数据中学习到规律和模式，以应用在新数据上完成预测任务。近年来，随着互联网数据的大爆炸，数据的丰富度和覆盖面远远超出人工可以观察和总结的范畴，机器学习领域的发展使得计算机在处理海量数据时展现出强大的数据分析能力和巨大的发展潜能。

人工智能正引发链式反应般的科学突破，引领新一轮科技革命和产业变革。本书将带领读者由浅入深地学习机器学习的相关知识，为适应新的科技发展潮流打下坚实的基础。

1.1　机器学习简介

1.1.1　机器学习的起源及发展

人类一直生活在海量的数据之中，通过感官系统可以收集到各种形式的数据，然后经由大脑将这些数据转换为相应的知觉（触觉、听觉、视觉、味觉、嗅觉等）。如今随着科技的进步，机器也可以通过人造传感器进行数据的收集，并对这些数据进行处理，从中提取出更有意义的结果。机器学习算法有助于通过不同数据源收集数据，将复杂的数据集形式转变成更简单的结构，并基于分析结果增益人类的各项相关行为。

那么什么是机器学习呢？著名学者赫伯特·西蒙（Herbert Simon）教授曾对"学习"给出了一个定义："如果一个系统能够通过执行某个过程，就此改进它的性能，那么这个过程就是学习。"从赫伯特·西蒙教授的话中可以看出，学习的核心目的是改善现有的系统状态。对于计算机系统而言，通过运用数据及某种特定的方法（比如统计的方法或推理的方法）来提升机器系统的性能，就是机器学习。

如今，人工智能的浪潮正在席卷全球，诸多词汇时刻萦绕在人们耳边，如人工智能（Artificial Intelligence，AI）、机器学习（Machine Learning，ML）、深度学习（Deep Learning，

DL)等。到目前为止,人工智能已出现许多研究分支,而机器学习只是其中的一个分支,深度学习则是从属于机器学习的一个研究分支。当前人工智能研究的各个分支包括专家系统、机器学习、进化计算、模糊逻辑、计算机视觉、自然语言处理、推荐系统等。

早在1956年的达特茅斯(美国汉诺斯小镇的达特茅斯学院)会议中,科学家就提出了"人工智能"的概念,梦想着用当时刚刚出现的计算机来构造复杂的、拥有与人类智慧同样本质特性的机器。其后,人工智能就一直萦绕于人们的脑海之中,并在科研实验室中慢慢孵化。之后的几十年,针对人工智能一直存在两种极端的评价:人工智能或被看作新一轮技术革命的基石,或被视为不切实际的空想。直到2012年前,这两种舆论的平衡才被打破。

2012年以后,得益于数据量的上涨、运算力的提升、传感器成本的降低和机器学习新算法(比如深度学习)的发展,人工智能的应用有了新的阶段性突破,例如AlphaGo、无人驾驶技术、模式识别等。作为人工智能的核心研究领域,机器学习也在人工智能的大幅发展中备受瞩目。

《论语·阳货》中记录了孔子的话:"性相近也,习相远也。"这句话可以理解为:人们先天的本性相近,但后天习染积久养成的习性却差异巨大。这句话同样适用于机器学习领域。机器学习的学习对象是数据,数据是否带有标签会对机器学习最后习得的"习性"产生影响,"习染积久"的环境不一样,其表现出来的"习性"也有所不同。机器学习大致可分为四类:监督学习、无监督学习、半监督学习和强化学习。接下来将分别对这四类学习方法进行介绍。

1.1.2　监督学习

监督学习通过学习训练数据集中输入变量和输出变量之间的映射关系,根据习得的这种映射关系来预测未知数据的输出结果。在监督学习中训练数据集是有标签的。其中,标签是指某个事物所属的类别。监督学习所发现的这种"关系"通过"模型"的结构来表达。美国伊利诺伊大学香槟分校计算机系的韩家炜教授认为,监督学习可以被看作"分类"的代名词。

简单来说,监督学习的工作就是通过有标签的数据训练,构建一个"模型",然后通过构建的模型,给新数据添加特定的标签。

在监督学习中,计算机就像一个"学生",根据"老师"给出的带有标签的数据进行学习,如图1.1所示。

图1.1中,"老师"告诉学生,图片里是一只狗,计算机便会总结图中"狗"的特征,并将符合这些特征的事物定义为"狗"。如果换一张不同的狗的图片,计算机也能够识别出这是"狗",那么便可以说这是一次成功的标签分类。但机器学习显然不可能仅从一张图中便习得准确辨识"狗"的技能。当计算机无法识别新的"狗"或者将"狗"的图片识别成其他动物时,"老师"就会纠正计算机的偏差,并告诉计算机这个也是"狗"。通过大量的反复训练让计算机习得不同的"狗"所具有的共同特征,这样,再遇到新的"狗"时,计算机就更可能给出正确的答案。

事实上,机器学习的目标可以概括为:让计算机通过学习不断完善构建的模型,让构建的模型更好地适用于预测"新样本",而不仅仅是通过学习在训练数据集上工作得更好。通过训练构建的模型获得的适用于预测新的未知样本的能力,被称作"泛化能力"。

1.1.3　无监督学习

无监督学习与监督学习相比,计算机所学习的数据都是无标签的。无监督学习任务的

图 1.1　监督学习的形式

常见类型是"聚类"任务和"降维"任务。

　　"聚类"是将相似对象聚合在一簇的过程。每一簇都由彼此之间相似并且与其他类的对象不相似的对象组成。聚类的目标是确定一组未标记数据的内在关系,对这些未标记的数据进行分组。聚类通常应用于数据挖掘和信息检索等领域。

　　"降维"主要用于处理样本数据的特征维度过高但数据本身稀疏的情况。在这种情况下,机器学习任务往往面临计算困难、计算精度大幅下降的问题。降维对数据的数学关系进行变换,将数据集从一个高维度空间映射到另一个低维度的空间中,通过提升样本的密度来解决"维度灾难"问题。

　　在无监督学习下,计算机在学习过程中不再有"老师"帮其标注训练数据集,而是根据训练数据集的内在特征对这些数据进行分组。无监督学习的形式如图 1.2 所示。

图 1.2　无监督学习的形式

　　无监督学习针对全体训练数据集进行学习,习得一种特定的模型来表征输入数据集整体的统计结构。这类学习方法更加近似于人脑的学习方式。在无监督学习中,计算机接收输入数据后没有有监督的输出,也不会从环境中获得任何的正向激励或者负向惩罚。可以理解为,给定一组训练数据集,但不告诉计算机这批数据是什么,让计算机自己通过学习构建出将这批数据分组的模型。至于计算机能学到什么,则取决于数据自身所具备的特性。

"物以类聚,人以群分"这句话可以看作在无监督学习环境下构建模型的过程:计算机一开始并不知道这些"类"和"群"中元素的标签,经过归纳和总结,将具有共同特征的事物归为一簇。以后再遇到新的未知数据时,通过分析新数据的特征即可预测它属于哪个簇,从而完成对新数据的分类。

1.1.4 半监督学习

半监督学习在训练模型时同时使用了有标签数据和无标签数据,其中小部分是有标签数据,而大部分是无标签数据。与监督学习相比,半监督学习的成本较低,但是仍能达到较高的准确度。通过综合利用有类标的和没有类标的数据,可生成相应的模型。

半监督学习的发展背景:在处理实际问题时,往往只有少量的有标签数据,在处理海量数据时,对所有训练数据进行标记的代价过高,因此无法采用传统的监督学习进行模型的训练。例如,在互联网大数据时代,电影推荐功能中如果采用监督学习,这将会花上数学家数月的时间为所有训练数据进行筛选和标记,学习的成本实在太高。有标签数据的收集和标记需要消耗大量的人力和物力,而海量的非标签数据却触手可及,半监督学习将成为大数据时代的发展趋势。

从小学到大学,学生一直接受着来自学校和家庭的教育,老师和家长教学生明辨是非的方法,学生在学习中不断改善自身的性情,让自己成为一个品行优秀的人。学生从进入学校到步入社会前的成长过程可以被近似看作处于监督学习的环境中。当学生成年、大学毕业以后离开了家长和学校的监督,此时只能靠自己之前积累的经验和知识来帮助自己判断是非,在社会中试错,磨炼自己,丰富自己对世界的认知,帮助自己恰当地应对新的问题。进入社会后的成长过程可以被近似看作处于无监督学习的环境中。半监督学习会先在有监督的环境下初步构建好模型后再进行无监督学习。

关于半监督学习的形式化定义可能不太容易理解。下面通过列举一个现实生活中的例子来辅助说明半监督学习的概念。假设图 1.3 中的学生已经学习到下列指示:

(1) 图 1.3(a)中上边的动物(数据 1)是一只猫(标签:猫)。

(2) 图 1.3(a)中下边的动物(数据 2)是一只猫(标签:猫)。

此时并不知道图 1.3(b)中的东西(数据 3)是什么,但这个东西与该学生之前学习到的有关猫的特征很接近,那么该学生便可以根据之前的学习经验来猜测图 1.3(b)中的数据很可能也是一只猫。

在对数据 3 进行正确识别后,该学生的已知领域(标签数据)便进一步扩大(由两个扩大到三个),这个学习的过程便称为半监督学习。需要注意的是,这里隐含了一个基本假设——"聚类假设"(cluster assumption),即相似的样本拥有相似的输出。

1.1.5 强化学习

强化学习又称再励学习、评价学习。当计算机使用强化学习时,它们会尝试不同的行

(a) 少量数据集(两个标签数据)

(b) 预测未知数据

图 1.3　半监督学习

为,从反馈中学习该行为是否能够得到更好的结果,然后将能得到好结果的行为记住。规范地说就是计算机在多次迭代中自主地重新修正算法,直到能做出正确的判断为止。强化学习主要用于描述和解决计算机与环境的交互过程中通过学习策略以达成回报最大化或实现特定目标的问题。

强化学习类似学骑自行车的过程。刚开始学的时候会经常因为控制不好平衡而摔倒(负向反馈),这一次操作和摔倒属于强化学习系统关注的响应点。因为反馈是负面的,所以需要进行调整。随着练习次数的上升,根据对负向反馈的比对不断优化骑车的行为,逐渐掌握平衡的窍门,减少摔倒的次数,最终实现平稳的骑行。这个学习的过程就可以看作是强化学习。

强化学习理论受到行为主义心理学启发,侧重在线学习并试图在探索与利用间保持平衡。不同于监督学习和非监督学习,强化学习不要求预先给定任何数据,而是通过接收环境对动作的奖励(或负向反馈)获得学习信息并更新模型参数。

强化学习目前主要应用于信息论、博弈论、自动控制等领域,常被用于解释有限理性条件下的平衡态,设计推荐系统和机器人交互系统。一些复杂的强化学习算法在一定程度上具备解决复杂问题的通用智能,可以帮助计算机在围棋或电子游戏中达到人类的操作水平。

1.1.6　机器学习程序开发步骤

本书将展示多个常用的、在不用应用领域使用的机器学习算法,以及使用时应当注意的地方。通常使用机器学习算法开发应用程序的步骤如图 1.4 所示。

(1)收集数据:可以通过很多方法收集数据,可以使用技术手段获取数据,如制作网络爬虫从网站抽取数据,也可以使用公开可用的数据源。

图 1.4　开发步骤

收集数据

准备输入数据

分析输入数据

训练算法

测试算法

使用算法

初识 Python 机器学习

（2）准备输入数据：得到数据之后，必须确保数据格式符合要求。使用标准的数据格式可以融合算法和数据源，方便匹配操作。此外，还要为机器学习算法准备特定的数据格式，一般某些算法要求目标变量和特征值是字符串变量，而另外一些算法则可能要求是整数类型。

（3）分析输入数据：主要是人工分析得到的数据，确保数据中没有垃圾数据。

（4）训练算法：将第（2）步和第（3）步得到的格式化数据输入到算法，从中抽取信息。

（5）测试算法：为了评估算法，必须测试算法工作的效果。对于监督学习，必须已知用于评估算法的目标变量值；对于无监督学习，必须用其他评测手段来检验算法的成功率。如果不满意算法的输出结果，可以在不改变算法的前提下，检验是否因为数据的收集和准备过程出现问题而影响了输出结果。

（6）使用算法：将机器学习算法转化为应用程序，执行实际任务，以检验上述步骤是否可以在实际环境中正常运行。

在机器学习应用程序开发过程中，并不会直接将数据输入机器学习算法中，而是首先对输入数据进行预处理，在预处理过程中会用到统计学以及基础数学知识，而这也是机器学习入门的门槛。数据的筛选与整理决定了整个机器学习任务的成败，在实际开发中大部分的时间将花费在数据的处理中。

1.1.7　机器学习发展现状

深度学习极大地促进了机器学习的发展，受到了世界各国相关领域研究人员和高科技公司的重视，语音、图像和自然语言处理是深度学习算法应用最广泛的三个主要研究领域。本节将简要介绍机器学习（或深度学习）在各主要领域的发展现状。

1. 语音识别领域研究现状

高斯混合模型（Gaussian Mixed Model，GMM）估计简单、使用方便，适合训练大规模数据，是一种具有良好区分度的训练算法，GMM 在语音识别应用领域占据了主导性地位。在语音识别任务中，通常采用 GMM 来对其中每个单元的概率模型进行描述。然而，GMM 作为一种浅层学习网络模型，其无法充分描述特征的状态空间分布。此外，通过 GMM 建模数据的特征通常只有数十个维度，特征之间的相关性很可能无法被充分描述。GMM 建模实质上是一种似然概率建模方式，即使一些模式分类之间的区分性能够通过区分度训练模拟得到，但是训练效果有限。

从 2009 年开始，微软亚洲研究院的语音识别专家和深度学习领军人物 Hinton 教授合作。2011 年，微软公司推出基于深度神经网络的语音识别系统，这一成果将语音识别领域已有的技术框架完全改变。采用深度神经网络后，样本数据特征间相关性信息得以充分表示，将连续的特征信息结合构成高维特征，通过高维特征样本对深度神经网络模型进行训练。深度神经网络采用了模拟人脑的神经架构，通过逐层地提取数据特征，最终得到了适合进行模式分类处理的理想特征。

2. 图像识别领域研究现状

深度学习最早涉足的领域便是图像处理。1989 年，加拿大多伦多大学 Yann LeCun 教授和他的同事提出了卷积神经网络（Convolutional Neural Network，CNN）的相关理念，该网络是一种包含卷积层的深度神经网络模型。通常一个卷积神经网络架构包含两个可以通过训练产生的非线性卷积层、两个固定的子采样层和一个全连接层,隐藏层的数量一般至少在 5 个。CNN 的架构设计是受到生物学家 Hube 和 Wiesel 的动物视觉模型启发而发明的,尤其是模拟动物视觉皮层的 V1 层和 V2 层中简单细胞和复杂细胞在视觉系统的功能。起初卷积神经网络在小规模的问题上取得了当时世界上最好的成果。但是在很长一段时间里一直没有取得重大突破。其主要原因是卷积神经网络应用在大尺寸图像上一直不能取得理想结果,如对于像素数很大的自然图像内容的理解。这一瓶颈使得它没有引起计算机视觉研究领域足够的重视。2012 年 10 月,Hinton 教授和他的学生采用更深的卷神经网络模型在著名的 ImageNet 问题上取得了世界上最好的结果,使得对于图像识别领域的研究更进一步。

卷积神经网络出现得很早,但是在 2012 年之前,其在图像识别问题上并没有取得质的提升和突破。直到 2012 年 Hinton 教授构建深度神经网络才让卷积神经网络在图像识别领域展现出惊人的实力。这主要得益于算法的改进,在神经网络的训练中引入了权重衰减的概念,有效地减小了权重幅度,防止网络过拟合。更关键的是计算机计算能力的提升、图形处理器(Graphics Processing Unit,GPU)加速技术的发展,使得在训练过程中可以产生更多的训练数据,使网络能够更好地拟合训练数据。2012 年,国内互联网巨头百度公司将相关最新技术成功应用到人脸识别和自然图像识别,并推出相应的产品。现在的深度学习网络模型已经能够理解和识别一般的自然图像。深度学习模型不仅大幅提高了图像识别的精度,同时也避免了需要消耗大量时间进行人工特征的提取,使得在线运行效率大大提升。

3. 自然语言处理领域研究现状

自然语言处理问题是机器学习在除了语音和图像处理之外的另一个重要的应用领域。数十年以来,自然语言处理的主流方法是基于统计的模型,人工神经网络也是基于统计的模型之一,但在自然语言处理领域却一直没有被重视。语言建模领域最早开始采用神经网络进行自然语言的处理。美国 NEC 研究院最早将机器学习引入自然语言处理研究中,该研究院从 2008 年起采用将词汇映射到一维矢量空间和多层一维卷积结构去解决词性标注、分词、命名实体识别和语义角色标注四个典型的自然语言处理问题。他们构建了一个网络模型用于解决四个不同问题,并且都取得了相当精确的结果。总体而言,机器学习在自然语言处理上取得的成果和在图像语音识别方面相差甚远,仍有待深入研究。

1.1.8 机器学习的未来

技术创新带来的生产力大幅提升是经济增长的根本动力,例如前几次工业革命中出现的蒸汽机、内燃机、电力系统等。如今,人工智能技术很可能成为新一代大幅提升生产力的"通用技术"。人工智能与各传统行业的结合,将大量释放这些行业的潜力,重塑人类的生活。机器学习则是这一潜在"革命"的重要推手之一。

事实上,机器学习是一门多领域交叉的学科,它涉及计算机科学、概率统计、函数逼近论、最优化理论、控制论、决策论、算法复杂度理论、实验科学等多个学科。想要真正适应未来的发展,需要扎实的理论基础与实际操作能力,本书只是与大家一起敲开了机器学习的大门,剩下的路还需要读者自行去不断探索和历练。

目前,机器学习实现了长足的发展,解决了许多现实问题,但从客观的角度来看,机器学习领域仍然存在着巨大的挑战。

首先,主流的机器学习技术属于黑箱技术,预测其发展过程中潜藏的危机十分困难,需要不断地提升机器学习过程的可解释性、可干预性来缓解这种潜在危机。其次,在大数据环境下,目前主流的机器学习的计算成本很高,降低计算成本将是未来的重要研究领域之一。

在物理、化学、生物、社会科学中,人们常常用一些简单而准确的方程(如像薛定谔方程这样的二阶偏微分方程)来描述表象背后的深刻规律。目前,机器学习领域的解释描述往往十分烦琐,仍有很大的进步空间。接下来将介绍一些未来十年内机器学习中可能成为研究热点的领域。

1. 可解释的机器学习

以深度学习为代表的各种机器学习技术方兴未艾,目前已经取得了举世瞩目的成果。机器和人类在很多复杂认知任务上的表现已在伯仲之间。目前,在解释模型为什么奏效及如何运作时,学术界的研究还处于非常初级的阶段。

2. 轻量机器学习和边缘计算

边缘计算(edge computing)指的是在网络边缘结点处理、分析数据。而边缘结点指的是在数据产生源头和云计算中心之间具有计算资源和网络资源的结点,例如,手机就是人与云计算中心之间的边缘结点,而网关则是智能家居和云计算中心之间的边缘结点。在理想环境下,边缘计算指的是在数据产生源附近分析、处理数据,降低数据的流转,进而减少网络流量和响应时间。随着物联网的兴起以及人工智能在移动场景下的广泛应用,机器学习与边缘计算的结合显得尤为重要。

3. 量子机器学习

量子机器学习(quantum machine learning)是量子计算和机器学习的交叉学科。量子计算和机器学习互利互惠、相辅相成。一方面,可以利用量子计算的优势来提高经典的机器学习算法的性能,如在量子计算机上高效实现经典计算机上的机器学习算法;另一方面,也可以利用经典计算机上的机器学习算法来分析和改进量子计算系统。

1)量子强化学习

在量子强化学习中,一个量子智能体(agent)与经典环境互动,从环境获得奖励从而调整和改进其行为策略。在某些情况下,由于智能体的量子处理能力或者由于量子叠加探测环境的可能性而实现量子加速。这类算法已在超导电路和俘获离子系统中提出。

2)量子深度学习

诸如量子退火器和采用可编程光子电路的专用量子信息处理器非常适合构建深层量子学习网络。最简单的可量子化的深度神经网络是玻尔兹曼机。经典的玻尔兹曼机由具有可调的相互作用的比特位组成,通过调整这些比特位的相互作用来训练玻尔兹曼机,使得其表达的分布符合数据的统计。为了量子化玻尔兹曼机,可以简单地将神经网络表示为一组相互作用的量子自旋,它对应于一个可调的 Ising 模型,然后通过将玻尔兹曼机中的输入神经元初始化为固定状态,并允许系统进行热化,获取输出量子位以得出结果。

量子退火器是专用的量子信息处理器,比通用量子计算机更容易构建和扩展,目前已初步商业化,如 D-wave 量子退火器。

4. 即兴学习

即兴学习与 Yann LeCun 教授一直倡导的预测学习有着相似的目标,然而二者对世界的假设和采取的方法论存在着巨大差异。预测学习这个概念来源于无监督学习,侧重预测未来事件发生概率的能力。方法论上,预测学习利用所有当前可用的信息,基于过去和现在的数据预测未来,或者基于现在的数据分析过去。预测学习在一定程度上暗合现代认知科学对大脑能力的理解。

预测学习的两大要素是建模世界和预测当前未知。但是对于"现实世界是否可以预测"这个问题,目前各界的答案并不明确。

与预测学习对世界的假设不同,即兴学习假设异常事件的发生是常态。即兴智能是指当遇到出乎意料的事件时可以即兴地、变通地解决问题。即兴学习意味着没有确定的、预设的、静态的可优化目标。直观地讲,即兴学习系统需要进行不间断的、自我驱动的能力提升,而不是由预设目标生成的优化梯度推动演化。换言之,即兴学习通过自主式观察和交互来获得知识与解决问题的能力。

5. 社会机器学习

机器学习的目的是模拟人类的学习过程。机器学习虽然取得很大的成功,但是到目前为止,它忽视了一个重要的因素,也就是人的社会属性。每个人都是社会的一分子,很难从出生就脱离社会独自生存、学习并不断成长。人类的智能发展离不开社会属性的影响,未来可能会大面积尝试赋予计算机各种意义的社会属性,模拟人类社会中的关键元素进行演化,从而实现比现在的机器学习方法更为有效、智能、可解释的"社会机器学习"。

社会由亿万个人类个体构成,社会机器学习也应该是一个由机器学习智能体构成的体系。每一个机器学习算法除了按照现在的机器学习方法获取数据的规律外,还参与社会活动。它们会联合其他的机器学习智能体按照社会机制积极获取信息、分工、合作、获得社会酬劳。与此同时,它们会通过学习知识、相互学习、总结经验来调整行为。

事实上,现在的机器学习方法中已经开始出现"社会智能"的零零星星的影子。例如,"知识蒸馏"可以描述机器学习智能体之间最简单的行为影响,也可以是初步获取知识的方式;分布式机器学习算法中的模型平均、模型集成、投票等方法是最简单的社会决策机制;强化学习提供了智能体基于酬劳反馈调整行为的框架。

由于社会属性是人类的本质属性,社会机器学习也将会是人类利用机器学习从获取人工智能到获取社会智能的重要方向。

1.2　使用 Python 语言开发

Python 语言在编程中的便利性和丰富的第三方库,使其很适合用作开发机器学习应用程序。目前 Python 语言非常流行,网络资源中也有很多 Python 代码范例可供学习和阅读,在实际开发中也可以利用丰富的模块库缩短开发周期。

本书使用 Python 3.6 版本,结合 NumPy 与 SciPy 等科学函数库来实现机器学习应用的开发。NumPy 与 SciPy 函数都实现了向量和矩阵操作,掌握了线性代数基础才能看懂代码的实现功能。NumPy 与 SciPy 使用 C 和 Fortran 语言编写,这些底层语言负责数值计算,大大提高了相关应用程序的计算性能。

Matplotlib 绘图工具可绘制 2D、3D 图形,也可以处理科学研究中经常使用到的图形,本书中将大量使用 Matplotlib 绘制开发中用到的科学图形。

1.3　NumPy 函数库基础

1.3.1　NumPy 函数库的安装

NumPy 函数库是 Python 开发环境中的一个独立模块,由于 Python 环境中没有默认安装 NumPy 函数库,因此在安装 Python 后需单独安装 NumPy 函数库。NumPy 函数库的安装可直接使用如下命令完成。

```
pip install numpy
```

通过上述代码这种安装方式安装的 NumPy 函数库中缺少一些依赖,在后面安装 SciPy 时会报错,故推荐使用 NumPy 的 . whl 安装包的方式安装该函数库,下载地址为 https://www. lfd. uci. edu/～gohlke/pythonlibs/♯numpy,如图 1.5 所示。

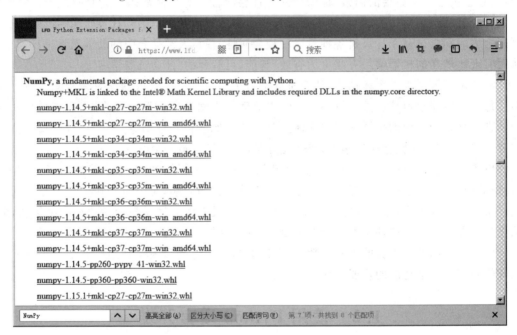

图 1.5　下载 NumPy 安装包

在图 1.5 所示的 NumPy 安装包中,cp 后的数字表示 Python 版本,因此本书在安装时下载的安装包版本为 numpy-1. 14. 5＋mkl-cp36-cp36m-win_amd64. whl。下载完成后,将安装包放置于 Python 目录下的 Scripts 目录中,接着使用 pip 命令安装,安装过程如图 1.6 所示。

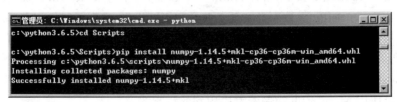

图 1.6　安装 NumPy

检测 NumPy 函数库是否安装成功,可在 Python 环境中尝试导入 NumPy 库,如图 1.7 所示。

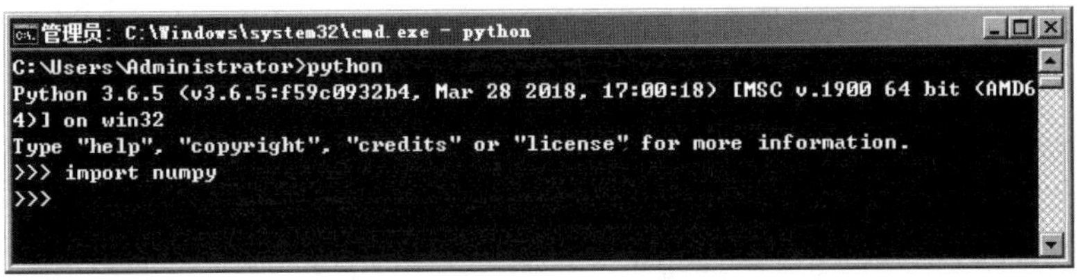

图 1.7　导入 NumPy 库

图 1.7 中导入 NumPy 库没有出错,说明 NumPy 函数库安装成功。检测 NumPy 版本可用如下命令:

```
numpy.version.full_version
```

运行该命令,如图 1.8 所示。

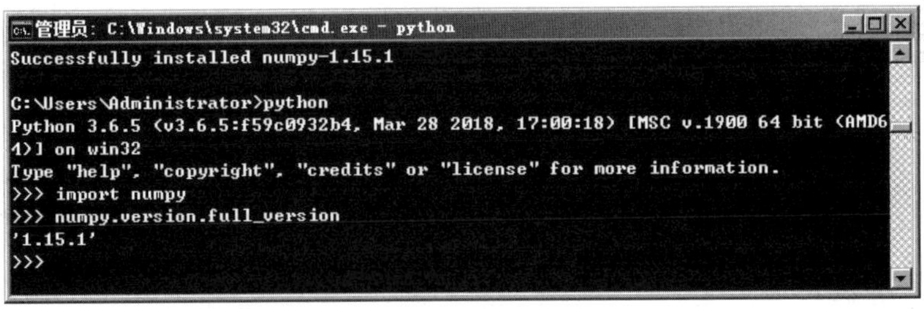

图 1.8　检测 NumPy 版本

从图 1.8 中可以看出,本书的 NumPy 版本为 1.15.1。

1.3.2　NumPy 函数库入门

NumPy 函数库中存在两种不同的操作对象——数组(array)与矩阵(matrix),这两个对象都可以处理行列表示的数字元素。虽然看起来很相似,但分别使用这两种对象执行相同的数学运算,得到的结果可能大相径庭。本节主要围绕这两种对象进行讲解。

1. 数组

NumPy 的主要对象是同质多维数组,即在一个元素(通常是数字)表中,元素的类型都是相同的。在 NumPy 中数组的维度被称为轴(axes),轴的数量称为秩(rank)(注意,与线性代数中的秩的概念不同)。例如,在三维空间中一个点[1,2,1]的坐标就是秩为 1 的数组,它只有一个轴,这个轴的长度为 3。

NumPy 支持的基本数据类型如表 1.1 所示。

表 1.1　NumPy 支持的基本数据类型

类　　型	描　　述
bool	用一位存储的布尔类型(值为 TRUE 或 FALSE)
inti	由所在平台决定其精度的整数(一般为 int32 或 int64)

类　　型	描　　　　　述
int8	整数,范围为 $-128\sim127$
int16	整数,范围为 $-32\,768\sim32\,767$
int32	整数,范围为 $-2^{31}\sim2^{31}-1$
int64	整数,范围为 $-2^{63}\sim2^{63}-1$
uint8	无符号整数,范围为 $0\sim255$
uint16	无符号整数,范围为 $0\sim65\,535$
uint32	无符号整数,范围为 $0\sim2^{32}-1$
uint64	无符号整数,范围为 $0\sim2^{64}-1$
float16	半精度浮点数(16 位):其中用 1 位表示正负号,5 位表示指数,10 位表示尾数
float32	单精度浮点数(32 位):其中用 1 位表示正负号,8 位表示指数,23 位表示尾数
float64 或 float	双精度浮点数(64 位):其中用 1 位表示正负号,11 位表示指数,52 位表示尾数
complex64	复数,分别用两个 32 位浮点数表示实部和虚部
complex128 或 complex	复数,分别用两个 64 位浮点数表示实部和虚部

NumPy 的数组类为 ndarray,通常被称为数组。注意,numpy.array 与 Python 标准库类 array.array 并不相同,后者只能处理一维数组并且功能较少。ndarray 数组对象的重要属性有以下几个。

- ndarray.ndim:数组的轴(维度)数量。在 Python 中,维度的数量通常被称为 rank。
- ndarray.shape:数组的维度,表示一个整数元组每个维度上的大小。对于一个 n 行 m 列的矩阵来说,shape 为(n,m)。
- ndarray.size:数组元素的总个数,等于 shape 元素的乘积。
- ndarray.dtype:用来描述数组中元素类型的对象。可以用标准 Python 类型来创建或指定 dtype,或者在后面加上 numpy 的类型,如 numpy.int32、numpy.int16 或 numpy.float64 等。
- ndarray.itemsize:数组每个元素的字节大小。例如,一个类型为 float64 的元素的数组 itemsize 为 8($=64/8$),而一个 complex32 的数组 itersize 为 4($=32/8$)。该属性等价于 ndarray.dtype.itemsize。
- ndarray.data:该缓冲区包含了数组的实际元素。该属性使用较少,通常情况下可使用索引的方式来访问数组中的元素。

下面通过几个简单示例演示上述属性的使用。首先看数组维度 shape 属性的使用,如图 1.9 所示。

图 1.9　shape 属性的使用

图 1.9 的示例代码中,首先使用如下命令导入 NumPy 函数库中所有的函数、对象以及变量等:

```
import numpy as np
```

导入 NumPy 函数库后,使用 np.array()方法创建 ndarray 数组,首先创建数组 a,创建完成后使用 shape 属性获取该数组的维度,结果为(2,3),表明数组 a 的维度为 2(即秩为 2),有 3 个元素,即代表 a 为 2 行 3 列的二维数组。同理,数组 b 为包含了一个 3 行 1 列的一维数组。

除了直接使用 shape 外,还可在 shape 后指定数字获取指定数组的维度,如图 1.10 所示。

图 1.10　shape 属性的使用

图 1.10 中 a.shape[0]表示数组 a 的维度(也是行数),a.shape[1]表示数组 a 的列数,b.shape[]同理。可得出结论,shape[0]表示最外围数组的维度,shape[1]表示次外围数组的维度,以此类推,可得出指定数组的维度。

dtype()函数中,数组元素类型可以通过 dtype 属性来获得,dtype 也可以作为参数创建特定类型的数组。下面通过一个简单示例示范使用 dtype 属性查看数组的数据类型,如图 1.11 所示。

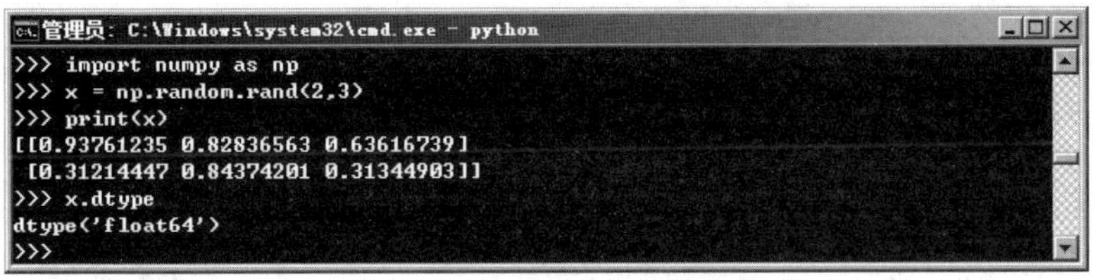

图 1.11　dtype 属性的使用 1

图 1.11 中使用 np.random.rand(2,3)返回一个给定数据类型的 2 行 3 列随机数组,使用 dtype 查看数组 x 的数据类型,结果为 float64。

在创建数组时,也可通过设置 dtype 参数定义数组中元素的数据类型,具体如图 1.12 所示。

图 1.12 中创建 ndarray 数组对象 m 时指定数据类型为 complex。

初识 Python 机器学习

图 1.12　dtype 属性的使用 2

2. 矩阵

除了数组，在 NumPy 中还有另一种类型——矩阵。NumPy 模块中的矩阵对象为 numpy.matrix，矩阵数据的处理、矩阵的计算、基本的统计功能、转置、可逆性等，以及对复数的处理，均在 matrix 对象中。numpy.matrix(data,dtype,copy) 返回一个矩阵，其中 data 为 ndarray 对象或者字符形式；dtype 为 data 的 type；copy 为 bool 类型。

下面通过一个简单示例演示创建一个矩阵的过程，具体如图 1.13 所示。

图 1.13　创建矩阵 matrix

图 1.13 中使用 np.matrix() 创建一个矩阵，这种创建矩阵的方式需要注意矩阵的换行必须使用";"隔开，最外层使用英文状态下的引号，各个元素间使用空格隔开。

除了上述创建矩阵的方式外，NumPy 中还有一种更简便的创建方式——使用 mat() 函数将数组转换为矩阵，具体如图 1.14 所示。

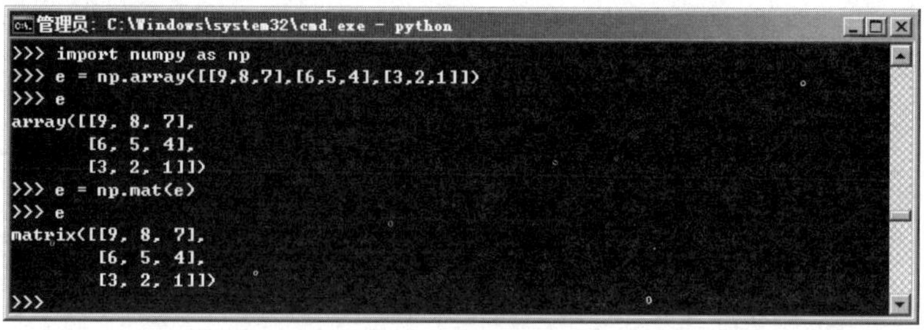

图 1.14　创建矩阵 matrix

图 1.14 中，首先使用 np.array() 创建了一个数组，然后使用 mat() 方法将该数组转换为矩阵。

在线性代数中，矩阵的运算包括加、减、相乘、转置、求逆等，这些操作在 NumPy 函数库中都有对应的方法可供使用。下面通过几个简单示例展示矩阵的运算。首先来看矩阵的乘法运算，如图 1.15 所示。

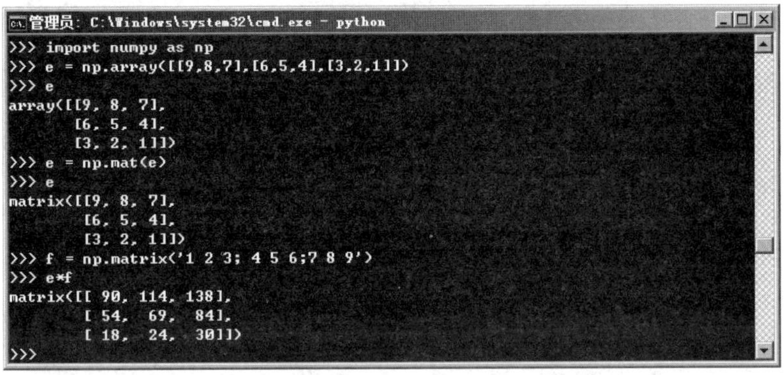

```
管理员: C:\Windows\system32\cmd.exe - python
>>> import numpy as np
>>> e = np.array([[9,8,7],[6,5,4],[3,2,1]])
>>> e
array([[9, 8, 7],
       [6, 5, 4],
       [3, 2, 1]])
>>> e = np.mat(e)
>>> e
matrix([[9, 8, 7],
        [6, 5, 4],
        [3, 2, 1]])
>>> f = np.matrix('1 2 3; 4 5 6;7 8 9')
>>> e*f
matrix([[ 90, 114, 138],
        [ 54,  69,  84],
        [ 18,  24,  30]])
>>>
```

图 1.15　矩阵乘法运算

图 1.15 中，在创建两个矩阵 e 和 f 后，直接使用“ * ”运算符进行矩阵的乘法运算。

可以使用 transpose()方法进行矩阵的转置。对图 1.15 中的 f 矩阵进行转置运算，具体如图 1.16 所示。

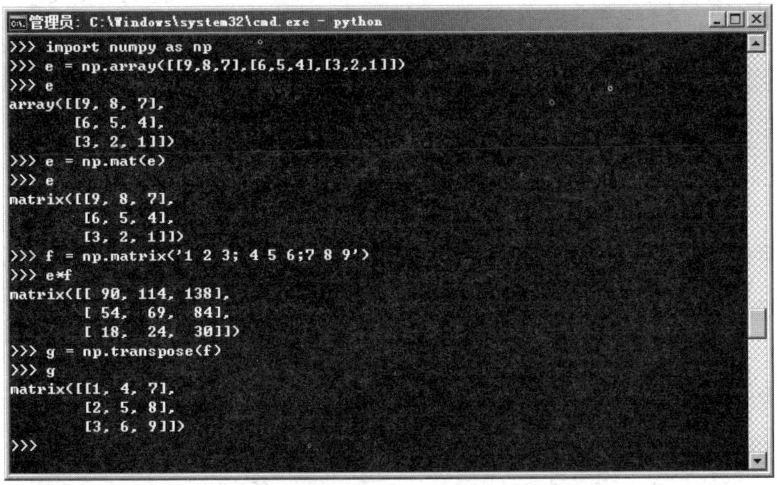

```
管理员: C:\Windows\system32\cmd.exe - python
>>> import numpy as np
>>> e = np.array([[9,8,7],[6,5,4],[3,2,1]])
>>> e
array([[9, 8, 7],
       [6, 5, 4],
       [3, 2, 1]])
>>> e = np.mat(e)
>>> e
matrix([[9, 8, 7],
        [6, 5, 4],
        [3, 2, 1]])
>>> f = np.matrix('1 2 3; 4 5 6;7 8 9')
>>> e*f
matrix([[ 90, 114, 138],
        [ 54,  69,  84],
        [ 18,  24,  30]])
>>> g = np.transpose(f)
>>> g
matrix([[1, 4, 7],
        [2, 5, 8],
        [3, 6, 9]])
>>>
```

图 1.16　矩阵的转置

在图 1.16 中，直接使用 transpose()方法实现了对 f 矩阵的转置，转置后的矩阵 g 如图 1.16 中的结果所示。

矩阵运算中的求逆运算在线性代数中使用相当频繁，在 NumPy 中对矩阵进行求逆运算时，需导入 numpy.linalg 包，使用 numpy.linalg 包中的 inv()函数实现矩阵求逆。对图 1.15 中的矩阵 e 进行求逆运算，具体如图 1.17 所示。

图 1.17 中，通过使用 numpy.linalg 包中的 inv()方法实现了对矩阵 e 的求逆运算，e 的逆矩阵如图 1.17 中所示。

注意：矩阵的乘法运算其实有两种，除了 matrix 矩阵对象的“ * ”运算符外，ndarray 数组对象使用 dot()方法或 matmul()方法也能实现数组的矩阵乘法运算，如图 1.18 所示。

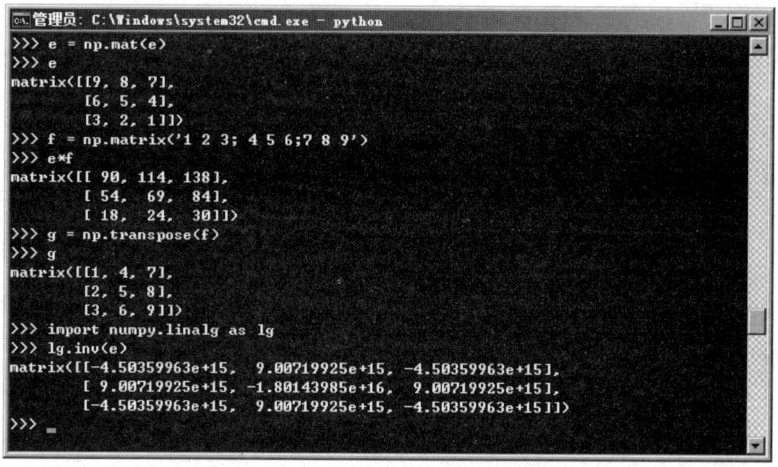

图 1.17　矩阵逆运算

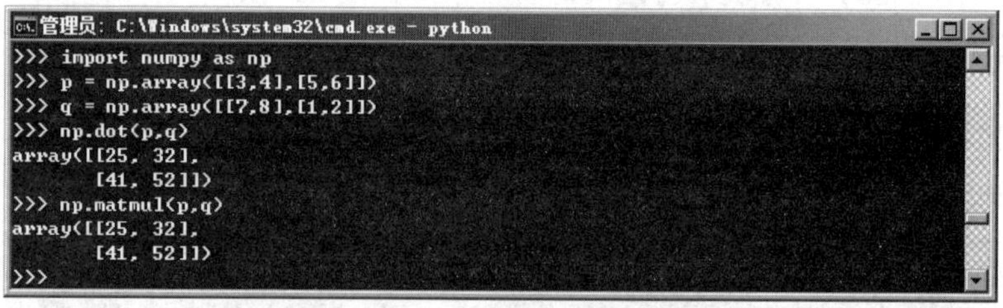

图 1.18　数组的矩阵乘法运算

　　与矩阵的矢量积(向量的乘法规则)对应的是数量积,在 NumPy 函数库中,数组与矩阵都有数量积运算,不同的是它们的使用方式不相同。图 1.19 中展示了数组与矩阵的数量积运算。

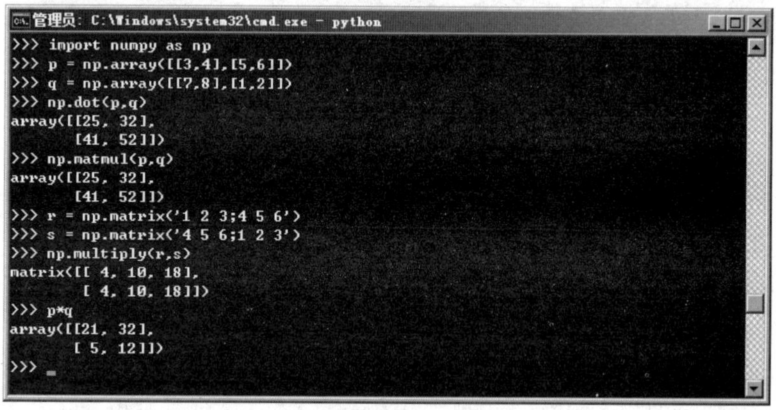

图 1.19　数组与矩阵的数量积运算

　　图 1.19 中,创建了矩阵 r 和 s 并使用 multiply()方法实现矩阵的数量积,数组的数量积直接使用" * "运算符即可实现。

　　可得出结论:对于 ndarray 对象," * "运算符代表的是数量积,如果希望使用矩阵的乘法规则,则应该调用 np. dot()和 np. matmul()函数;对于 matrix 对象,"＊"运算符直接代表了原生的矩阵乘法,如果特殊情况下需要使用数量积,则应该使用 np. multiply()函数。

1.4 SciPy 函数库基础

1.4.1 SciPy 函数库的安装

SciPy 函数库不能直接使用 pip 命令安装,原因是 pip 下默认安装的 SciPy 版本只适合 Linux 系统,因此,需要将 SciPy 的. whl 安装包下载下来再安装,下载地址为 https://www. lfd. uci. edu/~gohlke/pythonlibs/,如图 1.20 所示。

图 1.20 下载 SciPy 安装包

图 1.20 中的各个 SciPy 版本中,cp 后的数字表示匹配的 Python 版本,本书安装时使用 scipy-1.1.0-cp36-cp36m-win_amd64. whl 版本。下载成功后,将该安装包放置于 Python 目录下的 Scripts 目录中并执行以下命令:

```
pip install scipy－1.1.0－cp36－cp36m－win_amd64.whl
```

安装过程如图 1.21 所示。

图 1.21 安装并导入 SciPy 函数库

初识 Python 机器学习

图 1.21 中安装 SciPy 成功后进入 Python 环境中尝试导入 SciPy 函数库,没有报错,这说明该库安装成功。

1.4.2　SciPy 函数库入门

SciPy 函数库与 NumPy 函数库密不可分。NumPy 准确来说提供了一个在 Python 中做科学计算的基础库,狭义地讲,NumPy 重在数值计算,甚至可以说是用于多维数组处理的库;而 SciPy 则是基于 NumPy,提供了一个在 Python 中做科学计算的工具集,SciPy 可用来处理高等数学、信号处理、优化、统计以及许多其他科学任务,相比于 NumPy,SciPy 提供了更为精准和广泛的函数。

SciPy 几乎实现了 NumPy 中的所有函数,一般而言,若使用的函数功能在 SciPy 和 NumPy 中都存在,则应该使用 SciPy 中的版本,因为 SciPy 中的版本往往做了改进,效率更高。

SciPy 中不同科学计算领域的子包如表 1.2 所示。

表 1.2　SciPy 中的子包

子　　包	描　　述
cluster	用于聚类算法
constants	物理和数学上的一些常量
fftpack	快速傅里叶变化
integrate	集成和常微分方程的求解
interpolate	插值和平滑样条函数
io	输入和输出
linalg	线性代数
ndimage	多维图片处理
odr	正交距离回归
optimize	优化与根查找
signal	信号处理
sparse	稀疏矩阵与相关处理
spatial	空间数据结构与算法
special	特殊函数
stats	统计分布和函数

SciPy 子包在使用时需要单独导入,导入形式如下:

```
from scipy import stats, linalg
```

在 SciPy 子包中,最常使用的有 scipy.stats(以下简称 stats,余同)、scipy.interpolate、scipy.cluster 和 scipy.signal。这里先简单介绍 stats 子包的一些特性,其余包将在之后的章节中逐一介绍。

在 stats 包中有许多分布,如正态分布(norm)、伽马分布(gamma)、指数分布(expon)等。这些分布总是与随机变量、概率密度函数、累计分布函数等关联,如正态分布的概念:

若随机变量 X 服从一个位置参数为 μ、尺度参数为 σ 的概率分布,且其概率密度函数为 $f(x)=\dfrac{1}{\sqrt{2\pi}\sigma}\exp\left(-\dfrac{(x-\mu)^2}{2\sigma^2}\right)$,则该随机变量就称为正态随机变量,正态随机变量服从的分布称为正态分布,记作 $X\sim N(u,\sigma^2)$,读作 X 服从 $N(\mu,\sigma^2)$ 或 X 服从正态分布。

在 stats 包中连续随机变量的占比相对离散随机变量要大得多,故这里仅介绍 stats 包中连续随机变量的方法。stats 包中连续随机变量的方法如表 1.3 所示。

表 1.3   stats 包中连续随机变量的方法

方　　法	描　　述
rvs()	随机变量
pdf()	概率密度函数
cdf()	累计分布函数
sf()	残存函数
ppf()	分位点函数
isf()	逆残存函数
stats()	返回期望、方差等
moment()	分布的非中心矩

这些方法使用起来也很方便,比如计算标准正态分布中一个点的累计分布函数,使用过程如图 1.22 所示。

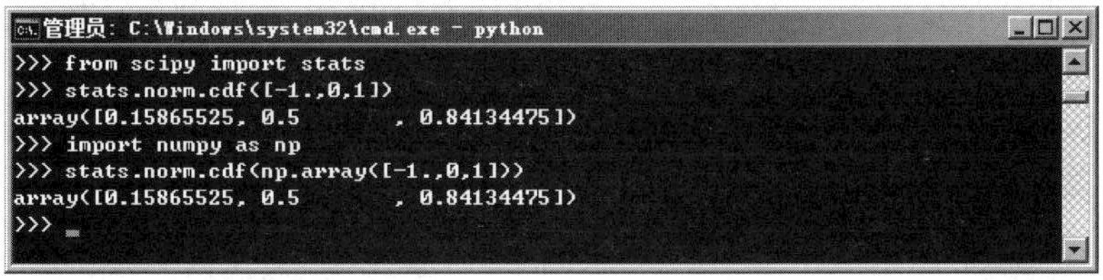

图 1.22   计算累计分布函数

图 1.22 中通过 cdf() 方法计算出点 $(-1,0,1)$ 上的累计分布函数,可直接传入列表或者传入一个 NumPy 数组实现。

还可以通过 rvs() 方法生成一个随机变量列,具体如图 1.23 所示。

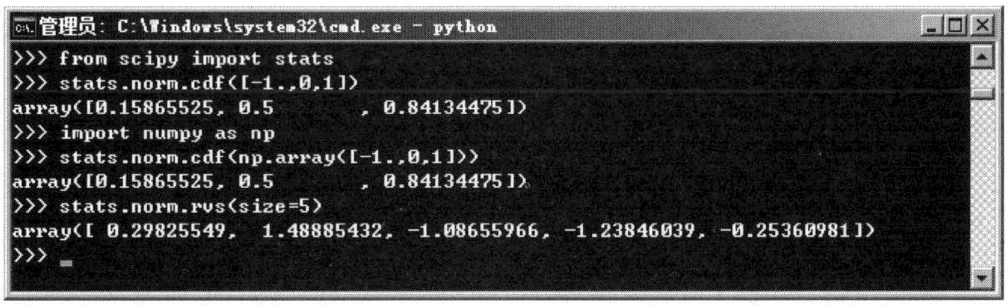

图 1.23   生成随机变量列

注意,图 1.23 中 rvs() 方法中含有参数 size,表明将生成一个包含 5 个元素的数组,若直接使用数字则意义将不同,表示将生成一个正态分布变量,如图 1.24 中所示。

SciPy 函数库在以后的章节中会经常使用,这里只是简单做一些介绍来帮助读者初步了解有关知识。

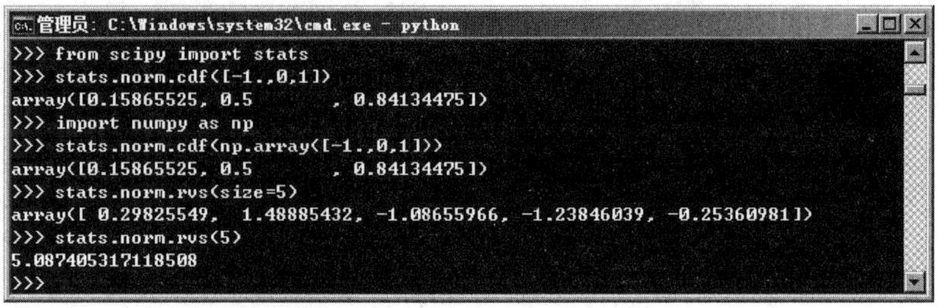

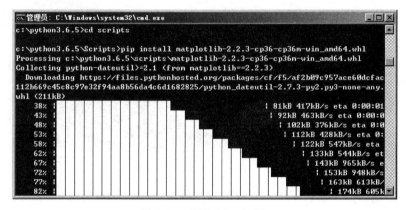

图 1.24　生成正态分布变量

1.5　Matplotlib 库

1.5.1　Matplotlib 库的安装

Matplotlib 库的安装同 NumPy 与 SciPy 的安装过程相同，同样是在 https://www.lfd.uci.edu/~gohlke/pythonlibs/中下载.whl 安装包，并将安装包放置于 Python 目录下的 Scripts 目录中，接着使用 pip 命令安装，安装过程如图 1.25 所示。

图 1.25　安装 Matplotlib

至此 Matplotlib 库安装完成。

1.5.2　Matplotlib 库的使用

Matplotlib 是一个 Python 的 2D 绘图库（也可绘制 3D 图形），它以各种硬复制格式和跨平台的交互式环境生成出版质量级别的图形。在使用 Matplotlib 绘制图形前，首先讲解 Matplotlib 的基础知识。

Matplotlib 绘制 2D 图形时，图表的基本元素包括：x 轴（水平轴线）和 y 轴（垂直轴线）；x 轴和 y 轴刻度（包括最小刻度和最大刻度）；x 轴和 y 轴刻度标签（特定坐标轴的值）；绘图区域（实际绘图的区域）。值得注意的是，Matplotlib 绘制 2D 图形时的 x 轴（水平轴线）和 y 轴（垂直轴线）与数学中的坐标系并不是一个概念。

Matplotlib 中的 grid()方法可为图添加网格线，axis()方法可返回当前坐标轴的上下限，xlim()方法与 ylim()方法可设置坐标轴范围。AxesSubplot 类代表绘制图像的区域，

Figure 类代表一个图表的整体结构。所有需要绘制图像的 AxesSubplot 都将置于 Figure 上。

在 Matplotlib 库中包含几个主要模块,如 pyplot 模块、figure 模块、axes 模块、gridspec 模块等。pyplot 模块是一个有命令风格的函数集合,每一个 pyplot 函数都可以对图像产生影响,例如创建一幅图、在图中创建一个绘图区域、在绘图区域中添加一条线等。在 matplotlib.pyplot 中,各种状态通过函数调用保存起来,以便于随时跟踪当前图像和绘图区域,绘图函数直接作用于当前轴。pyplot 模块的导入形式如下:

```
import matplotlib.pyplot as plt
```

接下来介绍 pyplot 模块中常用的函数。

figure()函数的调用:

```
fig = plt.figure(fig_name, figsize = )
```

figure()函数用于生成 Figure(以下简称 fig)类,可生成图像的整体结构。参数 fig_name 为 str 类型,为 fig 的名称;参数 figsize 为 tuple 类型,确定 fig 的长宽大小。

subplot()函数的调用:

```
ax = plt.subplot(r, c, p)
```

subplot()函数可生成绘图区域 AxesSubplot(以下简称 as)。参数 r 为 int 类型,表示 fig 区域等分行数;c 为 int 类型,表示 fig 区域等分列数;p 为 int 类型,表示 ax 在 fig 上的位置。

plot()函数的调用:

```
plt.plot(x_list, y_list, c = , label = )
```

plot()函数对需要绘制的图像点进行绘制处理(会对 ax 进行设置)。参数 x_list 为 list 类型,表示所有需要绘制的点的横坐标列表;y_list 为 list 类型,表示所有需要绘制的点的纵坐标列表;c 为 str/tuple 类型,设置线条的颜色,可以使用名称'red'/缩写为'r'/RGB(1,0,0),其中 RGB 元组中的所有值均为 x/255,在 0 到 1 之间;label 为 str 类型,表示线条的标签名(在 legend 上显示)。

xlabel/ylabel()函数的调用:

```
plt.xlabel / ylabel(name)
```

xlabel/ylabel()函数对最近一个 ax 设置 label 名称,参数 name 为 str 类型,表示 label 的名称。

title()函数的调用:

```
plt.title(name)
```

title()函数可对最近一个 ax 设置 title 名称,参数 name 即为设置的 title 名称,为 str 类型。

在 Matplotlib 库中可绘制的图像包括曲线图、柱状图、箱图、散点图等,这些图像的绘制都有对应的方法可供使用,曲线图的绘制使用 plot()方法,调用形式如下:

```
ax.plot(x_list, y_list, c = , label = )
```

参数释义如下。

x_list:list 类型,所有需要绘制的点的横坐标列表;

y_list:list 类型,所有需要绘制的点的纵坐标列表;

c:str/tuple 类型,设置线条的颜色,可以使用名称'red'/缩写为'r'/RGB(1,0,0),其中 RGB 元组中的所有值均为 x/255,在 0 到 1 之间;

label:str 类型,线条的标签名(在 legend 上显示)。

柱状图的绘制使用 bar()或 barh()方法,调用形式如下:

```
ax.bar / barh(bar_position, bar_height, bar_width)
```

参数释义如下。

bar_position:list 类型,所有需要绘制的柱形的横坐标位置列表;

bar_height:list 类型,所有需要绘制的柱形的高度列表;

bar_width:int 类型,柱形的宽度。

绘制箱图使用 boxplot()方法,调用方式如下:

```
ax.boxplot(data)
```

data 参数为 array/a sequence of vector 类型,进行绘图的二维数组,按列分组。

绘制散点图使用 scatter()方法,调用形式如下:

```
ax.scatter(x, y)
```

参数 x 为 list/series 类型,绘制散点图的 x 坐标集合,参数 y 同理。

下面通过对 10 000 名学生中男同学的成绩进行频数统计的几个示例展示使用 Matplotlib 绘制图形的过程。为了省去重复的代码,例 1.1~例 1.3 三段代码共用设置数据的代码。设置数据的代码如下所示。

```
1    from numpy import array
2    from numpy.random import normal
3    from matplotlib import pyplot
4    #设置数据
5    def genData():
6        heights = []
7        weights = []
8        grades =[]
9        N = 10000
10       for i in range(N):
11           while True:
12               #身高服从均值172,标准差为6的正态分布
```

```
13          height = normal(172, 6)
14          if 0 < height: break
15      while True:
16          ♯体重由身高作为自变量的线性回归模型产生,误差服从标准正态分布
17          weight = (height - 80) * 0.7 + normal(0, 1)
18          if 0 < weight: break
19      while True:
20          ♯分数服从均值为70,标准差为15的正态分布
21          score = normal(70, 15)
22          if 0 <= score and score <= 100:
23              grade = 'E' if score < 60 else (
24              'D' if score < 70 else ('C' if score < 80 else ('B' if
25               score < 90 else 'A')))
26              break
27      heights.append(height)
28      weights.append(weight)
29      grades.append(grade)
30  return array(heights), array(weights), array(grades)
```

绘制柱状图的具体代码如例 1.1 所示。

【例 1.1】 绘制柱状图。

```
1   ♯绘制柱状图
2   def drawBar(grades):
3     xticks = ['A', 'B', 'C', 'D', 'E']
4     gradeGroup = {}
5     ♯对每一类成绩进行频数统计
6     for grade in grades:
7       gradeGroup[grade] = gradeGroup.get(grade, 0) + 1
8     ♯创建柱状图,第一个参数为柱的横坐标,第二个参数为柱的高度
9     ♯参数 align 为柱的对齐方式,以第一个参数为参考标准
10    pyplot.bar(range(5), [gradeGroup.get(xtick, 0) for xtick in xticks],
11      align = 'center')
12    ♯第一个参数为文字说明的横坐标,第二个参数为文字说明的内容
13    pyplot.xticks(range(5), xticks)
14    ♯设置横坐标的文字说明
15    pyplot.xlabel('Grade')
16    ♯设置纵坐标的文字说明
17    pyplot.ylabel('Frequency')
18    ♯设置标题
19    pyplot.title('Grades Of Male Students')
20    ♯绘图
21    pyplot.show()
22. data = genData()
23. print(data)
24. heights = data[0]
25. weights = data[1]
26. grades = data[2]
27. drawBar(grades)
```

将例 1.1 中代码保存到扩展名为.py 的文件中,并在 DOS 命令窗口中进入该文件所在目录,使用 Python 命令运行该文件,运行过程如图 1.26 所示。

图 1.26　运行代码

运行例 1.1 中代码文件后,将会看到如图 1.27 所示的运行结果。

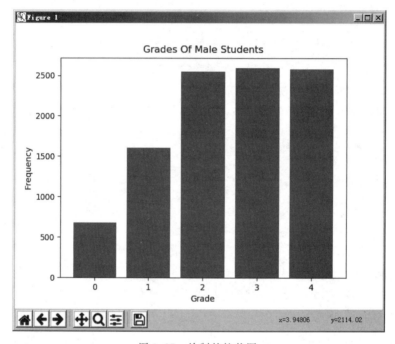

图 1.27　绘制的柱状图

散点图的绘制使用 scatter() 方法,绘制过程与例 1.1 类似,依然采用相同的数据,具体绘制过程如例 1.2 所示。

【例 1.2】　绘制散点图。

```
1    #绘制散点图
2    def drawScatter(heights, weights):
3        #创建散点图,第一个参数为点的横坐标,第二个参数为点的纵坐标
4        pyplot.scatter(heights, weights)
5        pyplot.xlabel('Heights')
6        pyplot.ylabel('Weights')
7        pyplot.title('Heights & Weights Of Male Students')
8        pyplot.show()
```

```
 9    data = genData()
10    print(data)
11    heights = data[0]
12    weights = data[1]
13    drawScatter(heights, weights)
```

运行程序,结果如图 1.28 所示。

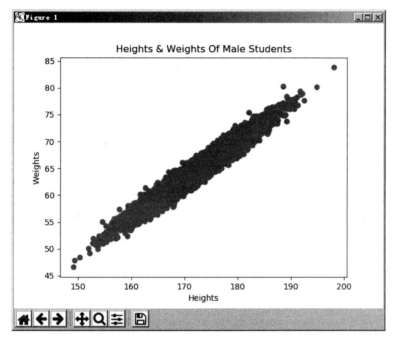

图 1.28　绘制的散点图

　　例 1.1 与例 1.2 中绘制的柱状图和散点图都是 2D 图形,使用 Matplotlib 还可以绘制 3D 图形。与 2D 图形不同的是,绘制 3D 图形主要通过 mplot3d 模块实现。但需要注意,使用 Matplotlib 绘制 3D 图形实际上是在 2D 画布上展示,所以一般绘制 3D 图形时,同样需要载入 pyplot 模块。

　　mplot3d 模块下主要包含 4 个大类,分别是:
- mpl_toolkits.mplot3d.axes3d()。
- mpl_toolkits.mplot3d.axis3d()。
- mpl_toolkits.mplot3d.art3d()。
- mpl_toolkits.mplot3d.proj3d()。

　　其中,axes3d()中主要包含了各种实现绘 3D 图形的类和方法;axis3d()中主要包含与坐标轴相关的类和方法;art3d()中包含一些可将 2D 图像转换并用于 3D 绘制的类和方法;proj3d()中包含一些零碎的类和方法,例如计算三维向量长度等。

　　绘制 3D 图形时,使用最多的是 mpl_toolkits.mplot3d.axes3d()中的 Axes3D()类,而 Axes3D()类中又存在绘制不同类型 3D 图的方法。导入 Axes3D()的方式如下:

```
from mpl_toolkits.mplot3d import Axes3D
```

下面通过一个实例示范使用 Matplotlib 绘制 3D 曲面图的过程,绘制代码如例 1.3 所示。

【例 1.3】 绘制 3D 曲面图。

```
1   import numpy as np
2   import matplotlib.pyplot as plt
3   from mpl_toolkits.mplot3d import Axes3D
4   #创建 3D 图形对象
5   fig = plt.figure()
6   ax = Axes3D(fig)
7   #生成数据
8   X = np.arange(-2, 2, 0.1)
9   Y = np.arange(-2, 2, 0.1)
10  X,Y = np.meshgrid(X, Y)
11  Z = np.sqrt(X ** 2 + Y ** 2)
12  #绘制曲面图,并使用 cmap 着色
13  ax.plot_surface(X, Y, Z, cmap = plt.cm.winter)
14  plt.show()
```

运行该程序,结果如图 1.29 所示。

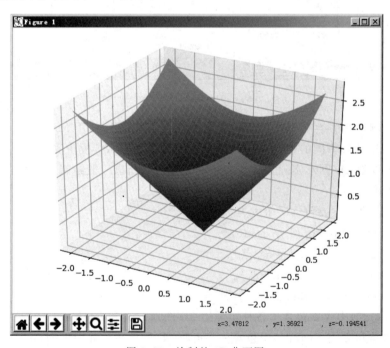

图 1.29 绘制的 3D 曲面图

例 1.3 中,使用 np.meshgrid(X,Y)方法生成绘制 3D 图形所需的网格数据,该方法的作用是从坐标向量中返回坐标矩阵,返回的两个矩阵 X、Y 必定行数和列数均相等,且 X、Y 的行数等于输入参数 y 中元素的总个数,X、Y 的列数等于输入参数 x 中元素的

总个数。

关于 Matplotlib 绘图工具的使用就介绍到这里,相信经过本节的学习,已对该工具的使用会有一个初步的掌握,在以后的章节中还将继续学习该工具的使用。

1.6　集成开发环境 Anaconda

前面讲解的内容都是在 DOS 命令窗口下完成编程举例的,使用这种方式编写程序有很多不便之处,因此在实际开发中经常使用 IDE(Integrated Development Environment,集成开发环境)编程。本书使用的 IDE 为 Anaconda。Anaconda 具有语法高亮、调试、实时比较、项目管理、代码跳转、智能提示、单元测试、版本控制等特点,可以很好地提高程序开发效率。

本书编写时所使用的 Anaconda 版本为 anaconda3-5.1.0-Windows-x86_64.exe,可以根据需要选择相应的版本,下载地址为 https://docs.anaconda.com/anaconda/packages/oldpkglists(如果无法从官方网站下载,可尝试从国内相关网站下载)。

选择相应的文件版本单击下载即可,安装过程本书不再赘述。

1.7　本　章　小　结

本章从讲解机器学习的起源开始,首先介绍了机器学习中的常用算法及应用程序的开发步骤,接着主要讲解了使用 Python 开发机器学习使用到的三个重要库的使用:NumPy 函数库、SciPy 函数库以及 Matplotlib 绘图工具。通过本章的学习,应该对讲解的三种库有初步的掌握,为后面学习机器学习开发做好准备。

1.8　习　　　题

1. 填空题

(1) 简单来说,机器学习就是计算机从数据中学习出规律和模式,以应用在新数据上做_____的任务。

(2) 从学习方法上来分,机器学习算法可以分为四类:_____、_____、_____、_____。

(3) 监督学习通过学习训练数据集中_____和_____之间的映射关系。

(4) 再对输入数据进行预处理阶段,必须确保_____符合要求,方便匹配操作。

(5) 数据的_____与_____决定了整个机器学习任务的成败。

2. 选择题

(1) 下列选项中,(　　)决定了整个机器学习任务的成败。

  A. 算法　　　　　　 B. 模型　　　　　　 C. 数据　　　　　　 D. 态度

(2) 下列选项中,(　　)算法不属于监督学习。

  A. 朴素贝叶斯算法　　　　　　　　 B. 支持向量机

  C. 决策树　　　　　　　　　　　　 D. K-means

（3）在无监督学习中,将数据集合分成由类似的对象组成的多个类的过程称为（　　）。

    A. 密度估计　　　　　B. 聚类　　　　　C. 特征　　　　　D. 训练集

（4）NumPy 中数组的维度被称为（　　）,轴的数量称为是（　　）。

    A. 刻度　　　　　　　B. 标签　　　　　C. 轴　　　　　D. 秩

3. 思考题

简述使用机器学习算法开发应用程序的步骤。

第 2 章 　 *K* 近邻算法

本章学习目标

- 理解 *K* 近邻算法的概念；
- 掌握近邻的距离度量表示法；
- 掌握 KD 树的构建方法；
- 掌握通过 *K* 近邻算法实现改善约会网站配对效果的方法。

古语"近朱者赤，近墨者黑"反映了一种有意思的社会现象：长期接触好人可能促使人变好，长期接触坏人可能促使人变坏。这在一定程度上反映了一种现象：坏人身边的人也是坏人的可能性比较大，好人身边的人也是好人的可能性比较大。在数据的分类上，*K* 近邻算法便利用了这种现象来解决分类问题。假设小张与邻里之间具有多个相同的特征，通过对小张的多个邻居的特征标签进行分析得出：小张的 10 个邻居中有 8 个喜欢玩麻将。那么，在这种环境下，小张喜欢玩麻将的可能性就非常高。虽然这种推导关系在现实生活中并不总是成立，但在解决数据的分类问题时往往很实用。本章将学习 *K* 近邻算法的有关知识，了解这种常见分类算法的基本概念和使用方法。

2.1　*K* 近邻算法概述

K 近邻(*K*-Nearest Neighbor，KNN)算法是数据分类技术中最简单的方法之一。它的工作原理是：假设有一个待分类的新样本，在特征空间(每一个样本被称作一个数据点，通常由特征向量表示，所有特征向量存在的空间称为特征空间)中与它最相似(特征空间中位置最邻近)的 *K* 个样本中的大多数属于某一个类别，则这个待分类的样本也属于这个类别。值得注意的是，使用 *K* 近邻算法时，需要已知样本集中每一个数据与所属分类的对应关系。一般来说，只选择样本数据集中前 *K* 个最相似的数据，这就是 *K* 近邻算法中 *K* 的由来。通常 *K* 是不大于 20 的整数。最后，将待分类的新数据归类于所选择的 *K* 个最相似数据中出现次数最多的类别。

价格模型便用到了 *K* 近邻算法，该算法会找出与当前目标商品情况相似的一组商品，计算这些商品的价格均值，进而做出价格预测。在一个拥有众多买家和卖家的大型市场中，对于交易双方而言，商品的价格最终往往会达到一个最优值。价格预测模型在确定某商品的价格时，通常会考虑众多不同的影响因素，通过不断优化，确定各影响因素的最佳权重，从而更准确地预测商品的价格。

eBay 是一个可以进行在线拍卖的网站,著名的"与股神巴菲特共进午餐权"便是在这个网站上拍卖的,具体如图 2.1 所示。eBay 拥有数以百万计的商品名目,还有数以百万计的用户参与竞拍,这为 eBay 构建优秀的价格模型提供了绝佳的条件。

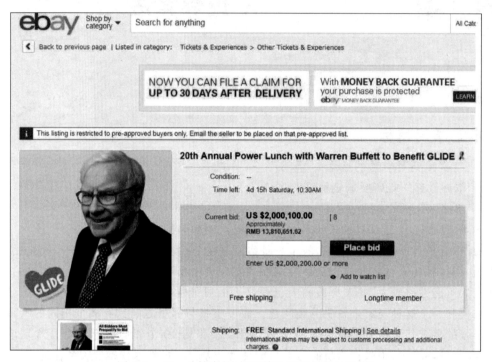

图 2.1　eBay 上拍卖的"与股神巴菲特共进午餐权"

2.1.1　K 近邻算法的基本思想

接下来,通过一个示例图来帮助大家理解 K 近邻算法的思想,如图 2.2 所示。

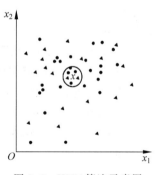

图 2.2　KNN算法示意图

图 2.2 中数据 x 是没有标签的新数据,经过与样本集中的数据比较后,使用算法提取出 5 个与数据 x 最近的分类标签,其中圆形标签有 4 个(数量多于三角形标签),因此将数据 x 归类为与圆形标签相同的类型。

从本节的介绍中不难看出,在 K 近邻算法中有三个基本要素:距离的度量、K 值的选择以及分类决策规则。K 近邻算法中分类规则一般采用多数表决的方式,即由 K 个近邻训练数据中多数类决定输入数据所属的类。多数表决规则等价于经验风险最小化规则。

接下来,将重点讲解距离的度量和 K 值的选择这两个要素。

2.1.2　K 近邻的距离度量表示法

K 近邻算法的核心在于找到新数据的最近邻所属的分类标签。在特征空间中,两个数据点的距离可反映两个数据点之间的相似性程度,因此距离的度量是 K 近邻算法的关键。K 近邻算法的特征空间一般是 n 维实数向量空间,数据之间的距离可以通过欧几里得距离(简称欧氏距离)公式(或其他类型距离公式)计算求得。本节将讲解几种常用的距离度量方法,包括欧氏距离、曼哈顿距离、切比雪夫距离、闵可夫斯基距离和标准化欧氏距离等。在距离的计算中经常会用到 SciPy 工具包 distance 模块中的 pdist() 函数。

1. 欧氏距离

欧氏距离是最常见的两点之间或多点之间的距离表示法。它定义于欧几里得空间中,在二维空间中点 (x_1, y_1) 和 (x_2, y_2) 之间的欧氏距离公式如下所示。

$$\rho = \sqrt{(x_2 - x_1)^2 + (y_2 - y_1)^2}$$

三维空间中点 (x_1, y_1, z_1) 和 (x_2, y_2, z_2) 之间的距离公式如下所示。

$$\rho = \sqrt{(x_2 - x_1)^2 + (y_2 - y_1)^2 + (z_2 - z_1)^2}$$

两个 n 维向量 $(x_{11}, x_{12}, \cdots, x_{1n})$ 与 $(x_{21}, x_{22}, \cdots, x_{2n})$ 间的欧氏距离表达式如下所示。

$$\rho = \sqrt{\sum_{k=1}^{n} (x_{2k} - x_{1k})^2}$$

计算二维空间中点 $v_1 = (1, 2)$ 和 $v_2 = (3, 4)$ 间的距离,使用 Python 实现的过程具体如例 2.1 所示。

【例 2.1】 用 Python 直接计算两点间的欧氏距离。

```
1  from numpy import *
2  v1 = mat([1,2])
3  v2 = mat([3,4])
4  print(sqrt((v1 - v2) * (v1 - v2).T))
```

输出结果如下。

```
[[2.82842712]]
```

除了上述按公式进行距离计算的方法,还可以通过 SciPy 工具包中的 pdist() 函数进行计算,具体方法如例 2.2 所示。

【例 2.2】 通过 pdist() 函数计算两点间的欧氏距离。

```
1  from numpy import *
2  from scipy.spatial.distance import pdist
3  v1 = mat([1,2])
4  v2 = mat([3,4])
5  x = vstack([v1,v2])
6  d = pdist(x)
7  print(d)
```

输出结果如下所示。

```
[2.82842712]
```

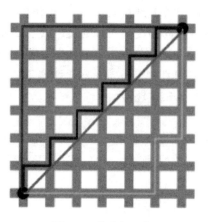

图 2.3 曼哈顿距离

从例 2.1 和例 2.2 的输出结果可以看出,两种计算方法所得到的结果一致。

2. 曼哈顿距离

假如在曼哈顿街头,想要从一个街区开车穿过复杂的地形到达另外一个街区,行驶路线往往不可能是直线,因为城区中会有建筑物的阻碍。两个位置间的行车实际距离就是"曼哈顿距离",曼哈顿距离也称为城市街区距离(city block distance)。图 2.3 中连接两个黑点的直线距离为欧氏距离,而另外三种折线距离则属于曼哈顿距离。

二维空间中点 (x_1, y_1) 和 (x_2, y_2) 之间的曼哈顿距离公式如下所示。

$$\rho = \mid x_1 - x_2 \mid + \mid y_1 - y_2 \mid$$

两个 n 维向量 $(x_{11}, x_{12}, \cdots, x_{1n})$ 与 $(x_{21}, x_{22}, \cdots, x_{2n})$ 间的曼哈顿距离表达式如下所示。

$$\rho = \sum_{k=1}^{n} \mid x_{1k} - x_{2k} \mid$$

使用 Python 计算向量 $(1,2,3)$ 与 $(4,5,6)$ 间的曼哈顿距离,具体方法如例 2.3 所示。

【例 2.3】 计算两点间的曼哈顿距离。

```
1  from numpy import *
2  m = mat([1,2,3])
3  n = mat([4,5,6])
4  print(sum(abs(m - n)))
```

输出结果如下所示。

```
9
```

接下来,通过 SciPy 工具包中的 pdist()函数指定 cityblock 类型用于计算曼哈顿距离,具体方法如例 2.4 所示。

【例 2.4】 通过 pdist()函数计算两点间的曼哈顿距离。

```
1  from numpy import *
2  from scipy.spatial.distance import pdist
3  m = mat([1,2,3])
4  n = mat([4,5,6])
5  X = vstack([m,n])
6  print(pdist(X,'cityblock'))
```

输出结果如下所示。

```
[9.]
```

3. 切比雪夫距离

切比雪夫距离(Chebyshev distance)是向量空间中的一种距离度量,两个点之间的距离为其坐标数值差的最大值。若将国际象棋棋盘放在二维直角坐标系中,格子的边长定义为1,坐标系的 x 轴及 y 轴与棋盘上的方格平行,原点恰好落在棋局某一格的中心点处,则"王"从一个位置走到其他位置需要的步数恰为两个位置间的切比雪夫距离,因此切比雪夫距离也称为棋盘距离,具体如图 2.4 所示。

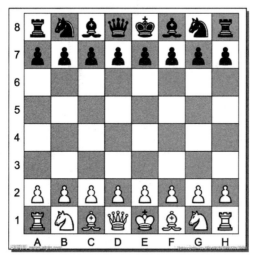

图 2.4　切比雪夫距离

二维空间中两点 (x_1,y_1) 和 (x_2,y_2) 间的切比雪夫距离公式如下所示。

$$\rho = \max(\mid x_1 - x_2 \mid, \mid y_1 - y_2 \mid)$$

n 维空间点 $(x_{11},x_{12},\cdots,x_{1n})$ 与 $(x_{21},x_{22},\cdots,x_{2n})$ 的切比雪夫距离公式如下所示。

$$\rho = \max_i(\mid x_{1i} - x_{2i} \mid)$$

上述公式还有另一种等价形式,具体如下所示。

$$\rho = \lim_{k \to \infty}\left(\sum_{i=1}^{n} \mid x_{1i} - x_{2i} \mid^k\right)^{\frac{1}{k}}$$

接下来,使用 Python 计算三维空间中向量 $(1,2,3)$ 与 $(4,8,16)$ 的切比雪夫距离,具体方法如例 2.5 所示。

【例 2.5】 计算两点间的切比雪夫距离。

```
1  from numpy import *
2  a = mat([1,2,3])
3  b = mat([4,5,6])
4  print(abs(a − b).max())
```

输出结果如下所示。

```
3
```

通过 SciPy 工具包中的 pdist()函数指定 chebyshev 类型用于计算切比雪夫距离,具体

K 近邻算法

方法如例 2.6 所示。

【例 2.6】 通过 pdist()函数计算两点间的切比雪夫距离。

```
1  from scipy.spatial.distance import pdist
2  a = mat([1,2,3])
3  b = mat([4,5,6])
4  X = vstack([a,b])
5  print(pdist(X,'chebyshev'))
```

输出结果如下所示。

```
[3.]
```

4. 闵可夫斯基距离

闵可夫斯基距离简称闵氏距离,它不是一种距离度量,而是一组距离的定义。两个 n 维变量 $(x_{11},x_{12},\cdots,x_{1n})$ 与 $(x_{21},x_{22},\cdots,x_{2n})$ 间的闵氏距离定义为如下形式。

$$\rho = \sqrt[p]{\sum_{k=1}^{n} |x_{1k} - x_{2k}|^p}$$

上述表达式中,p 是可变参数,为方便观察该距离公式随着参数 p 的变化情况,将上述公式转换为如下形式。

$$\rho = \left(\sum_{k=1}^{n} |x_{1k} - y_{1k}|^p\right)^{\frac{1}{p}}$$

当 $p=1$ 时,闵氏距离是曼哈顿距离;当 $p=2$ 时,闵氏距离是欧氏距离;当 $p=\infty$ 时,闵氏距离是切比雪夫距离。

闵氏距离存在明显的缺陷,比如在学生的身高和体重这种二维数据集中,学生的身高范围是 150～190cm,体重范围是 50～60kg。现有三个样本:$a(180,50)$,$b(190,50)$,$c(180,60)$,使用闵氏距离计算后,得知 a 到 c 和 a 到 b 的闵氏距离相等,但在现实生活中,身高相差 10cm 与体重相差 10kg 往往并不等价。

闵氏距离的缺点主要有两个:①将各个分量的量纲视为相同的,也就是各个分量的“单位”相同;②没有考虑各个分量的分布(期望、方差等)存在差异的情况。

5. 标准化欧氏距离

标准化欧氏距离是针对欧氏距离的缺点进行改进后的距离公式。标准化欧氏距离将各个分量都“标准化”到均值、方差相等。

接下来,将介绍如何进行均值和方差标准化。假设样本集 X 的均值为 m,标准差为 s,那么 X 的“标准化变量”表示如下所示。

$$X^* = \frac{X - m}{s}$$

即标准化后的值=(标准化前的值-分量的均值)/分量的标准差。

标准化欧氏距离的公式如下所示。

$$\rho = \sqrt{\sum_{k=1}^{n} \left(\frac{x_{1k} - x_{2k}}{s_k}\right)^2}$$

与普通欧氏距离计算公式相比,上述表达式多了一个方差倒数项,若将该方差倒数看作一个权重项,则标准化欧氏距离可看作是一种经过加权处理的欧氏距离。

除了本节介绍的上述几种距离度量外,还有汉明距离、莱文斯坦距离、马氏距离、余弦距离等,感兴趣的读者可自行查找相关资料进行学习,本书在此不再做详细介绍。

2.1.3 K 值的选择

K 值的选择会对 K 近邻算法的结果产生重大的影响:

- K 值过小,相当于用较小邻域中的训练数据进行预测。其优点是减少了学习的近似误差,因为只有与输入数据较近的训练数据才会对预测结果起作用。其缺点是学习的估计误差会增大,预测结果会对近邻数据点非常敏感。如果所选取的数据点恰巧是噪声数据,那么预测就会出错。简单来说,K 值过小会增加模型的复杂程度,进而增加过拟合问题出现的风险。
- K 值过大,相当于用较大邻域中的训练数据进行预测。其优点是减少了学习的估计误差,其缺点是学习的近似误差会增大。因为离输入数据较远的训练数据也会起预测作用,可能导致预测出现误差。K 值的增大意味着模型变得简单。
- 当 K 的值与样本数量相同时,这样的模型过于简单,会完全忽略训练中大量有用的信息,预测未知数据的准确度将会非常低,这种选取 K 值的方式是不可取的。

这里需要理解近似误差与估计误差的区别:

- 近似误差关注训练数据集。如果模型的近似误差小,则容易出现过拟合的现象。即对训练集有很好的预测,但对测试样本的预测将会出现较大偏差,这种模型不是最佳模型。
- 估计误差关注测试数据集。如果模型的估计误差小,则说明其对未知数据的预测能力好,估计误差越小的模型越接近最佳模型。

在实际应用中,K 值一般取一个比较小的整数值,通常采用交叉验证法来选择最优 K 值。

交叉验证是一种常见的模型验证技术,主要用于评估一个统计分析模型在独立数据集上的概括能力。交叉验证法的指导思想是在某种意义下对原始数据进行分组,其中一部分作为训练数据集,另一部分作为验证数据集,先用训练数据集对分类器进行训练,再利用验证数据集来测试训练得到的模型,以此来作为评价分类器的性能指标,如图 2.5 所示。

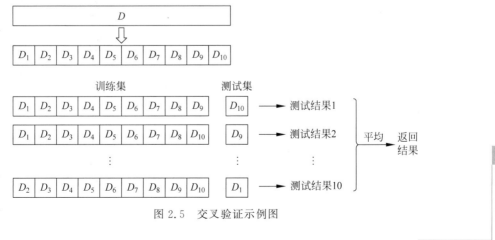

图 2.5 交叉验证示例图

K 近邻算法

图 2.5 中,数据集 D 被分成了 10 份,每次训练时分别将其中一份数据抽取出来用于测试,其余 9 份数据用于训练。注意,在划分数据时,要保持数据分布的平衡。例如,在数据集中划分出的训练数据集里,如果所有的样本都属于同一分类,那么在该训练数据集上得到的结果就不具有代表性,无法反映实际情况。

2.2 *K* 近邻算法的实现:KD 树

实现 *K* 近邻算法时,需要考虑如何对训练数据快速地进行 *K* 近邻搜索,尤其在高维特征空间或大容量训练数据集的应用中,该问题显得更加突出。*K* 近邻算法的最简单实现是线性扫描,即计算输入数据与每一个训练数据的距离。当训练集较庞大时,这种计算非常耗时,因此这种方法在实际应用中具有较大的局限性。为了提高 *K* 近邻搜索的效率,可以考虑使用特殊的结构存储训练数据,以减少计算距离的次数。具体实现方法种类很多,本书将主要介绍 KD 树方法。

2.2.1 KD 树简介

KD 树是 K-Dimension 树的简称,是一种查询索引结构,广泛应用于数据库索引中。它是对数据点在 *K* 维空间中进行划分的一种数据结构,主要应用于多维空间关键数据的搜索

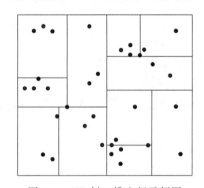

图 2.6 KD 树二维空间示例图

(如范围搜索和最近邻搜索)。KD 树是每个结点都为 *K* 维点的二叉树,本质上 KD 树是一种平衡二叉树(左子树和右子树的深度之差的绝对值不超过 1,且它的左子树和右子树都是平衡二叉树),目的是提高数据查找的效率。

KD 树是一种空间划分树,将整个向量空间划分为特定的几个部分,然后在划分的特定空间内进行相关搜索操作。比如在二维空间中,KD 树按照一定的划分规则把二维空间划分出多个空间,如图 2.6 所示。

图 2.6 中一个二维空间被划分成 11 个区域,可在每个区域中进行相关搜索操作。

2.2.2 KD 树的构建

针对高维数据进行 KD 树的构建时,需要针对每一个维度进行二分操作。构建 KD 树的方法大致如下。

(1)建立根结点,使根结点对应于 *K* 维空间中包含所有数据点的超矩形区域(参考图 2.6 中二维空间中切分的矩形)。

(2)选取方差最大的特征作为分割特征。

(3)选择分割特征的中位数作为分割点。在超矩形区域上选择一个坐标轴和在此坐标轴上的一个切分点,确定一个超平面,这个超平面通过选定的切分点并垂直于选定的坐标轴,将当前超矩形区域切分为左、右两个子空间。

(4)此时,将数据集中小于中位数的特征值传递给左子空间,大于中位数的特征值传递

给根结点的右子空间。此时,数据被分到两个子空间。

(5) 递归步骤(2)～(4),不断地对 K 维空间进行切分,生成子结点,直到子空间内没有数据时终止(终止时的结点为叶子结点)。在此过程中,将数据保存在相应的子结点上。

KD 树中,最顶端的结点称为根结点,没有子结点的结点为叶子结点,而子结点是相对于父结点来说的,它是父结点的下一层结点。

构建 KD 树的流程图如图 2.7 所示。

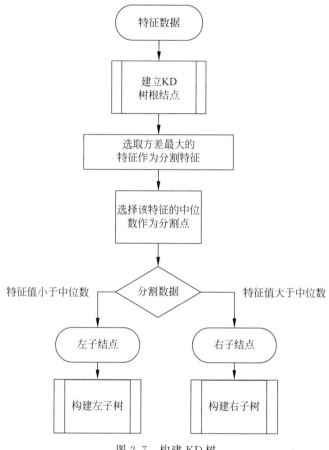

图 2.7 构建 KD 树

KD 树每个结点中主要包含的数据结构如表 2.1 所示。

表 2.1 KD 树的数据结构

结 构 名 称	类 型	描 述
node-data	数据矢量	数据集中某个数据点,是 n 维矢量
range	空间矢量	该结点所代表的空间范围
split	整数	分裂维的序号,也是垂直于分割超平面方向轴的序号
left	kd-tree	左子树,由位于该结点分割超平面左子空间内所有数据点构成的 KD 树
right	kd-tree	右子树,由位于该结点分割超平面右子空间内所有数据点构成的 KD 树
parent	kd-tree	父结点

下面通过一个简单实例来具体介绍 KD 树算法。假设有二维数据集 $T=\{(2,3),(5,4),(9,6),(4,7),(8,1),(7,2)\}$，数据点位于二维空间内，如图 2.8 所示。

为了有效找到最近邻，需将整个空间划分为几个小部分。根据图 2.8 中的 6 个二维数据点 $\{(2,3),(5,4),(9,6),(4,7),(8,1),(7,2)\}$ 构建 KD 树的具体步骤如下所示。

（1）确定切分域。具体过程为：通过计算求得图 2.8 中 6 个数据点在 x 和 y 轴上的数据方差。由于在 x 轴上方差值更大（方差越大，则这个维度上的数据越离散，也说明这些数据点不应该属于同一个空间，因此需要在这个维度上进行切分），故切分域选为 x。

（2）确定切分点。具体过程为：根据各个点在 x 轴上的对应值将数据排序，6 个数据的 x 轴对应数值的中值为 7，因此切分点为数据点 $(7,2)$。根据之前的介绍可知，该结点的分割超平面是通过点 $(7,2)$ 并垂直于 x 轴的直线 $x=7$。

（3）构建左子树和右子树。具体过程为：超平面 $x=7$ 将整个空间分为两部分：$x\leqslant7$ 的部分为左子空间，包含 $(2,3)$、$(5,4)$ 和 $(4,7)$ 3 个结点；另一部分为右子空间，包含 $(9,6)$ 和 $(8,1)$ 2 个结点。

（4）KD 树的构建是一个递归过程，对左子空间和右子空间内的数据重复第（3）步即可得到一级子结点 $(5,4)$ 和 $(9,6)$，同时将空间和数据集进一步细分，不断递归直到子空间内没有数据时终止。

图 2.8 中的二维空间经过上述步骤的划分后，点 $(7,2)$ 为根结点，根结点的左、右子结点分别为 $(5,4)$ 和 $(9,6)$；$(2,3)$ 和 $(4,7)$ 分别为 $(5,4)$ 的左、右叶子结点；$(8,1)$ 为 $(9,6)$ 的左叶子结点。如此，便形成了一棵如图 2.9 所示的 KD 树。

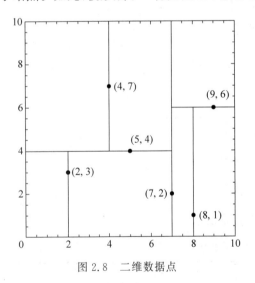

图 2.8　二维数据点

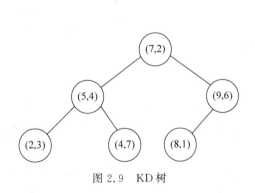

图 2.9　KD 树

接下来，将通过代码演示用 Python 构建 KD 树的方法，并使用前序遍历对 KD 树进行验证，具体方法如例 2.7 所示。

【例 2.7】　创建 KD 树并进行前序遍历。

```
1   import sys
2   # KD 树每个结点中主要包含的数据结构如下
```

```
3   class KdNode(object):
4       def __init__(self, dom_elt, split, left, right):
5           self.dom_elt = dom_elt        #k维向量结点(k维空间中的一个样本点)
6           self.split = split            #整数(进行分割维度的序号)
7           self.left = left              #该结点分割超平面左子空间构成的 KD 树
8           self.right = right            #该结点分割超平面右子空间构成的 KD 树
9   class KdTree(object):
10      def __init__(self, data):
11          k = len(data[0])              #数据维度
12          #按第 split 维划分数据集 exset 创建 KdNode
13          def CreateNode(split, data_set):
14              if not data_set:          #数据集为空
15                  return None
16              #key 参数的值为一个函数,此函数只有一个参数且返回一个值用来进行比较
17              data_set.sort(key = lambda x: x[split])
18              split_pos = len(data_set) // 2    #//为 Python 中的整数除法
19              median = data_set[split_pos]      #中值分割点
20              split_next = (split + 1) % k      # cycle coordinates
21              #递归的创建 KD 树
22              return KdNode(median, split,
23                            #创建左子树
24                            CreateNode(split_next, data_set[:split_pos]),
25                            #创建右子树
26                            CreateNode(split_next, data_set[split_pos + 1:]))
27          self.root = CreateNode(0, data) #从第 0 维分量开始构建 KD 树,返回根结点
28  #KD 树的前序遍历
29  def preorder(root):
30      print(root.dom_elt)
31      if root.left:         #结点不为空
32          preorder(root.left)
33      if root.right:
34          preorder(root.right)
35  if __name__ == "__main__":
36      data = [[2,3],[5,4],[9,6],[4,7],[8,1],[7,2]]
37      kd = KdTree(data)
38      preorder(kd.root)
```

输出结果如下所示。

```
[7, 2]
[5, 4]
[2, 3]
[4, 7]
[9, 6]
[8, 1]
```

例 2.7 通过递归的形式来创建 KD 树,然后对该 KD 树进行了前序遍历。从上述代码中不难看出,前序遍历首先访问了根结点,然后遍历左子树,最后遍历右子树。

2.2.3 搜索 KD 树

利用 KD 树可以省去对大部分数据点的搜索，从而减少搜索的计算量，例如，在搜索最近邻点任务中，给定一个目标点，搜索其最近邻，首先找到包含目标点的叶子结点，然后从该叶子结点出发，依序回溯到父结点，不断查找与目标点最近邻的结点，当确定不可能存在更近的结点时终止。这样搜索就被限制在空间的局部区域上，效率大为提高。

搜索 KD 树的具体流程如下所示。

（1）在 KD 树中找出包含目标点 x 的叶子结点。从根结点出发，递归地向下访问 KD 树。若目标点当前维度的坐标值小于分割超平面的坐标值，则移动到左子结点，否则移动到右子结点，直到子结点为叶子结点为止。

（2）将第（1）步中确定的叶子结点作为"当前最近点"。

（3）递归地向上回溯，在每个结点进行以下操作：

- 如果该结点保存的数据点比当前最近点距目标点更近，则将该数据点作为"当前最近点"；

- "当前最近点"一定存在于该结点某一个子结点对应的区域中。检查该子结点的兄弟结点（同一父结点的子结点之间互为兄弟结点）对应的区域是否有更近的点。具体操作为检查另一个子结点对应的区域是否与"超球体"相交。"超球体"是指以目标点为球心，以目标点与"当前最近点"间的距离为半径的球体空间。如果与"超球体"相交，则说明可能在另一个子结点对应的区域内存在距离目标更近的点，此时，移动到另一个子结点。接着，递归地进行最近邻搜索。如果不相交，则向上回退。

（4）当回退到根结点时，搜索结束。最后的"当前最近点"即为目标点 x 的最近邻点。

KD 树的搜索流程如图 2.10 所示。

以 2.2.2 节中构建好的 KD 树为例，查找目标点 (3, 4.5) 的最近邻点。先进行二叉查找，从

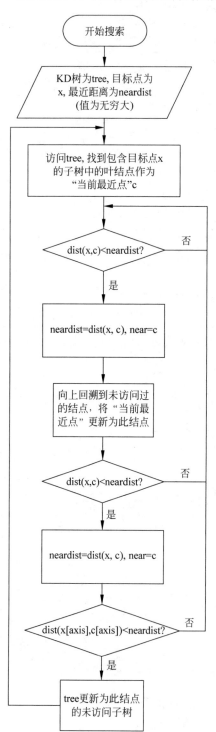

图 2.10 KD 树的搜索流程

$(7,2)$结点查找到$(5,4)$结点,在进行查找时超平面由直线$y=4$分割,由于目标点y轴对应值为4.5,因此进入右子空间查找到$(4,7)$结点,形成搜索路径: $(7,2)\rightarrow(5,4)\rightarrow(4,7)$,取$(4,7)$为当前最近点。以目标查找点为圆心,目标查找点到当前最近点距离(距离为2.69)为半径确定一个"超球体"(因为是二维空间,所以实际是一个圆)。然后回溯到结点$(5,4)$,计算该结点与查找点之间的距离为2.06,则该结点比当前最近点距目标点更近,以结点$(5,4)$作为当前最近点。用同样的方法再次确定一个圆形区域,该圆与$y=4$超平面相交,所以需要进入$(5,4)$结点的另一个子空间进行查找。$(2,3)$结点与目标点的距离为1.8,比当前最近点更近,所以最近邻点更新为$(2,3)$,最近距离更新为1.8,通过同样的方法确定一个圆形区域。然后根据规则回溯到根结点$(7,2)$,最后确定的圆形区域与$x=7$的超平面不相交,因此不用进入$(7,2)$的右子空间进行查找。至此,搜索路径回溯完毕,返回最近邻点为点$(2,3)$,最近距离为1.8。

下面通过代码对上述 KD 树的搜索过程进行实现,具体如例2.8所示。

【例2.8】 KD 树的搜索。

```
1   from math import sqrt
2   from collections import namedtuple
3   #定义一个 namedtuple,分别存放最近坐标点、最近距离和访问过的结点数
4   result = namedtuple("Result_tuple", "nearest_point nearest_dist nodes_visited")
5
6   def find_nearest(tree, point):
7     k = len(point)  #数据维度
8     def travel(kd_node, target, max_dist):
9       if kd_node is None:
10        return result([0] * k, float("inf"), 0)
          #Python 中用 float("inf")和 float("-inf")表示正负无穷
11
12        nodes_visited = 1
13
14        s = kd_node.split        #进行分割的维度
15        pivot = kd_node.dom_elt   #进行分割的"轴"
16
17        if target[s] <= pivot[s]:          #如果目标点第 s 维小于分割轴的对应值(目标离左子
                                            #树更近)
18          nearer_node = kd_node.left     #下一个访问结点为左子树根结点
19          further_node = kd_node.right   #同时记录下右子树
20        else:                            #目标离右子树更近
21          nearer_node = kd_node.right    #下一个访问结点为右子树根结点
22          further_node = kd_node.left
23
24        temp1 = travel(nearer_node, target, max_dist)    #进行遍历找到包含目标点的区域
25
26        nearest = temp1.nearest_point   #以此叶子结点作为"当前最近点"
27        dist = temp1.nearest_dist       #更新最近距离
28
29        nodes_visited += temp1.nodes_visited
30
```

```
31       if dist < max_dist:
32         max_dist = dist        #最近点将在以目标点为球心,max_dist 为半径的超球体内
33
34       temp_dist = abs(pivot[s] - target[s])        #第 s 维上目标点与分割超平面的距离
35       if max_dist < temp_dist:                     #判断超球体是否与超平面相交
36         return result(nearest, dist, nodes_visited)  #不相交则可以直接返回,不用搜索另
                                                          #一侧子树
37
38       #计算目标点与分割点的欧氏距离
39       temp_dist = sqrt(sum((p1 - p2) ** 2 for p1, p2 in zip(pivot, target)))
40
41       if temp_dist < dist:                         #如果"更近"
42         nearest = pivot                            #更新最近点
43         dist = temp_dist                           #更新最近距离
44         max_dist = dist                            #更新超球体半径
45
46       #检查另一个子结点对应的区域是否有更近的点
47       temp2 = travel(further_node, target, max_dist)
48
49       nodes_visited += temp2.nodes_visited
50       if temp2.nearest_dist < dist:                #如果另一个子结点内存在更近距离
51         nearest = temp2.nearest_point              #更新最近点
52         dist = temp2.nearest_dist                  #更新最近距离
53
54       return result(nearest, dist, nodes_visited)
55
56     return travel(tree.root, point, float("inf"))  #从根结点开始递归
57   if __name__ == "__main__":
58       data = [[2,3],[5,4],[9,6],[4,7],[8,1],[7,2]]
59       kd = KdTree(data)
60       ret = find_nearest(kd, [3,4.5])
61       print(ret)
```

输出结果如下所示。

```
Result_tuple(nearest_point = [2, 3], nearest_dist = 1.8027756377319946, nodes_visited = 4)
```

上述示例中检索了数据集 T 中所有的数据结点,并确定了距离目标点$(3,4.5)$最邻近的点。该程序返回的结果与前文推导出的结果相同:最近邻结点为$(2,3)$,最近距离为1.8。最后的 nodes_visited = 4 表示检索过程中访问过的结点数为 4 个。

请注意,由于图书尺寸所限,本例程序中的个别注释行出现了一句注释分为两部分的情况,行号未变,表示这两部分注释属于同一行。后文也会出现类似情况,不再特别说明。

2.3 实战:利用 K 近邻算法改进约会网站

本节将通过一个简单的案例来演示 K 近邻算法在实际应用中的使用方法——改进约会网站的匹配效果。该案例常被用于 K 近邻算法的初学阶段,可以帮助初学者较好地理解

和掌握 K 近邻算法。在介绍该示例前，需要先了解使用 K 近邻算法的流程，大致流程如下所示。

（1）收集数据：收集的数据一般放在 TXT 文件中，按照一定的格式进行存储，用于解析及处理。

（2）准备数据：使用 Python 解析、预处理数据。

（3）分析数据：可以使用的方法有很多种，本书采用通过 Matplotlib 将数据可视化的方法进行数据分析。

（4）测试算法：检测算法的错误率。

（5）使用算法：当算法的错误率降低到可接受范围内时，便可以运行该 K 近邻算法解决相应的分类问题。

本案例所采用的数据集包含了 1000 位男性的三种特征，具体如下所示。

（1）每年获得的飞行常客里程数。

（2）玩视频游戏所消耗时间百分比。

（3）每周食用的冰淇淋重量。

假设女性在该网站的择偶标准以上述三种特征作为参考，打开 datingTestSet2.txt 文件，可以看到如图 2.11 所示的数据。

观察数据集中的数据不难发现，除了之前提到的三种特征数据，文件中还含有第 4 列数据。第 4 列数据实际上包含了女性对每个男性的感兴趣程度：不喜欢、魅力一般、极具魅力。这 3 种感兴趣程度在 TXT 文件中分别对应数字 1、2、3。

40920	8.326976	0.953952	3
14488	7.153469	1.673904	2
26052	1.441871	0.805124	1
75136	13.147394	0.428964	1
38344	1.669788	0.134296	1
72993	10.141740	1.032955	1
35948	6.830792	1.213192	3
42666	13.276369	0.543880	3
67497	8.631577	0.749278	1
35483	12.273169	1.508053	3
50242	3.723498	0.831917	1
63275	8.385879	1.669485	1
5569	4.875435	0.728658	2
51052	4.680098	0.625224	1
77372	15.299570	0.331351	1
43673	1.889461	0.191283	1
61364	7.516754	1.269164	1
69673	14.239195	0.261333	1
15669	0.000000	1.250185	2
28488	10.528555	1.304844	3
6487	3.540265	0.822483	2
37708	2.991551	0.833920	1
22620	5.297865	0.638306	2
28782	6.593803	0.187108	3
19739	2.816760	1.686209	2
36788	12.458258	0.649617	3
5741	0.000000	1.656418	2
28567	9.968648	0.731232	3
6808	1.364838	0.640103	2
41611	0.230453	1.151996	1
36661	11.865402	0.882810	3

图 2.11　数据集

获取数据集后，首先要对该数据集进行解析，解析的过程是把数据分为特征矩阵和对应的分类标签向量两部分，这样处理后的数据格式才是分类器可以接受的格式。转换数据格式的具体方法如例 2.9 所示。

【例 2.9】　转换数据格式。

```
1    import numpy as np
2    def fileMatrix(filename):
3        #打开文件
4        fr = open(filename)
5        #读取文件所有内容
6        arrayOLines = fr.readlines()
7        #得到文件行数
8        numberOfLines = len(arrayOLines)
9        #返回的 NumPy 矩阵,解析完成的数据:numberOfLines 行,3 列
10       returnMat = np.zeros((numberOfLines,3))
11       #返回的分类标签向量
```

```
12      classLabelVector = []
13      #行的索引值
14      index = 0
15      for line in arrayOLines:
16          #s.strip(rm),当 rm 为空时,默认删除空白符(包括'\n','\r','\t',' ')
17          line = line.strip()
18          #使用 s.split(str = "",num = string,cout(str))将字符串根据'\t'分隔符进行切片
19          listFromLine = line.split('\t')
20          #将数据前 3 列提取出来,存放到 returnMat 的 NumPy 矩阵中,也就是特征矩阵
21          returnMat[index, :] = listFromLine[0:3]
22          #根据文本中标记的喜欢程度进行分类,1 代表不喜欢,2 代表魅力一般,3 代表极具魅力
23          if listFromLine[ - 1] == '1':
24              classLabelVector.append(1)
25          elif listFromLine[ - 1] == '2':
26              classLabelVector.append(2)
27          elif listFromLine[ - 1] == '3':
28              classLabelVector.append(3)
29          index += 1
30      return returnMat, classLabelVector
31  if __name__ == '__main__':
32      #打开的文件名
33      filename = "datingTestSet2.txt"
34      #打开并处理数据
35      datingDataMat, datingLabels = fileMatrix(filename)
36      print(datingDataMat)
37      print(datingLabels)
```

输出结果如下所示(仅列出其中一部分结果,本书后续内容中,遇到输出结果过长的情况将只展示其中部分结果,之后不再进行额外的解释)。

```
[[4.0920000e + 04   8.3269760e + 00   9.5395200e - 01]
 [1.4488000e + 04   7.1534690e + 00   1.6739040e + 00]
 [2.6052000e + 04   1.4418710e + 00   8.0512400e - 01]
 ...
 [2.6575000e + 04 1.0650102e + 01 8.6662700e - 01]
 [4.8111000e + 04 9.1345280e + 00 7.2804500e - 01]
 [4.3757000e + 04 7.8826010e + 00 1.3324460e + 00]]


[3, 2, 1, 1, 1, 1, 3, 3, 1, 3, 1, 1, 2, 1, 1, 1, 1, 1, 2, 3, 2, 1, 2, 3, 2, 3, 2, 3, 2, 1, 3, 1, 3,
1, 2, 1, 1, 2, 3, 3, 1, 2, 3, 3, 3, 1, 1, 1, 1, 2, 2, 1, 3, 2, 1, 3, 2, 1, 1, 2, 2, 1, 2, 2, 2,
3, 2, 3, 1, 2, 3, 2, 2, 1,
 ⋮
3, 1, 1, 2, 3, 2, 2, 1, 3, 1, 2, 3, 1, 2, 2, 2, 2, 3, 2, 3, 1, 2, 1, 2, 3, 1, 3, 2, 2, 2, 2,
2, 2, 2, 2, 2, 2, 2, 3, 2, 2, 2, 2, 2, 1, 3, 3, 3]
```

上述输出结果中,上半部分是特征矩阵,下半部分是标签向量,这样的数据格式便是分类器可处理的格式。如果需要将数据集可视化以更加直观地查看数据,可以使用 Matplotlib 工具绘制数据集对应的图形。根据例 2.9 中转换后的数据将数据可视化,具体方法如例 2.10

所示。

【例 2.10】 数据可视化。

```
1   from matplotlib.font_manager import FontProperties
2   import matplotlib.lines as mlines
3   import matplotlib.pyplot as plt
4   def showdatas(datingDataMat, datingLabels):
5     #设置汉字格式
6     font = FontProperties(fname = r"c:\windows\fonts\simsun.ttc", size = 14)
7     #将 fig 画布分隔成 1 行 1 列,不共享 x 轴和 y 轴,fig 画布的大小为(13,8)
8     #当 nrow = 2,nclos = 2 时,代表 fig 画布被分为四个区域,axs[0][0]表示第一行第一个区域
9     fig, axs = plt.subplots(nrows = 2, ncols = 2, sharex = False,
10                     sharey = False, figsize = (13,8))
11    numberOfLabels = len(datingLabels)
12    LabelsColors = []
13    for i in datingLabels:
14      if i == 1:
15        LabelsColors.append('red')
16      if i == 2:
17        LabelsColors.append('green')
18      if i == 3:
19        LabelsColors.append('blue')
20    #画出散点图,以 datingDataMat 矩阵的第一列(飞行常客里程)、
21    #第二列(玩游戏)数据画散点数据,散点大小为 15,透明度为 0.5
22    axs[0][0].scatter(x = datingDataMat[:,0], y = datingDataMat[:,1],
23              color = LabelsColors, s = 15, alpha = .5)
24    #设置标题,x 轴 label,y 轴 label
25    axs0_title_text = axs[0][0].set_title(
26      u'每年获得的飞行常客里程数与玩视频游戏所消耗时间占比',
27      FontProperties = font)
28    axs0_xlabel_text = axs[0][0].set_xlabel(u'每年获得的飞行常客里程数',
29                    FontProperties = font)
30    axs0_ylabel_text = axs[0][0].set_ylabel(u'玩视频游戏所消耗时间占',
31                    FontProperties = font)
32    plt.setp(axs0_title_text, size = 10, weight = 'bold', color = 'red')
33    plt.setp(axs0_xlabel_text, size = 10, weight = 'bold', color = 'black')
34    plt.setp(axs0_ylabel_text, size = 10, weight = 'bold', color = 'black')
35    #画出散点图,以 datingDataMat 矩阵的第一列(飞行常客里程)、
36    #第三列(冰激凌)数据画散点数据,散点大小为 15,透明度为 0.5
37    axs[0][1].scatter(x = datingDataMat[:,0], y = datingDataMat[:,2],
38              color = LabelsColors, s = 15, alpha = .5)
39    #设置标题,x 轴 label,y 轴 label
40    axs1_title_text = axs[0][1].set_title(
41      u'每年获得的飞行常客里程数与每周消费的冰激凌公升数',FontProperties = font)
42    axs1_xlabel_text = axs[0][1].set_xlabel(u'每年获得的飞行常客里程数',
43                    FontProperties = font)
44    axs1_ylabel_text = axs[0][1].set_ylabel(u'每周消费的冰激凌公升数',
45                    FontProperties = font)
46    plt.setp(axs1_title_text, size = 10, weight = 'bold', color = 'red')
```

```
47    plt.setp(axs1_xlabel_text, size = 10, weight = 'bold', color = 'black')
48    plt.setp(axs1_ylabel_text, size = 10, weight = 'bold', color = 'black')
49    # 画出散点图,以 datingDataMat 矩阵的第二列(玩游戏)
50    # 第三列(冰激凌)数据画散点数据,散点大小为15,透明度为0.5
51    axs[1][0].scatter(x = datingDataMat[:,1], y = datingDataMat[:,2],
52                color = LabelsColors, s = 15, alpha = .5)
53    # 设置标题,x 轴 label,y 轴 label
54    axs2_title_text = axs[1][0].set_title(
55      u'玩视频游戏所消耗时间占比与每周消费的冰激凌公升数',FontProperties = font)
56    axs2_xlabel_text = axs[1][0].set_xlabel(
57      u'玩视频游戏所消耗时间占比',FontProperties = font)
58    axs2_ylabel_text = axs[1][0].set_ylabel(
59      u'每周消费的冰激凌公升数',FontProperties = font)
60    plt.setp(axs2_title_text, size = 10, weight = 'bold', color = 'red')
61    plt.setp(axs2_xlabel_text, size = 10, weight = 'bold', color = 'black')
62    plt.setp(axs2_ylabel_text, size = 10, weight = 'bold', color = 'black')
63    # 设置图例
64    didntLike = mlines.Line2D([], [], color = 'black', marker = '.',
65                markersize = 6, label = 'didntLike')
66    smallDoses = mlines.Line2D([], [], color = 'orange', marker = '.',
67                markersize = 6, label = 'smallDoses')
68    largeDoses = mlines.Line2D([], [], color = 'red', marker = '.',
69                markersize = 6, label = 'largeDoses')
70    # 添加图例
71    axs[0][0].legend(handles = [didntLike,smallDoses,largeDoses])
72    axs[0][1].legend(handles = [didntLike,smallDoses,largeDoses])
73    axs[1][0].legend(handles = [didntLike,smallDoses,largeDoses])
74    # 调整子图间距
75    plt.subplots_adjust(wspace = 0.2, hspace = 0.4)
76    # 显示图片
77    plt.show()
78  showdatas(datingDataMat, datingLabels)
```

输出结果如图 2.12 所示。

图 2.12 的图例中 didntlike、smallDose 和 largeDose 分别对应男性无魅力、魅力一般和极具魅力。

图 2.12 中展示了三种组合数据特征信息对应情况。第一张图是由每年获得的飞行常客里程数与玩视频游戏所消耗时间占比组成的二维特征信息对应的男性魅力程度。其余两张图对应另外两种组合特征信息。上述代码中包含了设置中文字体的代码,中文字体保存位置为 c:\windows\fonts\simsun.ttc,字号大小为 14。

从图 2.12 不难看出,每年获取的飞行常客里程数与男性个人魅力的相关性远远大于其他两个特征。其实,这是因为飞行常客里程数的值远大于其他特征值,实际上这不一定能反映特征间的真实相关性。在处理不同取值范围的特征值时,通常采用的方法是将数值归一化。例如,将取值范围处理为 0~1 或者 −1~1。下面的公式可以将任意取值范围的特征值转化为 0~1 的值:

$$newValue = (oldValue - min)/(max - min)$$

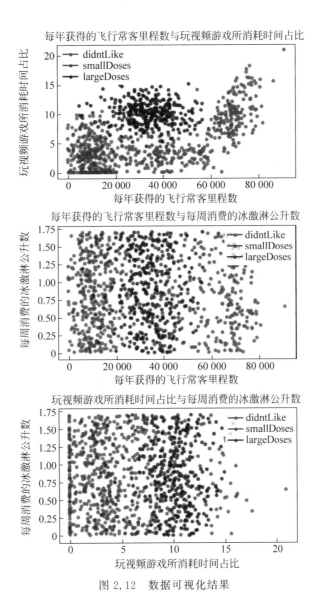

图 2.12　数据可视化结果

　　上述表达式中 min 和 max 分别表示数据集中的最小特征值和最大特征值。在此,通过创建一个名为 autoNorm 的函数来对本节所引用的数据集进行归一化处理。具体方法如例 2.11 所示。

【例 2.11】 数据归一化。

```
1   def autoNorm(dataSet):
2       ♯获得数据的最小值
3       minVals = dataSet.min(0)
4       maxVals = dataSet.max(0)
5       ♯求得数据最大值和最小值的范围
6       ranges = maxVals - minVals
7       ♯shape(dataSet)返回 dataSet 的矩阵行列数
```

```
8      normDataSet = np.zeros(np.shape(dataSet))
9      #返回 dataSet 的行数
10     m = dataSet.shape[0]
11     #原始值减去最小值
12     normDataSet = dataSet - np.tile(minVals, (m, 1))
13     #除以最大和最小值的差,得到归一化数据
14     normDataSet = normDataSet / np.tile(ranges, (m, 1))
15     #返回归一化数据结果,数据范围,最小值
16     return normDataSet, ranges, minVals
17  if __name__ == '__main__':
18     #打开的文件名
19     filename = "datingTestSet2.txt"
20     #打开并处理数据
21     datingDataMat, datingLabels = fileMatrix(filename)
22     normDataSet, ranges, minVals = autoNorm(datingDataMat)
23     print(normDataSet)
24     print(ranges)
25     print(minVals)
```

输出结果如下所示。

```
[[0.44832535 0.39805139 0.56233353]
 [0.15873259 0.34195467 0.98724416]
 [0.28542943 0.06892523 0.47449629]
 ...
 [0.29115949 0.50910294 0.51079493]
 [0.52711097 0.43665451 0.4290048 ]
 [0.47940793 0.3768091  0.78571804]]
[9.1273000e+04 2.0919349e+01 1.6943610e+00]
[0.         0.         0.001156]
```

从上述运行结果可以看到数据已完成归一化。上述代码还求解了数据的取值范围以及数据的最小值,这两个值将被用于后续的分类操作。

经过本节之前的数据处理后,接下来开始进行分类操作并评估分类算法的错误率。通常先将选择的数据集分成 10 份,然后选择其中 9 份作为训练样本用于训练分类器,剩余 1 份数据用于检测分类器的错误率。需要注意的是,由于本示例中提供的数据集并没有按照特定目的来排序,因此可随意选择其中 1 份数据而不影响数据选择的随机性。

对数据集进行分类操作并评估算法错误率的具体方法如例 2.12 所示。

【例 2.12】 对数据集进行分类操作并评估算法准确率。

```
1   import operator
2   def classify(inX, dataSet, labels, k):
3       #NumPy 函数 shape[0]返回 dataSet 的行数
4       dataSetSize = dataSet.shape[0]
5       #在列向量方向上重复 inX 共 1 次(横向),行向量方向上重复 inX 共 dataSetSize 次(纵向)
6       diffMat = np.tile(inX, (dataSetSize, 1)) - dataSet
7       #二维特征相减后平方
8       sqDiffMat = diffMat ** 2
```

```
9      # sum()所有元素相加,sum(0)列相加,sum(1)行相加
10     sqDistances = sqDiffMat.sum(axis = 1)
11     # 开方,计算出距离
12     distances = sqDistances ** 0.5
13     # 返回 distances 中元素从小到大排序后的索引值
14     sortedDistIndices = distances.argsort()
15     # 定义一个记录类别次数的字典
16     classCount = {}
17     for i in range(k):
18         # 取出前 k 个元素的类别
19         voteIlabel = labels[sortedDistIndices[i]]
20         # 计算类别次数
21         classCount[voteIlabel] = classCount.get(voteIlabel,0) + 1
22     # reverse 降序排序字典
23     sortedClassCount = sorted(classCount.items(),key = operator.itemgetter(1),reverse = True)
24     # 返回次数最多的类别,即所要分类的类别
25     return sortedClassCount[0][0]
26 def dataClassTest():
27     # 打开的文件名
28     filename = "datingTestSet2.txt"
29     # 将返回的特征矩阵和分类向量分别存储到 datingDataMat 和 datingLabels 中
30     datingDataMat, datingLabels = fileMatrix(filename)
31     # 取所有数据的 10 %
32     hoRatio = 0.10
33     # 数据归一化,返回归一化后的矩阵,数据范围,数据最小值
34     normMat, ranges, minVals = autoNorm(datingDataMat)
35     # 获得 normMat 的行数
36     m = normMat.shape[0]
37     # 10 % 的测试数据的个数
38     numTestVecs = int(m * hoRatio)
39     # 分类错误计数
40     errorCount = 0.0
41     for i in range(numTestVecs):
42         # 前 numTestVecs 个数据作为测试集,后 m - numTestVecs 个数据作为训练集
43         classifierResult = classify(normMat[i,:], normMat[numTestVecs:m,:],
44             datingLabels[numTestVecs:m], 4)
45         print("分类结果:% d\t真实类别:% d" % (classifierResult, datingLabels[i]))
46         if classifierResult != datingLabels[i]:
47             errorCount += 1.0
48     print("错误率:% f% %" % (errorCount/float(numTestVecs) * 100))
49 if __name__ == '__main__':
50     dataClassTest()
```

输出结果如下所示(由于结果较多,在此仅列出其中部分结果)。

```
分类结果:3 真实类别:3
分类结果:2 真实类别:2
分类结果:1 真实类别:1
⋮
```

K 近邻算法

```
分类结果:2 真实类别:2
分类结果:2 真实类别:1
分类结果:1 真实类别:1
错误率:4.000000 %
```

从输出结果可以看出,错误率为 4%。可以通过改变 dataClassTest() 函数内变量 hoRatio 和分类器 K 的值,检测错误率是否随着变量值的变化而增加。由于分类器的准确性依赖于分类算法、数据集和程序设置,因此这三个元素的变化对预测结果将产生巨大影响。

验证过分类器错误率后,通过算法可构建完整可用的约会网站匹配系统,女性通过输入找到男性信息,系统会为她预估其对该男性的感兴趣程度。

创建 classifyPerson() 函数对未知数据进行预测,具体方法如例 2.13 所示。

【例 2.13】 对未知数据进行预测。

```
1    def classifyPerson():
2        # 输出结果
3        resultList = ['讨厌', '有些喜欢', '非常喜欢']
4        # 三维特征用户输入
5        precentTats = float(input("玩视频游戏所耗时间百分比:"))
6        ffMiles = float(input("每年获得的飞行常客里程数:"))
7        iceCream = float(input("每周消费的冰激凌公升数:"))
8        # 打开的文件名
9        filename = "datingTestSet2.txt"
10       # 打开并处理数据
11       datingDataMat, datingLabels = fileMatrix(filename)
12       # 训练集归一化
13       normMat, ranges, minVals = autoNorm(datingDataMat)
14       # 生成 NumPy 数组,测试集
15       inArr = np.array([ffMiles, precentTats, iceCream])
16       # 测试集归一化
17       norminArr = (inArr - minVals) / ranges
18       # 返回分类结果
19       classifierResult = classify(norminArr, normMat, datingLabels, 3)
20       # 打印结果
21       print("你可能 % s 这个人" % (resultList[classifierResult - 1]))
22   if __name__ == '__main__':
23       classifyPerson()
```

运行程序,结果如图 2.13 所示。

图 2.13　预测结果

从图 2.13 中可以看出,输入数据(15,2000,10)后预测的结果为"你可能有些喜欢这个人"。

在本例中只给出了三个数据特征,预测的结果也偏向于个性化的喜欢程度,若给出的数据集包含更多的数据特征及数据样本,预测的结果也将更准确。可以看出,数据集对结果的预测起着至关重要的作用。

2.4　本章小结

通过本章的学习,可以对 K 近邻算法有了较为深入的理解。在本章的学习中,应重点掌握近邻的距离度量、KD 树的构建和搜索等内容,并实践构建 KD 树的实例及 K 近邻算法示例程序,为后面学习其他算法思想打下基础。

2.5　习　　题

1. 填空题

(1) _____是向量空间中的一种距离度量:两个点之间的距离为其坐标数值差的最大值。

(2) 在 K 近邻算法中,K 值的选择往往会对算法的结果产生重大的影响,如果 K 值_____样本数量,此时模型过于简单,预测准确度将会非常低。

(3) 通过_____来逐一计算输入数据与每一个训练数据的距离的方法非常耗时,因此在实际应用中可以考虑使用特殊的结构存储训练数据,以减少计算距离的次数。

(4) _____是一种查询索引结构,广泛应用于数据库索引中,它是对数据点在 K 维空间中进行划分的一种数据结构,主要应用于多维空间关键数据的搜索。

2. 选择题

(1) 点(0,0)和点(1,2)之间的欧氏距离为(　　)。

　　A. $\sqrt{3}$　　　　　　B. 1　　　　　　C. $\sqrt{5}$　　　　　　D. 2

(2) 当 K 值(　　)时,模型变得复杂,如果邻近的数据点恰好是噪声,预测就容易出错,发生过拟合。

　　A. 过大　　　　　　　　　　　B. 过小

　　C. 等于样本数量　　　　　　　D. 上述三种情况都不对

(3) 如果训练数据集中存在多种特征,且这些特征具有同等的重要性,则对不同特征的特征值(　　)处理。

　　A. 归一化　　　　　　　　　　B. 降噪

　　C. 差异化　　　　　　　　　　D. 不需要特殊处理

3. 思考题

(1) 简述 K 值的选择对算法结果的影响。

(2) 简述 KD 树的搜索流程。

第 3 章　决　策　树

本章学习目标

- 理解决策树的构建；
- 掌握决策树的实现方法；
- 掌握树形图的绘制方法；
- 了解决策树的剪枝技术。

　　决策树算法是一种非参数的监督学习方法，常被用于从一组无序、无规则的样本数据中推理出决策树表示形式的分类规则，例如数据挖掘任务。顾名思义，决策树以树形数据结构来进行分类或预测决策，在分类应用中，决策树中的每个结点构成类标签，叶子结点是最终的分类标号；树中的分支由决策规则组成。决策树是最常见的一种机器学习算法，它易于实现，可解释性强，符合人类的直观思维。本章将对决策树的构建以及实现方法进行讲解。

3.1　决策树与信息熵

3.1.1　决策树简介

　　决策树通常用一棵倒置的树结构来表示数据间的逻辑关系，基于数据的特征进行判断，进而得到分类或回归结果。树结构中通常包含三种结点，分别为根结点、子结点和叶子结点。根结点是树的最顶端的结点，每棵决策树只会有一个根结点；子结点对应于每一个分裂问题，该结点的每一个后继分支对应于该特征的一个可能值；叶子结点是带有分类标签的数据集合，即样本所属的分类。当决策树不断分裂直到无法再分出子结点时称该结点为叶子结点。接下来，通过一个简单示例展示决策树模型。

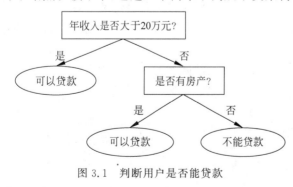

图 3.1　判断用户是否能贷款

　　假设银行要使用机器学习算法来确定是否给客户发放贷款，为此需要考察客户的年收入以及是否有房产这两个指标。判断是否给用户贷款的过程很简单，如图 3.1 所示。

　　图 3.1 是一个典型的决策树，图中的矩形表示子结点，即判断模块（decision block）；椭圆表示叶子结点，即终止模块（terminating block），对应

于通过决策树算法分析出的各种结论；箭头表示分支（branch），即决策规则。决策过程从树的根结点开始，在子结点处进行判断，直到到达一个叶子结点处，得到决策结果。决策树由一系列分层嵌套的判定规则组成，是一个递归的结构。

第 2 章介绍了 K 近邻算法，其最大的缺点是无法给出数据的内在含义。而在决策树中，树形结构使得数据形式非常容易理解，这是决策树的最大优势。在此总结出决策树算法的三个主要特点，具体如下所示。

- 决策树算法适用于数值型和标称型数据，通过决策树可以读取数据集合，提取数据中蕴含的规则。
- 决策树算法在解决分类问题时，具有较低的复杂度、便用性和高效性。
- 决策树算法可以用于处理具有不相关特征的数据，它的树结构可以很容易地构建易于理解的规则。

决策树算法的缺点在于难以处理数据缺失的情况，容易出现过拟合，并且树结构本身难以突出数据集中特征之间的相关性。

决策树模型的学习过程主要有以下三个步骤。

（1）特征选取。特征选取是指从大量训练数据特征中提取一个特征值作为当前结点的分裂标准。特征值的选择标准有着许多不同量化评估标准，也因此衍生出不同的决策树算法。

（2）决策树生成。根据上一步所选择的特征评估标准，从上至下递归地生成子结点，直到数据集不再可分裂，此时停止决策树的生长。

（3）剪枝。决策树容易出现过拟合问题，需要通过剪枝来缩小树的结构规模，从而缓解过拟合问题。常见的剪枝技术有预剪枝技术和后剪枝技术。

在构建决策树时，首先要解决的问题是判断出当前数据集中哪个特征在划分数据分类时起决定性作用。通过对每个特征进行评估来找到决定性的特征。在选取好待划分的特征后，原始数据集将根据这个特征被划分为若干个数据子集。该数据子集会分布在第一个决策点的所有分支上。如果某个分支下的数据属于同一类型，则无须进一步对数据集进行分割。如果数据子集内的数据不属于同一类型，则需要递归地重复划分数据子集的过程，直到每个数据子集内的数据类型相同。

决策树的训练流程遵循简单且直观的"分而治之"策略，接下来通过一段伪代码来演示创建分支的过程：

```
检测数据集中的每个子项是否属于同一类型：
If Yes return 类标签
Else
    找出用于划分数据集的最优特征
    进行数据集的划分
    构建新的分支结点
    for 每个被划分的子集：
        递归调用本算法并添加返回结果到分支结点中
    return 分支结点
```

上述伪代码通过递归的方式实现了分支的构建。本章后续内容会演示通过 Python 实现该过程的方法。

常用的 5 种决策树算法如下所示。

- D3 算法，其核心是在决策树的各级结点上，使用信息增益方法作为特征的选择标准来确定生成每个结点时所选取的最优特征。该算法的缺点是只适用于离散型特征描述。

- C4.5 算法，对 ID3 算法进行了改进，使用信息增益率来选择结点特征。C4.5 算法克服了 ID3 算法的不足，既可以处理离散型特征描述任务，也可以处理连续型特征描述任务。

- CART 算法，一种十分有效的非参数分类和回归方法，通过构建树、剪枝和评估来构建二叉树结构。当叶子结点是连续变量时，该树为回归树；当叶子结点是分类变量时，该树为分类树。

- SLIQ 算法，对 C4.5 算法进行了改进，在决策树的构建过程中采用了"预排序"和"广度优先策略"两种技术。在建树阶段，SLIQ 算法会针对连续属性采取预先排序技术与广度优先相结合的策略生成树，对离散属性采取快速求子集算法确定划分条件。SLIQ 算法具有可伸缩性良好、学习时间短、能处理常驻磁盘的数据集以及处理结果准确的优点。

- SPRINT 算法，一种可扩展的、可并行的归纳决策树，它完全不受内存限制，运行速度快，且允许多个处理器协同创建一个决策树模型。SPRINT 算法对 SLIQ 算法进行了进一步的改进，去掉了 SLIQ 中需要驻留于内存的类别列表，将类别列合并到了每个特征列表中。SPRINT 算法的优点是在寻找每个结点的最优划分特征时变得更简单。其缺点是对非分裂属性的属性列表进行划分非常困难。

3.1.2　信息与自信息

在进一步学习决策树算法之前，有必要掌握一些必要的基础概念，如信息与自信息的概念。

广义上的信息是指事物运动时发出的信号所带来的消息，是事物存在方式和运动规律的一种表现形式。不同的事物具有不同的存在方式和运动规律，从而构成了各种事物的不同特征。信息普遍存在于自然界、社会界以及人的思维之中，是客观事物千差万别的本质特征的反映。信息分为两大类：自然信息与社会信息。

消息是指信息的具体反映形式，是信息的实质内容。不同的消息中所包含的信息量是不同的。只有被消息的接收者了解并认识的内容（这部分内容接收者事先不知道）才蕴含着信息。

自信息(self-information)是信息的度量单位，由克劳德·香农提出，用来衡量单一事件发生时所包含的信息量多寡，它的单位是 b(或者 nats)。所接收到的自信息的量与具体发生的事件有关，自信息的大小与随机事件的概率有关。概率越小的事件发生后所包含的自信息越多，概率越大的事件发生后所包含的自信息越少。

信息论的基本观点是："一个极小概率事件的发生，比一个大概率事件的发生所提供信息更多。"例如，学校给学生发放了一则通知："周一早上照常上课。"很显然，学校周一上课属于十分正常的事件，在没有其他外在环境干涉的情况下，这条通知含有的自信息是极少的。如果学校将通知改成"周一早上放假",那么这条通知的自信息便多于上一条通知。这是因为相较于"周一上课","周一放假"属于小概率事件。

通过信息论的思想来量化信息,需要注意以下几点:

- 概率越大的事件发生后所产生的自信息越少。在极端情况下,必定发生事件的自信息含量为 0。
- 概率越小的事件发生后所包含的自信息越多。
- 独立事件应具有增量的信息。例如,投掷硬币 2 次,结果都是正面朝上所传递的自信息是只出现 1 次正面朝上的自信息含量的 2 倍。

3.1.3 信息熵

一般情况下,数据集划分的大原则是将原本无序的数据整理成更加有序的分组。其中一种对杂乱无章的数据进行整理的方法便是通过信息论度量信息。信息论属于量化处理信息的分支科学。

如果待分类的数据集 D 中第 i 类样本所占的比例为 $p(x_i)$,$(i=1,2,\cdots,n)$,n 表示分类数量,则类别 x_i 的自信息表达式如下所示。

$$I(x_i) = -\mathrm{lb}\, p(x_i)$$

为了计算熵,需要首先通过下列公式来计算所有类别的可能值所包含的信息期望值表达式。

$$\mathrm{Ent}(D) = -\sum_{i=1}^{n} p(x_i)\mathrm{lb}\, p(x_i)$$

本章后续小节将通过实例来演示决策树进行分类的原理和代码实现方法。

假设有如表 3.1 所示的 5 种海洋生物,其中包含了它们的两种特征:①是否可以始终保持在水下生存;②是否具有脚蹼。表 3.1 还对这 5 种海洋生物进行了划分,表明它们是否属于鱼类。现在需要确定依据两种特征中的哪一种进行划分,才可以更好地对这 5 种海洋生物是否属于鱼类进行准确的判断。

表 3.1 5 种海洋生物的数据

序　　号	是否可以始终保持在水下生存	是否具有脚蹼	是否属于鱼类
1	是	是	是
2	是	是	是
3	是	否	否
4	否	是	否
5	否	是	否

首先,需要计算数据集的信息熵,具体方法如例 3.1 所示。

【例 3.1】 计算数据集的信息熵。

```
1    from math import log
2    import operator
3    def calcShannonEnt(dataSet):
4        numEntries = len(dataSet)          #声明数据集中样本总数
5        labelCounts = {}                   #创建字典
```

```
6      for featVec in dataSet:                 ＃所有可能分类的数量和发生频率
7          currentLabel = featVec[－1]
8          if currentLabel not in labelCounts.keys(): labelCounts[currentLabel] = 0
9          labelCounts[currentLabel] += 1
10     shannonEnt = 0.0
11     for key in labelCounts:
12         prob = float(labelCounts[key])/numEntries
13         shannonEnt －= prob * log(prob,2) ＃log base 2
14     return shannonEnt
```

上述代码中所创建的字典的键值为最后一列的数值。当前键值不存在时,则扩展字典并将当前键值加入字典。每个键值都记录了当前类别出现的次数。最后,使用所有类标签的发生频率计算类别出现的概率,通过该概率计算信息熵,统计所有类标签发生的次数。代码中的 import operator 是为后续递归构建决策树而导入的工具包。

接下来,通过信息熵计算划分后的数据集混乱程度,具体如例 3.2 所示。

【例 3.2】 通过信息熵计算划分后的数据集混乱程度。

```
1   def createDataSet():
2      dataSet = [[1, 1, 'yes'],
3              [1, 1, 'yes'],
4              [1, 0, 'no'],
5              [0, 1, 'no'],
6              [0, 1, 'no']]
7      labels = ['no surfacing','flippers']
8      return dataSet, labels
9   myDat,labels = createDataSet()
10  print(myDat)
11  print(calcShannonEnt(myDat))
```

输出结果如下所示。

```
[[1, 1, 'yes'], [1, 1, 'yes'], [1, 0, 'no'], [0, 1, 'no'], [0, 1, 'no']]0.9709505944546686
```

上述结果中,熵的值约等于 0.97。随着数据集复杂程度的增加,熵的值也会增大。读者可以尝试为数据集添加更多的分类,以观察熵的变化。

3.1.4　信息增益与划分数据集

信息增益是指以某特征划分数据集前后的熵的差值。在 3.1.3 节中,本书介绍了度量数据集无序程度的方法,在分类算法中,除了需要计算信息熵,还需要对数据集进行划分,计算划分数据集的熵,从而判断该分类方法是否正确地对数据集进行了划分。通过对按照每种特征划分数据集的结果逐一计算信息熵来找出最优的划分方式。掌握了计算信息增益的方法,就可以计算每一个特征值划分数据集获得的信息增益,获得信息增益最高的特征就是最优特征。

在之前介绍熵的时候已经提到,可以通过熵来表示数据集的不确定性,熵的值越大,数据集的不确定性就越大。因此,可以根据划分前后数据集熵值的变化来衡量使用当前特征对样本集合 D 划分的效果。划分前数据集 D 的熵是确定的,根据某个特征 A 划分数据集 D,计算划分后的数据子集的熵。信息增益的计算公式如下所示。

$$\mathrm{Gain}(D,A) = \mathrm{Ent}(D) - \mathrm{Ent}(D \mid A)$$

上述表达式中 $\mathrm{Ent}(D)$ 表示划分前数据集 D 的熵,$\mathrm{Ent}(D|A)$ 表示划分后的数据子集的熵。假定离散特征 A 有 m 个可能的取值 $\{a^1, a^2, \cdots, a^m\}$,若使用特征 A 来对样本数据集 D 进行划分,则会产生 m 个分支结点,其中第 m 个分支结点包含了数据集 D 中的所有在特征 A 上取值为 a^m 的样本,记作 D^m。再根据不同的分支结点所包含的样本数量差异,给各分支结点赋予权重 $|D^m|/|D|$(样本数越多分支结点的影响越大)。通过这种方式计算出用特征 A 对样本数据集 D 进行划分所获得的"信息增益",表达式如下所示。

$$\mathrm{Gain}(D,A) = \mathrm{Ent}(D) - \sum_{m=1}^{m} \frac{|D^m|}{|D|} \mathrm{Ent}(D^m)$$

一般情况下,信息增益越大,表示所使用的特征 A 划分得到的分类准确性提升越大。

接下来,通过代码实现数据集划分的方法,具体方法如例 3.3 所示。

【例 3.3】 数据集的划分。

```
1   def splitDataSet(dataSet, axis, value):
2       retDataSet = []                              #创建列表对象引用数据集,防止由于多次调用而
                                                     #改变元数据集
3       for featVec in dataSet:                      #遍历数据集中的每个元素
4           if featVec[axis] == value:
5               reducedFeatVec = featVec[:axis]
6               reducedFeatVec.extend(featVec[axis + 1:])
7               retDataSet.append(reducedFeatVec)    #将符合特征的数据抽取出来
8       return retDataSet
9   myDat,labels = createDataSet()
10  print(myDat)
11  print(splitDataSet(myDat,0,1))
12  print(splitDataSet(myDat,0,0))
```

输出结果如下所示。

```
[[1, 1, 'yes'], [1, 1, 'yes'], [1, 0, 'no'], [0, 1, 'no'], [0, 1, 'no']]
[[1, 'yes'], [1, 'yes'], [0, 'no']]
[[1, 'no'], [1, 'no']]
```

上述代码中引入了三个输入参数,分别是待划分数据集 dataSet、划分数据集的特征 axis 和返回的特征值 value。

可以看到例 3.3 的代码中分别使用了 extend()方法和 append()方法来处理列表数据。这两个方法处理数据所得的结果是完全不同的,具体可以参考 Python 基础的相关内容,此处不再赘述。

接下来,通过遍历整个数据集,循环计算信息熵和 splitDataSet()函数来选出最优的特征划分方式。具体方法如例 3.4 所示。

【例 3.4】 选出最优的特征划分方式。

```
1   def chooseBestFeatureToSplit(dataSet):
2       numFeatures = len(dataSet[0]) - 1       #最后一个元素是当前实例的类别标签
3       baseEntropy = calcShannonEnt(dataSet)   #计算原始信息熵
4       bestInfoGain = 0.0; bestFeature = -1
5       for i in range(numFeatures):            #遍历数据集中所有特征
6         featList = [example[i] for example in dataSet]  #创建一个列表来存放特征
7         uniqueVals = set(featList)            #创建唯一的分类标签列表
8         newEntropy = 0.0
9         for value in uniqueVals:              #遍历当前特征中所有唯一的特征值
10            subDataSet = splitDataSet(dataSet, i, value)
11            prob = len(subDataSet)/float(len(dataSet))
12            newEntropy += prob * calcShannonEnt(subDataSet)  #计算每种划分方式的信息熵
13        infoGain = baseEntropy - newEntropy   #计算信息增益
14        if (infoGain > bestInfoGain):         #将结果与目前所得到的最优划分进行比较
15            bestInfoGain = infoGain           #如果结果优于当前最优化分特征,则更新划分特征
16            bestFeature = i
17      return bestFeature                      #返回最优划分的索引值
18  myDat,labels = createDataSet()
19  print(chooseBestFeatureToSplit(myDat))
20  print(myDat)
```

输出结果如下所示。

```
0
[[1, 1, 'yes'], [1, 1, 'yes'], [1, 0, 'no'], [0, 1, 'no'], [0, 1, 'no']]
```

上述代码中 chooseBestFeatureToSplit()函数用于选取特征,划分数据集并计算出最优的划分特征。完整代码需要整合例 3.1～例 3.3 中的函数。

需要注意的是,在函数中调用的数据需要满足两个基本要求:①数据必须是一种列表,且所有的列表元素都要具有相同的数据长度;②数据的最后一列或每个实例的最后一个元素是当前实例的类别标签。当数据集满足以上两个要求时,即可在函数的第一行判定当前数据集包含多少特征。

上述输出结果表明,列表中第 0 个特征是最优划分特征。此时输出结果为 0 表示根据表 3.1 中"是否可以始终保持在水下生存"这一特征来进行划分是最优的。也就是说,把"可以始终保持在水下生存的海洋生物"划分为一组,"不可以始终保持在水下生存的海洋生物"划分为另一组,是最佳划分方式。根据这一特征进行划分的结果与表 3.1 中的"是否属于鱼类"划分结果最接近,这说明列表中第 0 个特征确实是最优划分特征。

3.2　构建决策树

在构建决策树时,首先要解决的问题是判断出当前数据集中哪个特征在划分数据分类时起决定性作用。为找到决定性的特征,划分出最好的结果,需要对每个特征进行评估。假设已经根据一定的方法选取了待划分的特征,则原始数据集将根据这个特征被划分为几个数据子集。由于特征值可能多于 2 个,因此可能出现多于 2 个分支的划分情况:如果某个

分支下的数据属于同一类型,则无须进一步对数据集进行划分;如果数据子集内的数据不属于同一类型,则需要递归地重复划分数据子集的过程,直到每个数据子集内的数据类型相同。

通过递归方法构建决策树的结束条件是:程序遍历完所有划分数据集的特征,或者每个分支下的所有实例都属于相同的分类。当分支中的所有样本都属于同一分类时,则得到一个叶子结点(任何到达叶子结点的数据必定属于该叶子结点的分类)。在算法开始运行前,可以预先设置最大分组数。在终止递归时,查看算法是否使用了所有特征,若数据集已处理所有特征,但类标签不是唯一的,此时就需要考虑如何优化定义叶子结点。一般情况下,采用多数表决的方法决定该叶子结点的分类。在使用递归算法构建决策树时可能会遇到特征数量并不总是随着划分的进行而减少的问题。

通过在 3.1 节完成的代码中添加如下代码,来返回出现次数最多的分类名称(用于多数表决法决定叶子结点的分类),具体方法如例 3.5 所示。

【例 3.5】 返回出现次数最多的分类名称。

```
1   #返回出现次数最多的分类名称
2   def majorityCnt(classList):
3       classCount = {}
4       for vote in classList:
5           if vote not in classCount.keys(): classCount[vote] = 0
6           classCount[vote] += 1
7   sortedClassCount = sorted(classCount.iteritems(),key = operator.itemgetter(1), reverse = True)
8       return sortedClassCount[0][0]
```

majorityCnt()函数中使用分类名称的列表,接着创建键值为 classList 中唯一值的数据字典 classCount,该字典对象存储了 classList 中每个类标签出现的频率,最后通过 operator 操作键值排序字典,并返回出现次数最多的分类名称。创建树函数的方法具体如例 3.6 所示。

【例 3.6】 创建树函数。

```
1    def createTree(dataSet,labels):
2        classList = [example[ - 1] for example in dataSet]   #获取数据集的所有类别
3        if classList.count(classList[0]) == len(classList):
4            return classList[0]                              #如果数据集的所有类别都相同则
     #不需要划分,使用完所有特征后仍然不能将数据划分到某个类别上,则返回出现次数最多的类别
5        if len(dataSet[0]) == 1:
6            return majorityCnt(classList)
7        bestFeat = chooseBestFeatureToSplit(dataSet)         #获取数据集中按哪一列进行划分
8        bestFeatLabel = labels[bestFeat]                     #bestFeatLabel = 列描述
9        myTree = {bestFeatLabel:{}}                          #创建一个字典
10       del(labels[bestFeat])                                #删除已计算过的列
11       featValues = [example[bestFeat] for example in dataSet]
12       uniqueVals = set(featValues)                         #获取某列所有不重复值
13       for value in uniqueVals:
14           subLabels = labels[:]
```

```
15        myTree[bestFeatLabel][value] = createTree(splitDataSet(
16            dataSet, bestFeat, value),subLabels)      #递归
17     return myTree
18 myDat,labels = createDataSet()
19 myTree = createTree(myDat,labels)
20 print(myTree)
```

输出结果如下所示。

```
{'no surfacing': {0: 'no', 1: {'flippers': {0: 'no', 1: 'yes'}}}}
```

上述代码中,createTree()函数中包含了两个输入参数:数据集和标签列表。标签列表包含了数据集中所有特征的标签,算法本身并不需要这个变量,但为了给出明确的数据含义,需要将其作为输入参数导入。代码中首先创建了名为 classList 的列表变量,其中包含数据集中的所有类标签。递归函数的第一个停止条件是若所有类标签完全相同,则直接返回该类标签 classList[0];第二个停止条件是所有特征被用完时,如果仍然不能将数据集划分为仅包含唯一类别的分组,则采用多数表决的方法决定该叶子结点的分类。

接下来,进行创建树操作。通过字典类型变量 myTree 存储树的所有信息。当前数据集选取的最优特征存储在变量 bestFeat 中,得到列表包含的所有特征值。

最后,遍历当前选择特征包含的所有属性值,在每个数据集划分上递归调用 createTree()函数,得到的返回值将被插入字典变量 myTree 中。在函数终止执行时,字典变量 myTree 中将嵌套很多代表叶子结点信息的字典数据。subLabels = labels[:]复制类标签并将其存储在新列表变量 subLabels 中,该做法可以使得每次调用函数 createTree()时不改变原始列表的内容。

在上述代码的运行结果中,变量 myTree 包含很多树结构信息的嵌套字典,从左开始第一个关键字 flippers 是第一个划分数据集的特征名称,该关键字的值也是另一个数据字典。第二个关键字 no sufacing 特征划分的数据集,这些关键字的值是 flippers 结点的子结点,这些值可能是类标签也可能是另一个数据字典。如果值是类标签,则该子结点是叶子结点;如果值是另一个数据字典,则子结点是一个判断结点,这种格式结构不断重复就构成了整棵树。本例中,这棵树包含了 3 个叶子结点以及 2 个判断结点。

3.3　可视化决策树

决策树的主要优点是直观、易于理解,若不能将其直观地显示出来,就无法体现其优势。本节将讲解如何使用 Matplotlib 库绘制树形图,从而更直观地解释数据信息的含义。

3.3.1　注释结点

Matplotlib 工具库为编程者提供了注解工具——annotations,编程者可以通过它在数据图形中添加文本注释,该注释通常用于解释数据的内容。该工具支持带箭头的画线工具,可在其他恰当的地方指向数据位置并在该处添加描述信息,避免直接在文本上描述。

Matplotlib 的注解功能可以对文字着色并提供了多种图形形状,也可反转箭头将其指向文本框。可以通过以下代码实现相关操作,具体如例 3.7 所示。

【例 3.7】 注解树结点。

```
1   import matplotlib.pyplot as plt
2   #定义决策树决策结果的特征,以字典的形式定义
3   #下面的字典定义也可写作 decisionNode = {boxstyle:'sawtooth',fc:'0.8'}
4   #boxstyle 为文本框的类型,sawtooth 是锯齿形,fc 是边框线粗细
5   decisionNode = dict(boxstyle = "sawtooth", fc = "0.8")
6   leafNode = dict(boxstyle = "round4", fc = "0.8")
7   arrow_args = dict(arrowstyle = "<-")
8   def plotNode(nodeTxt, centerPt, parentPt, nodeType):
9       #annotate 是关于一个数据点的文本
10      #nodeTxt 为要显示的文本,centerPt 为文本的中心点,parentPt 为指向文本的点
11      createPlot.ax1.annotate(nodeTxt, xy = parentPt, xycoords = 'axes fraction',
12              xytext = centerPt, textcoords = 'axes fraction',
13              va = "center", ha = "center", bbox = nodeType, arrowprops = arrow_args )
14  def createPlot():
15      fig = plt.figure(1,facecolor = 'white') # 定义一个画布,背景为白色
16      fig.clf() # 把画布清空
17      #createPlot.ax1 为全局变量,绘制图像的句柄,subplot 为定义了一个绘图
18      #111 表示 figure 中的图有 1 行 1 列,即 1 个,最后的 1 代表第一个图
19      #frameon 表示是否绘制坐标轴矩形
20      createPlot.ax1 = plt.subplot(111,frameon = False)
21      plotNode('a decision node',(0.2,0.2),(0.6,0.8),decisionNode)
22      plotNode('a leaf node',(0.6,0.1),(0.8,0.8),leafNode)
23      plt.show()
24  if __name__ == '__main__':
25      createPlot()
```

运行程序,结果如图 3.2 所示。

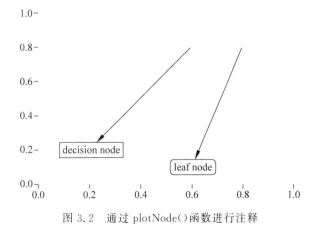

图 3.2 通过 plotNode()函数进行注释

上述代码中首先定义了文本框和箭头格式,然后定义 plotNode()函数执行实际的绘图功能,绘图区域由全局变量 createPlot.ax1 定义。最后定义 createPlot()函数,该函数中首

第 3 章

决 策 树

先创建一个新图形并清空绘图区,然后在绘图区中绘制两个代表不同类型的树结点。

3.3.2　构建完整的注解树

绘制一颗完整的决策树不仅需要有坐标,还要考虑如何放置所有的树结点。需要先确定决策树的结点的个数,以便设置合适的 x 轴长度;再确定决策树的层数,以便设置合适的 y 轴长度。

可通过定义两个新的函数在 3.3.1 节代码的基础上获取叶子结点的数目以及树的层数,这两个函数可命名为 getNumLeafs() 与 getTreeDepth(),具体代码如例 3.8 所示。

【例 3.8】　获取叶子结点的数目以及树的层数。

```
1   def getNumLeafs(myTree):
2       numLeafs = 0
3       firstStr = list(myTree.keys())[0]          # 字典的第一个键,即树的一个结点
4       secondDict = myTree[firstStr]              # 这个键的值,对应该结点的所有分支
5       for key in secondDict.keys():
6           if type(secondDict[key]).__name__ == 'dict':
7               numLeafs += getNumLeafs(secondDict[key])
8           else: numLeafs += 1
9       return numLeafs
10  def getTreeDepth(myTree):
11      maxDepth = 0
12      firstStr = list(myTree.keys())[0]
13      secondDict = myTree[firstStr]
14      for key in secondDict.keys():
15          if type(secondDict[key]).__name__ == 'dict':
16              thisDepth = 1 + getTreeDepth(secondDict[key])
17          else: thisDepth = 1
18          if thisDepth > maxDepth: maxDepth = thisDepth
19      return maxDepth
```

上述代码定义了 getNumLeafs() 函数与 getTreeDepth() 函数,不难看出,这两个函数有着相同的结构。函数中演示了如何使用字典类型存储树信息,第一个关键字 firstStr 是第一次划分数据集的类别标签,附带的数值表示子结点的取值,从第一个关键字出发可遍历整棵树的所有子结点。在函数 getNumLeafs() 中,使用 type() 方法判断子结点为字典类型(即该结点也是一个判断结点)后,则递归调用 getNumLeafs() 函数,该过程遍历整棵树,并返回累计叶子结点的个数。函数 getTreeDepth() 中将判断结点的个数,当到达叶子结点时从递归调用中返回,并将树深度的变量增加 1。

为避免每次测试代码时都要从数据中重新创建树,可定义一个函数预先存储树信息,具体代码如例 3.9 所示。

【例 3.9】　构建预先存储树信息的函数。

```
1   def retrieveTree(i):
2       listOfTrees = [{'no surfacing':{0:'no',1:{'flippers':\
3                       {0:'no', 1:'yes'}}}},
```

```
4                    {'no surfacing':{0:'no',1:{'flippers':\
5                        {0:{'head':{0:'no', 1:'yes'}},1:'no'}}}}]
6      return listOfTrees[i]
7  if __name__ == '__main__':
8      tree = retrieveTree(1)
9      leafs = getNumLeafs(tree)
10     depth = getTreeDepth(tree)
11     print(leafs)
12     print(depth)
```

输出结果如下所示。

```
4
3
```

上述结果表明该决策树的叶子结点数为 4，层数为 3。

在当前的 treePlotter.py 文件中，如果直接执行 createPlot()函数，则输出结果仍为图 3.2 中的图形。现对其进行改造以便于绘制树形图，具体修改后的代码如例 3.10 所示。

【例 3.10】 绘制树形图。

```
1  def plotTree(myTree, parentPt, nodeTxt):
2      numLeafs = getNumLeafs(myTree)                          ♯当前树的叶子数
3      depth = getTreeDepth(myTree)                            ♯没有用到这个变量
4      firstSides = list(myTree.keys())
5      firstStr = firstSides[0]
6      ♯cntrPt 是文本中心点,parentPt 指向文本中心点
7      cntrPt = (plotTree.xOff + (1.0 + float(numLeafs))/2.0/plotTree.totalW, plotTree.yOff)
8      plotMidText(cntrPt, parentPt, nodeTxt)                  ♯画分支上的键
9      plotNode(firstStr, cntrPt, parentPt, decisionNode)
10     secondDict = myTree[firstStr]
11     plotTree.yOff = plotTree.yOff - 1.0/plotTree.totalD♯从上往下画
12     for key in secondDict.keys():
13     ♯如果是字典则是一个判断(内部)结点
14         if type(secondDict[key]).__name__ == 'dict':
15             plotTree(secondDict[key],cntrPt,str(key))
16         else:    ♯打印叶子结点
17             plotTree.xOff = plotTree.xOff + 1.0/plotTree.totalW
18             plotNode(secondDict[key], (plotTree.xOff, plotTree.yOff), cntrPt, leafNode)
19             plotMidText((plotTree.xOff, plotTree.yOff), cntrPt, str(key))
20     plotTree.yOff = plotTree.yOff + 1.0/plotTree.totalD
21 def plotMidText(cntrPt, parentPt, txtString):
22     xMid = (parentPt[0] - cntrPt[0])/2.0 + cntrPt[0]
23     yMid = (parentPt[1] - cntrPt[1])/2.0 + cntrPt[1]
24     createPlot.ax1.text(xMid, yMid, txtString, va = "center", ha = "center", rotation = 30)
25 def createPlot(inTree):
26     fig = plt.figure(1, facecolor = 'white')
```

```
27        fig.clf()
28        axprops = dict(xticks = [], yticks = [])                #定义横纵坐标轴
29        createPlot.ax1 = plt.subplot(111, frameon = False)
30        plotTree.totalW = float(getNumLeafs(inTree))           #全局变量宽度 = 叶子数
31        plotTree.totalD = float(getTreeDepth(inTree))          #全局变量高度 = 深度
32        #图形的大小是 0 - 1,0 - 1
33        plotTree.xOff =  - 0.5/plotTree.totalW;
34        #例如绘制 3 个叶子结点,坐标应为 1/3,2/3,3/3
35        #但这样会使整个图形偏右,因此初始的 x 值将向左移一点
36        plotTree.yOff = 1.0;
37        plotTree(inTree, (0.5,1.0), '')
38        plt.show()
39   if __name__ == '__main__':
40        myTree = retrieveTree(0)
41        createPlot(myTree)
```

上述代码在绘制注解树时,不会因为树的结点的增减和深度的增减而导致绘制出来的图形太密集而出现问题。这是因为代码将整棵树的叶子结点数作为份数对整个 x 轴的长度进行了平均切分,将树的深度作为份数对 y 轴长度进行了平均切分。并且,代码将 plotTree.xOff 作为最近绘制的一个叶子结点的 x 坐标,当再一次绘制叶子结点坐标时 plotTree.xOff 才会发生改变;将 plotTree.yOff 作为当前绘制的深度,plotTree.yOff 每递归一层就会减一份(之前利用树的深度将 y 轴平均切分),其他时候利用这两个坐标点计算非叶子结点,通过这两个参数就可以确定一个点坐标,坐标确定后便可以绘制结点。

createPlot()函数调用了 plotTree()与 plotMidText()函数,其中 plotTree()函数在绘制树形图的过程中起关键作用,plotTree()函数中首先计算树的宽和高,全局变量 plotTree.totalW 存储树的宽度,全局变量 plotTree.totalD 存储树的深度。

输出结果如图 3.3 所示。

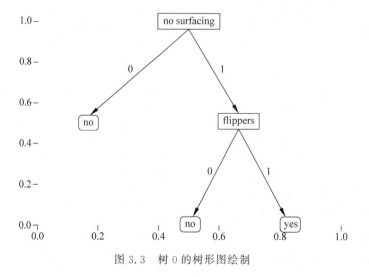

图 3.3 树 0 的树形图绘制

3.4 基尼指数与 CART 算法

除了前面介绍的通过信息熵来衡量集合的无序程度外,另一种常见的度量指标是基尼指数(Gini index),也称作基尼不纯度(Gini impurity)。基尼指数通过从数据集中随机选取子项来度量该子项被错误分类到其他分组中的概率。

分类与回归树(Classification And Regression Tree,CART)算法通过"基尼指数"来选择划分特征的依据。通过基尼指数来度量数据集合 D 的纯度,度量纯度的表达式如下所示。

$$\text{Gini}(D) = \sum_{i=1}^{n} \sum_{i' \neq i} p(x_i) p(x_{i'}) = 1 - \sum_{i=1}^{n} p(x_i)^2$$

$\text{Gini}(D)$ 表示从数据集 D 中随机抽取两个样本,其类别标记不一致的概率。因此,$\text{Gini}(D)$ 的值越小,则数据集 D 的纯度越高。

假定离散特征 A 有 m 个可能的取值 $\{a^1, a^2, \cdots, a^m\}$,若使用特定特征 A 来对样本数据集 D 进行划分,则会产生 m 个分支结点,其中第 i 个分支结点包含了数据集 D 中的所有在特征 A 上取值为 a^i 的样本吗,记作 D^i。根据公式计算出 D^i 的信息熵。再根据不同的分支结点所包含的样本数量差异,给各分支结点赋予权重 $|D^i|/|D|$(样本数越多,分支结点的影响越大)。通过这种方式计算出用特征 A 对样本数据集 D 进行划分所获得的基尼指数,表达式如下所示。

$$\text{Gini}_{\text{index}}(D, A) = \sum_{i=1}^{m} \frac{|D^i|}{|D|} \text{Gini}(D^i)$$

根据上述表达式,在候选特征集合 A 中,选取使得划分后基尼指数最小的特征作为最优划分特征。

通过 CART 算法构建决策树,具体方法如例 3.11 所示。

【例 3.11】 通过 CART 算法构建决策树。

```
1   from math import log
2   import operator
3   import treePlotter
4
5   def calcShannonEnt(dataSet):
6       numEntries = len(dataSet) #计算数据集中的实例总数
7       labelCounts = {}
8   #统计类别出现的次数
9   #放到一个数组中 key 表示标签,val 表示个数
10      for featVec in dataSet:
11          currentLabel = featVec[-1]
12          if currentLabel not in labelCounts.keys():
13              labelCounts[currentLabel] = 0
14          labelCounts[currentLabel] += 1
15      shannonEnt = 0.0
16      for key in labelCounts:
17          prob = float(labelCounts[key])/numEntries
18          shannonEnt -= prob * log(prob, 2)
```

```
19        return shannonEnt
20
21   def splitDataSet(dataSet, axis, value):
22        """
23        输入:数据集,选择维度,选择值
24        输出:划分数据集
25        描述:按照给定特征划分数据集;去除选择维度中等于选择值的项
26        """
27        retDataSet = []
28        for featVec in dataSet:
29            if featVec[axis] == value:
30                reduceFeatVec = featVec[:axis]
31                reduceFeatVec.extend(featVec[axis + 1:])
32                retDataSet.append(reduceFeatVec)
33        return retDataSet
34
35   def chooseBestFeatureToSplit(dataSet):
36        """
37        输入:数据集
38        输出:最好的划分维度
39        描述:选择最好的数据集划分维度
40        """
41        numFeatures = len(dataSet[0]) - 1                  #特征个数
42        bestGini = 999999.0
43        bestFeature = -1
44        for i in range(numFeatures):
45            featList = [example[i] for example in dataSet] #统计第 i 个特征有几种情况
46            uniqueVals = set(featList)
47            gini = 0.0
48            for value in uniqueVals:                          #遍历特征列表
49                subDataSet = splitDataSet(dataSet, i, value)
50                prob = len(subDataSet)/float(len(dataSet)) #子集样本个数/总样本个数
51                subProb = len(splitDataSet(subDataSet, -1, 'N')) / float(len(subDataSet))
52                gini += prob * (1.0 - pow(subProb, 2) - pow(1 - subProb, 2))
53            if (gini < bestGini):
54                bestGini = gini
55                bestFeature = i
56        return bestFeature
57
58   def majorityCnt(classList):
59        """
60        输入:分类类别列表
61        输出:子结点的分类
62        描述:数据集已经处理了所有属性,但是类标签依然不是唯一的,
63             采用多数判决的方法决定该子结点的分类
64        """
65        classCount = {}
66        for vote in classList:
67            if vote not in classCount.keys():
68                classCount[vote] = 0
```

```
69          classCount[vote] += 1
70      sortedClassCount = sorted(classCount.iteritems(), key = operator.itemgetter(1), reversed =
    True)
71      return sortedClassCount[0][0]
72
73  def createTree(dataSet, labels):
74      """
75      输入:数据集,特征标签
76      输出:决策树
77      描述:递归构建决策树,利用上述的函数
78      """
79      #递归停止条件
80      classList = [example[-1] for example in dataSet]  #取所有的类别
81      if classList.count(classList[0]) == len(classList):
82          #只有一个类别时,停止划分
83          return classList[0]
84      if len(dataSet[0]) == 1:
85          #遍历完所有特征时返回出现次数最多的
86          return majorityCnt(classList)
87      bestFeat = chooseBestFeatureToSplit(dataSet)  #返回最好的特征
88      bestFeatLabel = labels[bestFeat]  #提取特征名称
89      myTree = {bestFeatLabel:{}}    #特征对应的字典
90      del(labels[bestFeat])
91      #得到列表包括结点所有的属性值
92      featValues = [example[bestFeat] for example in dataSet]  #取最优特征的种类
93      uniqueVals = set(featValues)
94      for value in uniqueVals:
95          subLabels = labels[:]
96          #递归调用
97          myTree[bestFeatLabel][value] = createTree(splitDataSet(dataSet, bestFeat, value),
    subLabels)
98      return myTree
99
100     def classify(inputTree, featLabels, testVec):
101         """
102         输入:决策树,分类标签,测试数据
103         输出:决策结果
104         """
105         firstStr = list(inputTree.keys())[0]
106         secondDict = inputTree[firstStr]
107         featIndex = featLabels.index(firstStr)
108         classLabel = 'N'
109         for key in secondDict.keys():
110             if testVec[featIndex] == key:
111                 if type(secondDict[key]).__name__ == 'dict':
112                     classLabel = classify(secondDict[key], featLabels, testVec)
113                 else:
114                     classLabel = secondDict[key]
115         return classLabel
116
```

```python
117    def classifyAll(inputTree, featLabels, testDataSet):
118        """
119        输入:决策树,分类标签,测试数据集
120        输出:决策结果
121        描述:跑决策树
122        """
123        classLabelAll = []
124        for testVec in testDataSet:
125            classLabelAll.append(classify(inputTree, featLabels, testVec))
126        return classLabelAll
127
128    def storeTree(inputTree, filename):
129        """
130        输入:决策树,保存文件路径
131        输出:决策树文件
132        描述:保存决策树到文件
133        """
134        fw = open(filename, 'wb')
135        pickle.dump(inputTree, fw)
136        fw.close()
137
138    def grabTree(filename):
139        """
140        输入:文件路径名
141        输出:决策树
142        描述:从文件读取决策树
143        """
144        fr = open(filename, 'rb')
145        return pickle.load(fr)
146
147    def createDataSet():
148        """
149        outlook -> 0: sunny | 1: overcast | 2: rain
150        temperature -> 0: hot | 1: mild | 2: cool
151        humidity -> 0: high | 1: normal
152        windy -> 0: false | 1: true
153        """
154        dataSet = [[0, 0, 0, 0, 'N'],
155                   [0, 0, 0, 1, 'N'],
156                   [1, 0, 0, 0, 'Y'],
157                   [2, 1, 0, 0, 'Y'],
158                   [2, 2, 1, 0, 'Y'],
159                   [2, 2, 1, 1, 'N'],
160                   [1, 2, 1, 1, 'Y']]
161        labels = ['outlook', 'temperature', 'humidity', 'windy']
162        return dataSet, labels
163
164    def createTestSet():
165        """
166        outlook -> 0: sunny | 1: overcast | 2: rain
```

```
167          temperature -> 0: hot | 1: mild | 2: cool
168          humidity -> 0: high | 1: normal
169          windy -> 0: false | 1: true
170          """
171          testSet = [[0, 1, 0, 0],
172                     [0, 2, 1, 0],
173                     [2, 1, 1, 0],
174                     [0, 1, 1, 1],
175                     [1, 1, 0, 1],
176                     [1, 0, 1, 0],
177                     [2, 1, 0, 1]]
178          return testSet
179
180      def main():
181          dataSet, labels = createDataSet()
182          labels_tmp = labels[:]  # 复制,createTree 会改变 labels
183          desicionTree = createTree(dataSet, labels_tmp)
184          # storeTree(desicionTree, 'classifierStorage.txt')
185          # desicionTree = grabTree('classifierStorage.txt')
186          print('desicionTree:\n', desicionTree)
187          treePlotter.createPlot(desicionTree)
188          testSet = createTestSet()
189          print('classifyResult:\n', classifyAll(desicionTree, labels, testSet))
190
191      if __name__ == '__main__':
192          main()
```

输出结果如下所示。

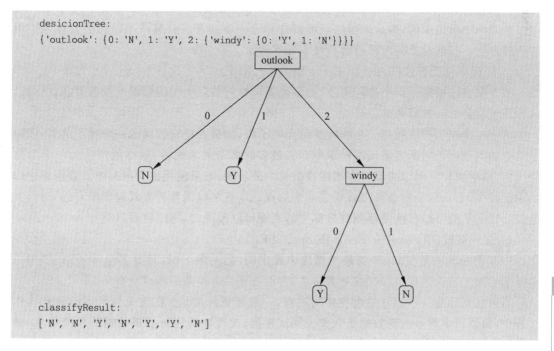

```
desicionTree:
{'outlook': {0: 'N', 1: 'Y', 2: {'windy': {0: 'Y', 1: 'N'}}}}
```

```
classifyResult:
['N', 'N', 'Y', 'N', 'Y', 'Y', 'N']
```

决 策 树

3.5 决策树的剪枝

分类回归树的递归建树的过程中很容易出现数据过拟合的问题。这是因为在构建决策树时,训练数据中存在大量的噪声或孤立点,许多分枝反映的是训练数据中的异常,使用这样的判定树对类别未知的数据进行分类,分类的准确性就会下降。因此,会用到剪枝(pruning)技术。剪枝是指从已经生成的树上裁掉一些子树或叶结点,并将其根结点或父结点作为新的叶子结点,从而简化分类树模型。实现方法是极小化决策树整体的损失函数或代价函数。

决策树常用的剪枝方法有两种:预剪枝(pre-pruning)和后剪枝(post-pruning)。

1. 预剪枝

预剪枝是指在构建决策树的同时进行剪枝,根据一些规则及早地停止树的增长。所谓"规则"可以是指定的树的深度,也可以是指定的结点中样本的个数,还可以是不纯度指标下降到某个指定的幅度。所有决策树的构建方法都是在无法进一步分枝的情况下才会停止创建新的分枝,预剪枝则通过设定某个"规则"提前停止分枝过程,避免过拟合。

预剪枝的核心问题是如何事先指定合适的最大深度。不恰当的最大深度将导致树的生长受限,使决策树的表达式规则趋于一般化,这会限制决策树对新数据进行分类和预测的准确性。除了事先限定决策树的最大深度外,还有另外一个方法可以实现预剪枝操作,那就是采用检验技术对当前结点对应的样本集合进行检验,如果该样本集合的样本数量已小于事先指定的最小允许值,那么停止该结点的生长,并将该结点变为叶子结点。

2. 后剪枝

后剪枝是在决策树生长完成之后进行剪枝,从而得到简化版的决策树。剪枝的过程是对拥有同样父结点的一组结点进行检查,判断如果将其合并,熵的增加量是否小于某一阈值。如果小于指定阈值,则这一组结点可以合并为一个结点。后剪枝是目前更为普遍使用的剪枝方法。目前常见的两种后剪枝技术如下所示。

1) 错误率降低剪枝(Reduced-Error Pruning,REP)

该剪枝方法根据错误率进行剪枝,如果决策树修剪前后子树的错误率没有下降,就可以认为该子树是可以被修剪的。

对于完全决策树中的每一个非叶子结点的子树,尝试着把它替换成一个叶子结点,该叶子结点的类别用子树所覆盖训练样本中存在最多的那个类来代替,这样就产生了一个简化决策树,然后比较这两个决策树在测试数据集中的表现,如果简化决策树在测试数据集中的错误比较少,那么该子树就可以替换成叶子结点。该算法以倒置的方式遍历所有的子树,直至没有任何子树可以替换使得测试数据集的表现得以改进时,算法就可以终止。

2) 悲观剪枝(Pessimistic Error Pruning,PEP)

PEP 剪枝算法是在 C4.5 决策树算法中提出的,把一颗子树(具有多个叶子结点)用一个叶子结点来替代的话,比起 REP 剪枝法,它不需要一个单独的测试数据集。

后剪枝操作是一个边修剪边检验的过程,一般规则标准是:在决策树的不断剪枝操作过程中,将原样本集合或新数据集合作为测试数据,检验决策树对测试数据的预测精度,并计算出相应的错误率,如果剪掉某个子树后的决策树对测试数据的预测精度或其他测度不降低,那么剪掉该子树。

3.6　本章小结

决策树算法就像带有终止块的流程图,流程图中的终止块对应于决策树中的叶子结点,通过计算数据集中数据的熵寻找最优分类方案。通过 Matplotlib 工具包的注解功能,可以将树结构转变成更加直观的树图模式,方便对决策过程的理解。

决策树算法是机器学习中最简单的一种分类算法,学习决策树算法可以为掌握其他算法做铺垫。

3.7　习　　题

1. 填空题

(1) 决策树通常用一棵_____的树结构来表示数据间的逻辑关系,基于_____进行判断,进而得到分类或回归结果。

(2) 与 K 近邻算法相比,决策树算法中的_____使得数据形式非常容易理解。

(3) 自信息是信息的度量单位,用来衡量单一事件发生时所包含的信息量多寡,它的单位是_____。

(4) 信息增益是指以某特征划分数据集前后的_____的差值。

2. 选择题

(1) 以下选项不属于决策树算法的特点的是(　　)。

  A. 善于处理数值型和标称型数据   B. 善于解决分类问题

  C. 善于处理具有不相关特征的数据   D. 善于处理数据缺失的数据集

(2) 概率越小的事件发生后所包含的自信息(　　),概率越大的事件发生后所包含的自信息(　　)。

  A. 越少　越多   B. 越多　越少

  C. 越少　越少   D. 自信息与事件发生的概率无关

(3) 根据本章所介绍的知识,在决策树算法中,可以通过(　　)计算数据集混乱程度。

  A. 自信息   B. 基尼指数

  C. 信息熵   D. B 和 C 都对

3. 思考题

简述计算信息增益在决策树算法中的意义。

第 4 章 | 朴素贝叶斯

本章学习目标

- 理解概率分布和贝叶斯决策论的相关概念；
- 掌握条件概率和贝叶斯概率的计算方法；
- 掌握朴素贝叶斯算法的相关概念；
- 掌握通过朴素贝叶斯算法进行文档分类和垃圾邮件过滤的方法。

除了第 3 章介绍的决策树分类方法,贝叶斯算法也是一种常见、简单且优秀的分类算法。贝叶斯算法属于统计学分类算法,是基于经典的贝叶斯概率理论的分类模型,朴素贝叶斯算法则是贝叶斯算法的一种。本章将基于概率论的有关知识来介绍贝叶斯算法和朴素贝叶斯算法的相关知识。通过本章的学习,可以了解贝叶斯算法的有关知识。

4.1 概率分布与贝叶斯决策论

概率分布是概率论的基本概念之一,主要用于表述随机变量取值的概率规律。为了方便使用,根据随机变量所属类型的不同,概率分布会有不同的表现形式。事件的概率反映了该事件发生的可能性大小。

计算机科学的大部分任务属于完全确定事件,计算机的 CPU 在绝大多数情况下可以完美地执行程序员设定的各个程序指令。虽然有时可能会发生由硬件故障引发的错误,但这类事件属于小概率事件,大部分软件程序在实际设计中并不会考虑这类引发错误的因素。

但是,机器学习领域会涉及大量的不确定事件,经常用到概率论的相关知识。机器学习中的不确定性和随机性可能来自多个方面,其中三种主要来源如下所示。

- 被建模系统的内部具有随机性。
- 不完全观测导致的随机性。即使被建模的系统是确定的,如果无法观测到驱动系统行为的全部变量,则该系统也会呈现出随机性。
- 不完全建模导致的随机性。在使用一些必须舍弃某些观测信息的模型时,舍弃的信息会导致模型不完整,因而出现不确定性。

概率论最初被用于分析事件发生的频率,例如,在彩票抽奖中摇出特定顺序的号码。摇奖事件往往是可重复的。如果一个摇奖结果 x_1 发生的概率为 P,这意味着如果反复摇奖无限次,则所有摇奖结果中结果为 x_1 的比例为 P。但是,这种推理并不总是适用于那些不可重复的命题。例如,医生诊断一个来访者的病情,判断其患流感的概率为 40%。这种情况只有单一样本,并且诊断不可重复进行。医生显然不能给出这样的诊断:"来访者有 40%

的概率得了流感。"此时便可以用贝叶斯决策论来帮助分析来访者是否感染流感。

贝叶斯决策论更多地从观察者的角度出发,事件的随机性是由观察者掌握的信息不够充分造成的。贝叶斯决策论认为,观察者所掌握的信息充分程度将影响观察者对于事件的认知。贝叶斯决策理论的核心思想是选择具有最高发生概率的事件作为最优决策。

接下来通过一个简单的例子来介绍贝叶斯决策理论的核心思想。假设有一个数据集包含了两种不同类型的数据,数据分布如图 4.1 所示(两种不同类型的数据分别用圆形和三角形表示)。

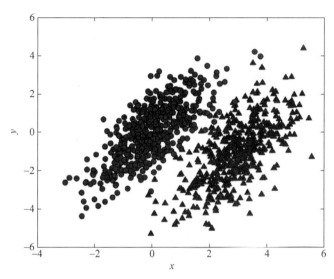

图 4.1   由两种不同类型的数据组成的数据集

假设存在某个参数可以用来描述图中的两类数据。现在用 $p_1(x,y)$ 表示数据点 (x,y) 属于"圆形"类别的概率,用 $p_2(x,y)$ 表示数据点 (x,y) 属于"三角形"类别的概率。

对于一个新数据点 (x,y),可以通过以下规则来判断它所属的类别。

- 若 $p_1(x,y)>p_2(x,y)$,则数据类别属于"圆形"类别。
- 若 $p_1(x,y)<p_2(x,y)$,则数据类别属于"三角形"类别。

在上述判断数据类别的过程中,新的数据点被归类到了概率较高的那一个类别中,这种分类思想便是贝叶斯决策理论的核心。

4.2 条 件 概 率

在进一步讲解贝叶斯算法之前,有必要先了解条件概率的相关知识。条件概率描述的是在事件 B 已经发生的情况下事件 A 发生的概率,记作 $P(A|B)$,其中事件 A 和 B 的独立性未知,表达式如下所示。

$$P(A \mid B) = \frac{P(A \cap B)}{P(B)}$$

由于无法计算基于永远不会发生事件的条件概率,因此只有当上述表达式中 $P(B)>0$ 时条件概率才有意义。$P(A \cap B)$ 表示事件 A 和事件 B 同时发生的概率,如果事件 A 和事件 B 相互独立,则有如下等式成立。

$$P(A \mid B) = \frac{P(A \bigcap B)}{P(B)} = \frac{P(A)P(B)}{P(B)} = P(A)$$

可以看出,如果事件 A 和事件 B 相互独立,则无论事件 B 是否发生都不会影响事件 A 发生的概率。

需要注意的是,条件概率并不等同于某个事件发生后接下来会发生什么事件。例如,一个中国人会说普通话的概率非常高,但无论这个人是否会说普通话,他的国籍都不会因此发生变化。

4.3 贝叶斯分类

贝叶斯算法常被用于解决关于随机事件 A 和 B 的条件概率问题或边缘概率问题。假设一个人每天中午都吃番茄炒蛋(事件 A),那么这个人很可能非常喜欢番茄炒蛋这道菜(事件 B)。在上述场景中,$P(B|A)$ 表示在事件 A 发生的情况下事件 B 也发生的概率。贝叶斯概率的公式如下所示。

$$P(B_i \mid A) = \frac{P(A \mid B_i)P(B_i)}{\sum_{j=1}^{n} P(B_j)P(A \mid B_j)}$$

上述公式中,事件 B_i 的概率为 $P(B_i)$,事件 B_i 已发生条件下事件 A 也发生的概率为 $P(A|B_i)$,事件 A 发生的前提下事件 B_i 也发生的概率为 $P(B_i|A)$。

在生活中,人们往往很容易将两个事件的后验概率混淆,用数学表达式表示这种混淆后验概率的情况为

$$P(A \mid B) = P(B \mid A)$$

例如,SARS 在所有人群中的感染率约为 1%,医院现有的技术对于 SARS 检测的准确率为 90%,这个准确率表示:在已知患者感染 SARS 病毒的情况下,该患者的 SARS 病毒检查结果有 90% 的概率呈现出阳性,未感染 SARS 病毒的人检测结果为阴性的概率为 90%。如果随机抽取一个人的检测结果,该检测结果为阳性,则很容易误认为这个人有 90% 的可能性感染了 SARS。然而,实际情况并非如此。

假设 A 表示事件"检测结果为阳性",B_1 表示事件"感染 SARS 病毒的概率",B_2 表示事件"未感染 SARS 病毒的概率"。根据上面的描述,已知信息如下所示。

$$P(A \mid B_1) = 0.9$$
$$P(A \mid B_2) = 0.1$$
$$P(B_1) = 0.01$$
$$P(B_2) = 0.99$$

已知检测结果为阳性的情况下,感染 SARS 的概率 $P(B_1, A)$ 为

$$P(B_1, A) = P(B_1)P(A \mid B_1) = 0.01 \times 0.9 = 0.009$$

上述表达式中 $P(B_1, A)$ 表示的是联合概率,感染 SARS 病毒且检测结果为阳性的概率为 0.009。同理可得,未感染 SARS 却检测结果为阳性的概率如下所示。

$$P(B_2, A) = P(B_2)P(A \mid B_2) = 0.99 \times 0.1 = 0.099$$

上述两个表达式中,$P(B_1, A)$ 的含义为:在 1000 个样本中,检测结果为阳性并且感染

SARS 的人有 9 个,检测结果为阳性且并未感染 SARS 的人有 99 个。可以看出,检测结果为阳性的大部分样本人群并未真正感染 SARS。

检测结果为阳性且感染 SARS 的概率计算结果如下所示。

$$P(B_1 \mid A) = \frac{P(B_1, A)}{P(B_1, A) + P(B_2, A)} = \frac{0.009}{0.009 \times 0.099} \approx 0.083$$

检测结果为阳性且未感染 SARS 的概率计算结果如下所示。

$$P(B_2 \mid A) = \frac{P(B_2, A)}{P(B_1, A) + P(B_2, A)} = \frac{0.099}{0.009 \times 0.099} \approx 0.917$$

上述表达式中 $P(B_1|A)$ 和 $P(B_2|A)$ 皆为条件概率,这便是贝叶斯算法中的后验概率。是否感染 SARS 的概率 $P(B_1)$ 和 $P(B_2)$ 则是先验概率。已知先验概率,根据观测值是否为阳性来判断感染 SARS 的后验概率,这就是贝叶斯算法的基本思想。

贝叶斯公式把 B_i 的后验概率转换为 A 的后验概率加上 B_i 的边缘概率的组合表达形式。在很多现实问题中,$P(A|B)$ 或 $P(A \cap B)$ 很难直接观测,但是 $P(B|A)$ 和 $P(A)$ 却很容易获取,利用贝叶斯公式可以方便地计算很多实际的概率问题。

4.4　朴素贝叶斯分类

朴素贝叶斯是经典的机器学习算法之一,也是为数不多的基于概率论的分类算法。朴素贝叶斯算法在贝叶斯决算法的基础上进行了一定程度的简化,它的原理更加简单,也更容易实现。朴素贝叶斯多用于文本分类任务,例如文档分类和垃圾邮件过滤。

朴素贝叶斯分类模型的结构如图 4.2 所示。

与贝叶斯算法相比,朴素贝叶斯算法添加了一个假设:各个属性之间彼此相互独立,即每一个属性都以类变量作为唯一的父结点。这样的假设虽然会损失一部分分类精度,但由于大大降低了模型的复杂性,在实际应用中效率更高。

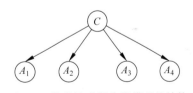

图 4.2　朴素贝叶斯分类模型的结构

朴素贝叶斯算法的分类过程如下所示。

(1) 将每个数据样本用 n 维特征向量 $\boldsymbol{X} = \{a_1, a_2, \cdots, a_n\}$ 分别描述对 n 个条件属性 $\{A_1, A_2, \cdots, A_n\}$ 的 n 个度量。类变量 $\boldsymbol{C} = \{C_1, C_2, \cdots, C_n\}$。

(2) 给定没有类标签的未知数据样本 $\boldsymbol{X}$,朴素贝叶斯分类模型会将未知的样本分配给类变量 C_i,当且仅当以下条件成立时,可以将 $\boldsymbol{X}$ 归类为类别 $\boldsymbol{C}$ 的过程看作求解 $P(C_i|\boldsymbol{X})$ 最大值的过程。

$$P(C_i \mid \boldsymbol{X}) > P(C_j \mid \boldsymbol{X}), \quad 1 \leqslant i, j \leqslant m, j \neq i$$

式中,$P(C_i|\boldsymbol{X})$ 的值被称为最大后验估计。

(3) 根据贝叶斯定理,得

$$P(C_j \mid \boldsymbol{X}) = \frac{P(\boldsymbol{X} \mid C_i)P(C_i)}{P(\boldsymbol{X})}$$

$P(\boldsymbol{X})$ 对于所有的类都为常数,称作证据因子,用于使所有类的先验概率之和为 1,因此 $P(C_i|\boldsymbol{X})$ 取最大值的条件只需满足 $P(\boldsymbol{X}|C_i)P(C_i)$ 达到最大。

如果类的先验概率 $P(C_i)$ 未知,则通常假设这些类是等概率的,也就是说 $P(C_1) = P(C_2) = \cdots = P(C_m) = 1/m$,此时最大化 $P(C_i \mid \boldsymbol{X})$ 等价于最大化 $P(\boldsymbol{X} \mid C_i)$。

(4)由于朴素贝叶斯分类模型包含条件属性相互独立的假设,计算 $P(\boldsymbol{X} \mid C_i)$ 的表达式如下所示。

$$P(\boldsymbol{X} \mid C_i) = \prod_{k=1}^{n} P(a_k \mid C_i)$$

概率 $P(a_k \mid C_i)$ 的值可以根据训练样本估计求出。

当 A_k 是离散属性时,$P(a_k \mid C_i) = s_{ik}/s_i$,其中 s_{ik} 是在属性 A_k 上具有值 a_k 的类 C_i 的训练样本数,s_i 表示 C_i 中的样本数。

当 A_k 是连续值属性时,通常假设该属性服从高斯分布。因此有

$$P(a_k \mid C_i) = g(a_k, \mu C_i, \sigma C_i) = \frac{1}{\sqrt{2\pi\sigma^2 C_i}} e^{\left(\frac{(a_k - \mu C_i)^2}{2\sigma^2 C_i}\right)}$$

式中,C_i 表示定类的训练样本属性 A_k 的值,$g(a_k, \mu C_i, \sigma C_i)$ 表示属性 A_k 的高斯密度函数,μC_i 表示 A_k 的平均值,σC_i 表示 A_k 的标准差。

(5)对未知样本 $\boldsymbol{X}$ 分类。对每个类 C_i,计算 $P(a_k \mid C_i)P(C_i)$,当且仅当 $P(\boldsymbol{X} \mid C_i) P(C_i) > P(\boldsymbol{X} \mid C_j) P(C_j)$,且 $1 \leqslant i, j \leqslant m, j \neq i$ 时,样本 $\boldsymbol{X}$ 属于类别 C_i。

朴素贝叶斯分类模型的数学表达式如下所示。

$$C_{\text{NBC}} = \underset{C_i \in C}{\arg\max} P(C_i) \prod_{j=1}^{n} P(a_k \mid C_i)$$

在使用朴素贝叶斯算法进行分类时,应当注意零概率问题。在有限训练数据集中,很可能出现 $P(a_k \mid C_i) = 0$ 的情况,此时可以通过对概率乘积取对数来解决。朴素贝叶斯的特征之间的条件独立性的假设可能显得不符实际,然而事实证明,朴素贝叶斯在处理垃圾邮件过滤等领域非常有效。总体上来说,朴素贝叶斯的原理和实现都比较简单,学习和预测的效率都很高,是一种经典而常用的分类算法。

4.5　实战:利用朴素贝叶斯分类模型进行文档分类

4.4 节介绍的朴素贝叶斯算法在机器学习中常被应用于文档的分类任务。在文档分类任务中,每封电子邮件都是一个实例,针对不同的分类,邮件中的某些元素构成了相应的特征。通过分析文档中所出现的词,将每个词的出现或者不出现视作一个特征,通过这种方法所得到的特征数与词汇表中的词的数量是一致的。

假设词汇表中含有 1000 个单词,指定样本数为 n。由统计学的知识可以知道,假如每个特征需要 n 个样本,则包含 1000 个特征的词汇表需要 n^{1000} 个样本。显而易见,模型所需要的样本数量随着特征数的增多而迅速上升。

朴素贝叶斯分类模型假设各个特征彼此相互独立,这就大幅减少了所需的样本数量,让样本数量从 n^{1000} 个减少到 $1000n$ 个。此处的特征彼此独立是指一个单词出现的可能性与该单词相邻的其他单词没有关系。其实这种假设并不准确,因为语言中前后单词之间往往存在着显著的联系。

朴素贝叶斯分类器中的另一个假设是每个特征同等重要。其实这个假设是不够严谨的。如果要判断某条文档信息的内容是否含有违规信息,通常不需要全部检索文档中的每一个单词,只需要检查其中的一小部分特征就足以做出判断。

4.5.1　将单词表转换为向量

通过本章之前内容的学习,已经对朴素贝叶斯算法有了初步的了解,接下来将分步演示如何通过朴素贝叶斯算法来对文本信息进行分类。

首先需要将词库的单词转换为向量的形式,具体方法如例 4.1 所示。

【例 4.1】　将单词表转换为向量。

```
1   import numpy as np
2   ♯创建实验样本
3   def loadDataSet():
4       ♯词条切分后的文档集合
5       postingList = [['I', 'am', 'happy', 'to', 'join', 'with', 'you'],\
6           ['today', 'in', 'what', 'will', 'go', 'down', 'in', 'stupid'],\
7           ['history', 'as', 'the', 'greatest', 'demonstration', 'for', 'freedom', 'in'],\
8           ['the', 'history', 'stupid', 'of', 'our'],\
9           ['nation', 'In', 'a', 'sense', 'we', 'have', 'come', 'to', 'our'],\
10          ['nation', 'capital', 'to', 'cash', 'a', 'stupid']]   ♯单词类别标签集合
11      classVec = [0,1,0,1,0,1]   ♯1表示单词列表中出现侮辱性单词,0表示没有出现侮辱性单词
12      return postingList,classVec
13  ♯创建一个包含文档中出现的所有不重复单词的列表
14  def createVocabList(dataset):
15      vocabSet = set([])             ♯创建一个空列表
16      for document in dataset:
17          vocabSet = vocabSet|set(document)   ♯将每篇文档返回的新词集合添加到上面创建的空
                                                ♯列表中. 操作符"|"用于求两个集合的并集
18      return list(vocabSet)
19  ♯处理文本,返回文档向量
20  def setOfWordseVec(vocabList, inputSet):
21      returnVec = [0] * len(vocabList)   ♯返回一个与词汇表等长的全0向量
22      for word in inputSet:
23          if word in vocabList:
24              returnVec[vocabList.index(word)] = 1 ♯vocabList.index()函数获取 vocabList 列表
                                                     ♯某个元素的位置,这段代码得到一个只包含0
                                                     ♯和1的列表
25          else:
26              print("没有这个单词 : % s!" % word)
27      return returnVec
28  listOPosts,listClasses = loadDataSet()
29  myVocabList = createVocabList(listOPosts)
30  print(len(myVocabList))            ♯返回单词列表的长度
31  print(myVocabList)                 ♯返回单词列表中的单词
32  print(setOfWordseVec(myVocabList, listOPosts[0]))   ♯返回第1条词条中的单词在
                                                        ♯myVocabList 出现的位置
33  print(setOfWordseVec(myVocabList, listOPosts[5]))   ♯返回第6条词条中的单词在
                                                        ♯myVocabList 出现的位置
```

通过上述代码便可以将文本转换为向量的形式。setOfWords2Vec()函数的输入参数

为词汇表及某个文档,输出的是文档向量,向量的每一个元素为 1 或 0,分别表示词汇表中的单词在输入文档中是否出现,如果出现,则在向量中表示为 1,否则为 0。

输出结果如下所示。

```
32
['go', 'come', 'nation', 'of', 'you', 'greatest', 'am', 'our', 'In', 'I', 'have', 'will', 'what', 'to', 'for',
'today', 'history', 'sense', 'stupid', 'join', 'the', 'cash', 'with', 'a', 'in', 'we', 'down', 'as', 'happy',
'freedom', 'demonstration', 'capital']
[0, 0, 0, 0, 1, 0, 1, 0, 0, 1, 0, 0, 0, 1, 0, 0, 0, 0, 0, 1, 0, 0, 1, 0, 0, 0, 0, 1, 0, 0, 0]
[0, 0, 1, 0, 0, 0, 0, 0, 0, 0, 0, 1, 0, 0, 0, 1, 0, 0, 1, 0, 1, 0, 0, 0, 0, 0, 0, 1]
```

上述代码将词汇表的单词作为输入,然后为输入中的每一个单词都构建一个对应的特征值。在指定一篇文档后,该篇文档将会被转换为词向量的形式以供接下来的操作调用。

4.5.2 概率计算

在例 4.1 中介绍了如何将文档中的单词转换为向量的方法,接下来,将介绍如何使用转换后的这些数据来进行概率计算。

现在已经知道一个单词是否出现在指定的文档中,以及该文档所属的单词类别。之前提到的相关公式中的变量都只包含单个数值,而实际应用中会面对处理多个数值组成的变量的情况,此时需要将其中的变量替换成向量的形式。在本书所列举的这个例子中,数值个数与词汇表中单词个数相同。将变量替换成向量形式后的贝叶斯概率公式如下所示。

$$P(c_i \mid w) = \frac{P(w \mid c_i)P(c_i)}{P(w)}$$

通过上述公式,分别计算出文档内容属于侮辱性词汇的相应概率,然后比较概率的大小,分析出单词所属类别。朴素贝叶斯分类器会假设所有单词之间都互相独立,这样极大地简化了计算的过程。

计算每个类别条件概率的具体方法如例 4.2 所示。此处用到了 NumPy 工具库中的相关函数。需要注意的是,在计算朴素贝叶斯概率时,如果某一项的概率值为 0,那么最后的乘积也必定为 0。为了避免出现这种问题,可以将所有单词的出现数初始化为 1,并将各类别的词汇数量初始化为 2。

【例 4.2】 构建朴素贝叶斯分类器训练函数。

```
1   def trainNB0(trainMatrix,trainCategory):        #创建朴素贝叶斯分类器训练函数
2     numTrainDocs = len(trainMatrix)               #输入参数为文档矩阵
3     numWords = len(trainMatrix[0])
4     pAbusive = sum(trainCategory)/float(numTrainDocs)   #trainCategory 表示由每篇文档类
                                                           #别标签所构成的向量
5     p0Num = np.ones(numWords);p1Num = np.ones(numWords)  #初始化 p0(属于非侮辱性词汇的概
                                                           #率)和 p1(属于侮辱性词汇的概率),
                                                           #将所有词的出现数初始化为 1
6     p0Deom = 2.0;p1Deom = 2.0 #将分母初始化为 2
7     #遍历训练数据集 trainMatrix 中的所有文档
8     for i in range(numTrainDocs):
9       #每出现一次对应分类的单词都在该词的对应个数(p1Num 或者 p0Num)和文档的总词数中 +1
```

```
10        if trainCategory[i] == 1:
11          p1Num += trainMatrix[i]
12          p1Deom += sum(trainMatrix[i])
13        else:
14           p0Num += trainMatrix[i]
15           p0Deom += sum(trainMatrix[i])
16     #对每个元素除以该类别中的总词数
17     p1vect = np.log(p1Num/p1Deom)            #转换成 log 形式
18     p0vect = np.log(p0Num/p0Deom)            #转换成 log 形式
19     return p0vect,p1vect,pAbusive
20  listOPosts,listClasses = loadDataSet()
21  myVocabList = createVocabList(listOPosts)    #从预先加载值中调入数据
22  trainMat = [ ]                               #构建一个包含所有词的列表 myVocabList
23  #使用词向量来填充 trainMat 列表
24  for postinDoc in listOPosts:
25     trainMat.append(setOfWordseVec(myVocabList, postinDoc))
26  p0V,p1V,pAb = trainNB0(trainMat, listClasses)  #属于侮辱性文档的概率以及两个类别的
                                                   #概率向量
27  print("p0 的概率 log 值为:")
28  print (p0V)
29  print("p1 的概率 log 值为:")
30  print (p1V)
31  print("pAb 的概率为:")
32  print (pAb)
```

输出结果如下所示。

```
p0 的概率 log 值为:
[ - 3.25809654  - 2.56494936  - 2.56494936  - 3.25809654  - 2.56494936  - 2.56494936
  - 2.56494936  - 2.56494936  - 2.56494936  - 2.56494936  - 2.56494936  - 3.25809654
  - 3.25809654  - 2.15948425  - 2.56494936  - 3.25809654  - 2.56494936  - 2.56494936
  - 3.25809654  - 2.56494936  - 2.56494936  - 3.25809654  - 2.56494936  - 2.56494936
  - 2.56494936  - 2.56494936  - 3.25809654  - 2.56494936  - 2.56494936  - 2.56494936
  - 2.56494936   - 3.25809654]
p1 的概率 log 值为:
[ - 2.30258509  - 2.99573227  - 2.30258509  - 2.30258509  - 2.99573227  - 2.99573227
  - 2.99573227  - 2.30258509  - 2.99573227  - 2.99573227  - 2.99573227  - 2.30258509
  - 2.30258509  - 2.30258509  - 2.99573227  - 2.30258509  - 2.30258509  - 2.99573227
  - 1.60943791  - 2.99573227  - 2.30258509  - 2.30258509  - 2.99573227  - 2.30258509
  - 2.30258509  - 2.99573227  - 2.30258509  - 2.99573227  - 2.99573227  - 2.99573227
  - 2.99573227   - 2.30258509]
pAb 的概率为:
0.5
```

　　从上述结果可以看出,文档属于侮辱类的概率 pAb 为 0.5,由于本例所进行的文档分类属于二分类问题,所以属于各个分类的概率皆为 50%,该结果正确。输出结果中的最大概率出现在 $p1$ 数组第 19 个下标位置,概率的 log 值为 -1.609 437 91。检索 myVocabList 的第 19 个下标位置,可以找到该单词:stupid。从该结果可以看出,stupid 是这些数据中最

能体现侮辱性文档特征的单词。

这里之所以采用求概率的对数值操作,是为了避免朴素贝叶斯算法中出现下溢出问题。下溢出是指多个非常小的数字相乘后的值小于计算机所能表示的最小值时,计算机将该值四舍五入归零。此时,程序将无法得到正确的答案。采用对数的形式表示概率数值可以解决下溢出的问题。

函数 $f(x)$ 与 $\ln(f(x))$ 的关系如图 4.3 所示。

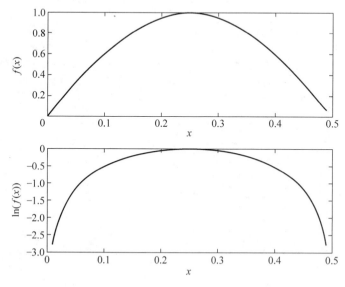

图 4.3 函数 $f(x)$ 与 $\ln(f(x))$ 的图像

从图 4.3 中可以看出 $f(x)$ 与 $\ln(f(x))$ 在坐标轴上的增减趋势一致,并且极值点一致。由此可以看出,虽然 $f(x)$ 与 $\ln(f(x))$ 的具体数值不同,但是并不影响模型的最终效果,在实际应用中可以通过求对数的方法来解决下溢出或计算机的浮点计算误差问题。

4.5.3 通过朴素贝叶斯模型进行文件分类

本节将通过朴素贝叶斯模型来构建分类函数用于文件的分类,具体方法如例 4.3 所示。

【例 4.3】 朴素贝叶斯分类函数。

```
1    def  classifyNB(vec2Classify,p0Vec,p1Vec,pClass1):  #创建朴素贝叶斯分类器函数
2       p1 = sum(vec2Classify * p1Vec) + np.log(pClass1)
3       p0 = sum(vec2Classify * p0Vec) + np.log(1.0 - pClass1)
4       #比较类别的概率,返回两个概率中较大者所对应的类别标签
5       if p1 > p0:
6          return 1
7       else:
8          return 0
9    def testingNB():
10      listOPosts,listClasses = loadDataSet()
11      myVocabList = createVocabList(listOPosts)
12      trainMat = []
13      for postinDoc in listOPosts:
```

```
14        trainMat.append(setOfWordseVec(myVocabList, postinDoc))
15      p0V, p1V, pAb = trainNB0(np.array(trainMat), np.array(listClasses))
16      print("p0V = {0}".format(p0V))
17      print("p1V = {0}".format(p1V))
18      print("pAb = {0}".format(pAb))
19      testEntry = ['happy', 'freedom']
20      thisDoc = np.array(setOfWordseVec(myVocabList, testEntry))
21      print(thisDoc)
22        print("vec2Classify * p0Vec = {0}".format(thisDoc * p0V))
23      print(testEntry, 'classified as :', classifyNB(thisDoc, p0V, p1V, pAb))
24      testEntry = ['stupid']
25      thisDoc = np.array(setOfWordseVec(myVocabList, testEntry))
26      print(thisDoc)
27      print(testEntry, 'classified as :', classifyNB(thisDoc, p0V, p1V, pAb))
28  if __name__ == '__main__':
29      testingNB()
```

上述第 2 行代码通过 NumPy 的数组来计算向量相乘(两个向量中的各对应位置元素相乘)的结果,然后将词汇表中所有单词对应值的总和与对数概率相加。

将例 4.3 中的代码与例 4.1 和例 4.2 的代码组合在一起便构成了完整的朴素贝叶斯文档分类模型,具体输出结果如下所示。

```
p0V = [ − 3.25809654 − 2.56494936 − 2.56494936 − 3.25809654 − 2.56494936 − 2.56494936
  − 2.56494936 − 2.56494936 − 2.56494936 − 2.56494936 − 2.56494936 − 3.25809654
  − 3.25809654 − 2.15948425 − 2.56494936 − 3.25809654 − 2.56494936 − 2.56494936
  − 3.25809654 − 2.56494936 − 2.56494936 − 3.25809654 − 2.56494936 − 2.56494936
  − 2.56494936 − 2.56494936 − 3.25809654 − 2.56494936 − 2.56494936 − 2.56494936
  − 2.56494936 − 3.25809654]
p1V = [ − 2.30258509 − 2.99573227 − 2.30258509 − 2.30258509 − 2.99573227 − 2.99573227
  − 2.99573227 − 2.30258509 − 2.99573227 − 2.99573227 − 2.99573227 − 2.30258509
  − 2.30258509 − 2.30258509 − 2.99573227 − 2.30258509 − 2.30258509 − 2.99573227
  − 1.60943791 − 2.99573227 − 2.30258509 − 2.30258509 − 2.99573227 − 2.30258509
  − 2.30258509 − 2.99573227 − 2.30258509 − 2.99573227 − 2.99573227 − 2.99573227
  − 2.99573227 − 2.30258509]
pAb = 0.5
[0 0 0 0 0 0 0 0 0 0 0 0 0 0 0 0 0 0 0 0 0 0 0 0 0 0 0 1 1 0 0]
vec2Classify * p0Vec = [ − 0.       − 0.       − 0.       − 0.       − 0.       − 0.
  − 0.       − 0.       − 0.       − 0.       − 0.       − 0.
  − 0.       − 0.       − 0.       − 0.       − 0.       − 0.
  − 0.       − 0.       − 0.       − 0.       − 0.       − 0.
  − 0.       − 0.       − 0.       − 0.       − 2.56494936 − 2.56494936
  − 0.       − 0.              ]
['happy', 'freedom'] classified as : 0
[0 0 0 0 0 0 0 0 0 0 0 0 0 0 0 0 0 0 1 0 0 0 0 0 0 0 0 0 0 0 0]
['stupid'] classified as : 1
```

通过 4.5 节的案例,可以初步地了解朴素贝叶斯分类器的工作原理。接下来,4.6 节将介绍朴素贝叶斯分类器的进阶用法——过滤垃圾邮件。

4.6 实战：利用朴素贝叶斯分类模型过滤垃圾邮件

4.5 节介绍了通过 Python 将文本信息转换为词向量的方法,本节将基于之前的相关内容,介绍通过 Python 实现过滤垃圾邮件的方法。

通过构建朴素贝叶斯分类模型进行垃圾邮件过滤的一般流程如下所示。

(1) 收集数据:收集邮件文件信息。

(2) 预处理数据:将文本信息转换为词向量的形式。

(3) 分析数据:检查词条确保预处理操作的准确性。

(4) 训练模型:通过 trainNB0()函数训练模型。

(5) 测试模型:使用 classifyNB()函数测试模型,并且构建一个新的测试函数来计算模型的错误率。

(6) 应用模型:构建一个完整的程序对一组文档进行分类,输出被错误分类的文档。

接下来,将逐步介绍通过 Python 实现过滤垃圾邮件的具体方法。

4.6.1 切分文本

在进行垃圾邮件过滤之前,需要先根据文本信息构建词列表。4.5 节所介绍的程序使用的是给定的文本信息,本节将介绍一种直接从文档中提取信息构建词列表的方法。通过 Python 自带的 string.split()方法切分字符串,具体方法如例 4.4 所示。

【例 4.4】 切分字符串。

```
1  mySent = "I am happy to join with you today in what will go down in history as the greatest
   demonstration for freedom in the history of our nation."
2  print(mySent.split())
```

输出结果如下所示。

```
['I', 'am', 'happy', 'to', 'join', 'with', 'you', 'today', 'in', 'what', 'will', 'go', 'down', 'in',
'history', 'as', 'the', 'greatest', 'demonstration', 'for', 'freedom', 'in', 'the', 'history', 'of',
'our', 'nation.']
```

上述程序将一句话中的每一个单词切分,但是从结果的最后一项可以看出,标点符号也被当成了单词的一部分进行了切分。通过正则表达式来切分句子可以解决这个问题。具体方法如例 4.5 所示。分隔符是除单词、数字外的任意字符串。

【例 4.5】 通过正则表达式切分字符串。

```
1  import re
2  mySent = ' I am happy to join with you today in what will go down in history as the greatest
   demonstration for freedom in the history of our nation.'
3  regEx = re.compile('\\W + ')   ♯匹配非英文字母和数字
4  listOfTokens = regEx.split(mySent)
5  print(listOfTokens)
```

输出结果如下所示。

```
['', 'I', 'am', 'happy', 'to', 'join', 'with', 'you', 'today', 'in', 'what', 'will', 'go', 'down', 'in',
'history', 'as', 'the', 'greatest', 'demonstration', 'for', 'freedom', 'in', 'the', 'history', 'of',
'our', 'nation', '']
```

通过上述程序得到了完全由单词组成的词表,但是结果中出现了许多空字符串。此时可以通过计算字符串的长度,去除长度为 0 的字符串来解决这一问题,具体方法如例 4.6 所示。

【例 4.6】 去掉单词列表中的空字符串。

```
1   import re
2   mySent = 'I am happy to join with you today in what will go down in history as the greatest
    demonstration for freedom in the history of our nation.'
3   regEx = re.compile('\\W + ')   # 匹配非英文字母和数字
4   listOfTokens = regEx.split(mySent)
5   print([tok for tok in listOfTokens if len(tok) > 0 ])
```

输出结果如下所示。

```
['I', 'am', 'happy', 'to', 'join', 'with', 'you', 'today', 'in', 'what', 'will', 'go', 'down', 'in',
'history', 'as', 'the', 'greatest', 'demonstration', 'for', 'freedom', 'in', 'the', 'history', 'of',
'our', 'nation']
```

在英文语句中,通常句子开头的第一个单词是首字母大写的,可以利用这一点进行句子的查找。在实际应用中,可以根据具体需求通过 lower() 函数或者 upper() 函数来对大小写进行调节。本节只是把这些文本信息当作“词袋”进行处理,因此会将所有单词的形式统一小写处理,具体方法如例 4.7 所示。

【例 4.7】 将单词列表中的所有单词小写化。

```
1   import re
2   mySent = 'I am happy to join with you today in what will go down in history as the greatest
    demonstration for freedom in the history of our nation.'
3   regEx = re.compile('\\W + ')   # 匹配非英文字母和数字
4   listOfTokens = regEx.split(mySent)
5   print([tok.lower() for tok in listOfTokens if len(tok) > 0 ])
```

输出结果如下所示。

```
['i', 'am', 'happy', 'to', 'join', 'with', 'you', 'today', 'in', 'what', 'will', 'go', 'down', 'in',
'history', 'as', 'the', 'greatest', 'demonstration', 'for', 'freedom', 'in', 'the', 'history', 'of',
'our', 'nation']
```

接下来从本书提供的样本数据集中提取一封邮件来进行文本切分操作,具体方法如例 4.8 所示。

【例 4.8】 从数据集中提取邮件并进行文本切分。

第 4 章

朴素贝叶斯

```
1   import re
2   text = open("邮件/普通邮件/1.txt").read()
3   regEx = re.compile("\\W*")
4   listOfTokens = regEx.split(text)
5   print([tok.lower() for tok in listOfTokens if len(tok) > 2])
```

输出结果如下所示。

```
['peter', 'with', 'jose', 'out', 'town', 'you', 'want', 'meet', 'once', 'while', 'keep', 'things',
'going', 'and', 'some', 'interesting', 'stuff', 'let', 'know', 'eugene']
```

此处之所以选择剔除字符数小于 3 的单词,是为了避免切分过程中分解出大量的无意义单词。

4.6.2 通过朴素贝叶斯模型过滤垃圾邮件

通过 4.6.1 节的学习,已经了解了切分文本的方法。接下来,将介绍如何构建文本解析器,具体方法如例 4.9 所示。

【例 4.9】 构建文本解析器。

```
1   import re
2   #文件解析及完整的垃圾邮件测试函数
3   def textParse(bigString):    #接收一个字符串并将其切分为字符串列表
4     listOfTokens = re.split(r'\W', bigString)
5     return [tok.lower() for tok in listOfTokens if len(tok) > 2]   #去掉少于 3 个字符的字符串,
                                                                    #并将所有字符串小写化
6   def spamTest():#对贝叶斯垃圾邮件分类器进行自动化处理
7     docList = []; classList = []; fullText = []
8     for i in range(1,26):        #导入并解析文本文件,导入文件夹垃圾邮件和普通邮件下的文件
                                   #文本,并将其解析为词列表
9         #分别读取 25 封垃圾邮件和普通邮件
10        wordList = textParse(open('邮件/垃圾邮件/%d.txt' % i).read())
11        docList.append(wordList)                #append 表示追加
12        fullText.extend(wordList)               #extend 表示扩展
13        classList.append(1)                     #1 代表垃圾邮件
14        #因 ham/23.txt 中包含商标 R 符号,读取时需要忽略掉错误
15        wordList = textParse(open('邮件/普通邮件/%d.txt' % i,encoding = 'utf-8',errors =
    'ignore').read())
16        docList.append(wordList)
17        fullText.extend(wordList)
18        classList.append(0)
19      #去重
20      vocabList = createVocabList(docList)#创建词汇表
21      trainingSet = list(range(50))        #训练数据集:整数列表,值从 0 到 49
22      testSet = []                         #测试数据集
23      for i in range(10):                  #将整个交叉验证过程重复 10 次,求平均错误率
24          #NumPy 包含 ramdom,random.uniform 用于生成一个 0~len(trainingSet)的随机数
```

```
25        randIndex = int(random.uniform(0,len(trainingSet)))    #随机选取 10 个文件作为测
                                                                  #试数据集
26        testSet.append(trainingSet[randIndex])
27        del(trainingSet[randIndex])    #将测试数据集的整数列表从训练数据集中删去
28
29    trainMat = []; trainClasses = []
30    #剩下的 40 封邮件用于训练模型
31    for docIndex in trainingSet:
32        trainMat.append(bagOfWords2VecMN(vocabList, docList[docIndex]))    #构建词向量,训
                                                                            #练矩阵
33        trainClasses.append(classList[docIndex])    #训练数据集标签
34    p0V,p1V,pSpam = trainNB0(array(trainMat),array(trainClasses))    #计算分类所需概率
35
36    errorCount = 0
37    for docIndex in testSet:        #对测试数据集分类
38        wordVector = bagOfWords2VecMN(vocabList, docList[docIndex])
39        #如果用贝叶斯分类器的结果和实际结果不一样
40        if classifyNB(array(wordVector),p0V,p1V,pSpam) != classList[docIndex]:
41            errorCount += 1
42            print ("classification error",docList[docIndex])
43    #计算平均错误率
44    print ('错误率为: ',float(errorCount)/len(testSet))
```

上述代码中,textParse()函数的作用为接收字符串并将其切分为单个单词字符串组成的列表。textParse()函数会去掉少于 3 个字符的字符串,并将所有字符串转换为小写形式。

spamTest()函数的作用是对模型进行自动化处理。分别导入文件夹"垃圾邮件"与"普通邮件"中的 TXT 文件,并把这些文档切分成词列表。然后,将这些邮件拆分,分别组成测试数据集和训练数据集(这两个集合由随机挑选的邮件组成)。数据集中垃圾邮件和普通邮件各有 25 封,训练数据集由随机挑选的 40 封电子邮件组成,剩余的 10 封作为测试数据集(测试数据集不可用于模型的训练)。这种随机选择数据的一部分作为训练数据集而剩余部分作为测试数据集的过程称为留存交叉验证法。

通过 for 循环遍历训练数据集中的所有邮件,通过 setOfWords2Vec()函数将每封邮件转换为词向量的形式。这些词向量将在 traindNB0()函数中被用于计算贝叶斯概率以供分类。在训练数据集中训练完成后,测试数据集检测模型的准确率,通过遍历测试数据集,对其中的每封电子邮件进行分类。如果邮件分类错误,则错误数加 1,最后给出总的错误百分比。

将文本解析器导入完整的朴素贝叶斯分类器后,具体代码如例 4.10 所示。

【例 4.10】 完整的朴素贝叶斯分类器。

```
1    from numpy import *
2    import re
3    def createVocabList(dataSet):
4      vocabSet = set([])    #创建空列表
5      #输入数据为二维数组,将二维数组内的所有元素全部保存在 Set 中
6      #然后返回列表形式的数据
```

```
7       for document in dataSet:
8          vocabSet = vocabSet | set(document)
9       return list(vocabSet)
10
11   #统计单词出现的次数,用于创建向量集
12   def bagOfWords2VecMN(vocabList, inputSet):
13       returnVec = [0] * len(vocabList)
14       for word in inputSet:
15          if word in vocabList:
16             returnVec[vocabList.index(word)] += 1
17       return returnVec
18
19   def trainNB0(trainMatrix,trainCategory):
20       numTrainDocs = len(trainMatrix)          #测试数据集数目  6
21       numWords = len(trainMatrix[0])           #总单词(去重)数目  32
22       pAbusive = sum(trainCategory)/float(numTrainDocs)   #该文档属于侮辱类的概率 = 被标
                                                            #记为侮辱类句子数量/总句子数
                                                            #量 = 3/6.0 = 0.5
23       #变量初始化
24       p0Num = zeros(numWords); p1Num = zeros(numWords)    #标记向量初始化为[0,0,0,0...]
25       p0Denom = 0; p1Denom = 0                   #统计数为 0
26
27       #此处采用拉普拉斯平滑,在分子上添加a(一般为 1),分母上添加 ka(k 表示类别总数),将所
         #有词的出现数初始化为 1,并将分母初始化为 2 * 1 = 2
28       p0Num = ones(numWords); p1Num = ones(numWords)
29       p0Denom = 2.0; p1Denom = 2.0
30
31       #对于每句话
32       #如果该句被人工标记为具有侮辱性,则其中出现的每个词汇 p1Num 都该被认为具有侮辱性,
         #它们将被统计到侮辱性词汇总数 p1Denom;如果该句不具有侮辱性,则统计到 p0Denom
33       for i in range(numTrainDocs):
34          if trainCategory[i] == 1:
35             p1Num += trainMatrix[i]
36             p1Denom += sum(trainMatrix[i])
37          else:
38             p0Num += trainMatrix[i]
39             p0Denom += sum(trainMatrix[i])
40       #每个单词是侮辱词的条件概率 = 在侮辱词中出现的次数 p1Num/侮辱词出现的总数 p1Denom
41       p1Vect = p1Num/p1Denom
42       p0Vect = p0Num/p0Denom
43       #计算概率时,由于大部分因子都非常小,最后相乘的结果四舍五入为 0,造成下溢出或者得
         #不到准确的结果,所以,此处对成绩取自然对数,即求解对数似然概率.这样,可以避免下溢
         #出或者浮点数舍入导致的错误
44       #采用自然对数处理不会有较大的计算精度损失
45       p1Vect = log(p1Num/p1Denom)
46       p0Vect = log(p0Num/p0Denom)
47       return p0Vect,p1Vect,pAbusive
48
49
50   def classifyNB(vec2Classify, p0Vec, p1Vec, pClass1):
```

```
51    #p1 = (单词 A 出现的次数 * 单词 A 出现在侮辱语句的概率 + 单词 B 出现的次数 * 单词 B 出
      #现在侮辱语句的概率 + ...) * 正常语句出现的概率
52    #p0 = (单词 A 出现的次数 * 单词 A 出现在正常语句的概率 + 单词 B 出现的次数 * 单词 B 出
      #现在正常语句的概率 + ...) * 正常语句出现的概率
53    p1 = sum(vec2Classify * p1Vec) + log(pClass1)
54    p0 = sum(vec2Classify * p0Vec) + log(1.0 - pClass1)
55    if p1 > p0:
56       return 1
57    else:
58       return 0
59  #文件解析及完整的垃圾邮件测试函数
60  def textParse(bigString):    #接收一个字符串并将其切分为字符串列表
61    listOfTokens = re.split(r'\W', bigString)
62    return [tok.lower() for tok in listOfTokens if len(tok) > 2] #去掉少于 3 个字符的字符串,
                                                    #并将所有字符串小写化
63  def spamTest():#对贝叶斯垃圾邮件分类器进行自动化处理
64    docList = []; classList = []; fullText = []
65    for i in range(1,26): #导入并解析文本文件,导入文件夹垃圾邮件和普通邮件下的文件文
                            #本,并将其解析为词列表
66       #分别读取 25 封垃圾邮件和普通邮件
67       wordList = textParse(open('邮件/垃圾邮件/%d.txt' % i).read())
68       docList.append(wordList)               #append 表示追加
69       fullText.extend(wordList)              #extend 表示扩展
70       classList.append(1)                    #1 代表垃圾邮件
71       #因 ham/23.txt 中包含商标 R 符号,读取时需要忽略掉错误
72       wordList = textParse(open('邮件/普通邮件/%d.txt' % i,encoding = 'utf - 8',errors =
    'ignore').read())
73       docList.append(wordList)
74       fullText.extend(wordList)
75       classList.append(0)
76    #去重
77    vocabList = createVocabList(docList) #创建词汇表
78    trainingSet = list(range(50))        #训练数据集:整数列表,值为 0~49
79    testSet = []                         #测试数据集
80    for i in range(10): #将整个交叉验证过程重复 10 次,求平均错误率
81       #NumPy 包含 ramdom,random.uniform 用于生成一个 0~len(trainingSet)的随机数
82       randIndex = int(random.uniform(0,len(trainingSet))) #随机选取 10 封邮件作为测试
                                                #数据集
83       testSet.append(trainingSet[randIndex])
84       del(trainingSet[randIndex])    #将测试数据集的整数列表从训练数据集中删去
85
86    trainMat = []; trainClasses = []
87    #剩下的 40 封邮件用于训练模型
88    for docIndex in trainingSet:
89       trainMat.append(bagOfWords2VecMN(vocabList, docList[docIndex])) #构建词向量,训练
                                                #矩阵
90       trainClasses.append(classList[docIndex]) #训练数据集标签
91    p0V,p1V,pSpam = trainNB0(array(trainMat),array(trainClasses)) #计算分类所需概率
92    errorCount = 0
```

```
93      for docIndex in testSet:      #对测试数据集分类
94          wordVector = bagOfWords2VecMN(vocabList, docList[docIndex])
95          #如果用贝叶斯分类器的结果和实际结果不一样
96          if classifyNB(array(wordVector),p0V,p1V,pSpam) != classList[docIndex]:
97              errorCount += 1
98              print ("classification error",docList[docIndex])
99      #计算平均错误率
100         print ('错误率为: ',float(errorCount)/len(testSet))
101     spamTest()
```

输出结果如下所示。

```
classification error ['home', 'based', 'business', 'opportunity', 'knocking', 'your', 'door', 'don ',
'rude', 'and', 'let', 'this', 'chance', 'you', 'can', 'earn', 'great', 'income','and', 'find', 'your',
'financial', 'life', 'transformed', 'learn', 'more', 'here', 'your', 'success', 'work', 'from', 'home',
'finder', 'experts']
错误率为: 0.1
```

上述代码中的 spamTest()函数用于输出模型在测试数据集上的分类错误率。由于训练数据集和测试数据集都是随机选取的,所以每次的输出结果不尽相同。上述运行结果反映了出现错误的情况,此时程序会输出被错误分类的文档的词表,用于分析具体出现错误的文档。上述程序所计算的错误率只是单次抽取训练数据集和测试数据集后的结果,想要计算更真实的模型错误率,可以尝试多次运行程序后求各次错误率的平均值。

4.7 本 章 小 结

本章主要对机器学习中的贝叶斯算法进行了讲解。贝叶斯算法为开发者提供了一种通过已知事件概率预测未知事件概率的方法。在朴素贝叶斯算法中,通过数据特征之间的条件独立性假设,降低对数据量的需求。虽然这种“朴素”算法的假设具有较大的局限性,但它仍不失为一种有效的分类算法。需要注意的是,在使用朴素贝叶斯算法时容易出现下溢出现象。针对这一点,可以通过对概率取对数来解决。本章所介绍的概率学知识是后续章节的重要基础知识之一,希望读者认真学习并消化本章内容。

4.8 习 题

1. 填空题

(1) 贝叶斯决策理论的核心思想是选择具有_____的事件作为最优决策。

(2) 如果事件 A 和事件 B 相互独立,则事件 B_____影响事件 A 发生的概率。

(3) 机器学习中的不确定性和随机性可能来自_____、_____和_____。

(4) 朴素贝叶斯是基于_____的分类算法。

(5) 与贝叶斯算法相比,朴素贝叶斯算法假设各个特征彼此_____。

2. 选择题

(1) 贝叶斯概率公式为( )。

A. $P(B_i \mid A) = \dfrac{P(B \mid A_i)P(B_i)}{\sum\limits_{j=1}^{n} P(B_j)P(A \mid B_j)}$

B. $P(B_i \mid A) = \dfrac{P(A \mid B_i)P(A)}{\sum\limits_{j=1}^{n} P(B_j)P(A \mid B_j)}$

C. $P(B_i \mid A) = \dfrac{P(A \mid B_i)P(B_i)}{\sum\limits_{j=1}^{n} P(B_j)P(A \mid B_j)}$

D. $P(B_i \mid A) = \dfrac{P(A \mid B_i)P(B_i)}{\sum\limits_{j=1}^{n} P(B_j)P(B_j \mid A)}$

（2）朴素贝叶斯分类模型的数学表达式为（　　　）。

A. $C_{\mathrm{NBC}} = \underset{C_i \in C}{\arg\max} P(a_k) \prod\limits_{k=1}^{n} P(a_k \mid C_i)$

B. $C_{\mathrm{NBC}} = \underset{C_i \in C}{\arg\max} P(C_i) \prod\limits_{k=1}^{n} P(a_k \mid C_i)$

C. $C_{\mathrm{NBC}} = \underset{C_i \in C}{\arg\max} P(a_k) \prod\limits_{k=1}^{n} P(C_i \mid a_k)$

D. $C_{\mathrm{NBC}} = \underset{C_i \in C}{\arg\max} P(C_i) \prod\limits_{k=1}^{n} P(C_i \mid a_k)$

（3）在切分文本信息时，文本信息中的标点可以通过（　　　）进行处理。

A. 贝叶斯公式　　　　　　　　　　B. 正则表达式

C. 朴素贝叶斯公式　　　　　　　　D. 交叉验证法

3. 思考题

假设在全人类中只有1%的人会感染感冒病毒，在被测试者已感染感冒病毒时，测试结果为阳性的概率为95%。被测试者没有感染感冒病毒时，测试结果为阳性的概率为2%。现在，如果某人的测试结果为阳性，请用贝叶斯规则对此人是否感染感冒病毒做出解释。

第5章 逻辑回归与梯度下降

本章学习目标

- 理解逻辑回归的概念；
- 了解梯度下降算法；
- 了解随机梯度下降算法；
- 掌握通过逻辑回归实现手写数字识别的方法。

在机器学习领域，逻辑回归（logistic regression）常被用于解决二分类问题，例如用于预测某个事件发生的可能性：预测某用户购买某件商品的可能性，或者预测病人患有某种疾病的可能性。逻辑回归是广义线性模型的一个特例，虽然被称为回归，但在实际应用中常被用于分类任务。接下来，本章将介绍通过最优化算法训练非线性函数模型并将模型用于解决分类任务的方法。

5.1 逻辑回归与 Sigmoid 函数

5.1.1 逻辑回归简介

机器学习通常由三个要素构成：模型、策略和算法。模型是指假设数据空间的形式（例如线性模型或者条件概率模型）；策略是指模型好坏的判别标准，即优化问题（损失函数）；算法是指优化问题的求解方法（例如梯度下降算法）。

逻辑回归与线性回归都属于广义线性模型。逻辑回归假设因变量 y 服从伯努利分布，而线性回归假设因变量 y 服从高斯分布，逻辑回归与线性回归有许多相似之处。简单来说，逻辑回归模型就是在线性回归的结果中添加了 Sigmoid 函数。逻辑回归模型通过引入 Sigmoid 函数为模型增加了非线性因素，因此可以更轻松地处理 0-1 分类问题。

逻辑回归是在线性回归的基础上加了一个 Sigmoid 函数（非线性）映射，使得逻辑回归成为一个优秀的分类算法。从本质上来说，两者都属于广义线性模型，但它们两个要解决的问题不一样：逻辑回归解决的是分类问题，输出的是离散值；线性回归解决的是回归问题，输出的是连续值。

逻辑回归的求解过程可以大致分为以下三个步骤。

（1）寻找合适的函数，用来预测输入数据的分类结果。

（2）构建损失函数，该函数用于表达预测输出与训练数据类别之间的偏差。损失函数通常会计算预测的输出值与实际值的各类差值作为偏差评价标准。

（3）找到损失函数的最小值（损失值越小表示预测函数的预测越准确）。求解损失函数的最小值通常采用梯度下降法（gradient descent）。二分类问题中一般使用 Sigmoid 函数作为预测分类函数（5.1.2 节将会详细讲解）。

通过 Python 实现逻辑回归的一般流程如下。

（1）收集数据：进行原始数据的收集。

（2）预处理数据：由于计算中涉及距离运算，因此需要将原始数据的数据类型转换为数值型（结构化数据格式效果更好）。

（3）数据分析：采用相应的分析方法对数据进行分析。

（4）训练模型：训练模型将花费大量的时间资源和计算资源，训练模型的目的在于找到最佳的分类回归系数。

（5）测试模型：当模型训练完成后，通过测试数据集对模型进行检测，测试模型的预测准确度。

（6）应用模型：基于之前训练好的模型对这些数值进行简单的回归计算，判定新的未知数据所属的类别。

5.1.2 Sigmoid 函数简介

逻辑回归的目的在于找到能对所有输入数据准确预测的分类函数。以二元分类为例，输出结果只有"0"或"1"两个，即 $y \in \{0, 1\}$，阶跃函数曾被用于处理此类问题，但是阶跃函数在 $x = 0$ 时位置会发生突变，这个突变在数学上很难处理，即阶跃函数具有不连续、不可导的特点，因此在逻辑回归里引入了 Sigmoid 函数。Sigmoid 函数的表达式为

$$g(z) = \frac{1}{1 + e^{-z}}$$

Sigmoid 函数的示意图如图 5.1 所示。

通过 Sigmoid 函数可以将输入数据压缩到区间 $(0, 1)$ 内，得到的结果不是二值输出而是概率值，即当一个 x 发生时，y 被分到 0 或 1 的概率。因此，逻辑回归也可以被看成一种概率估计算法。事实上，最终得到的 y 值是在 $(0, 1)$ 这个区间上的某个值，然后根据事先设定的一个阈值，通常是 0.5（在实际应用中可适当调整该阈值），当 $y > 0.5$ 时，就将这个 x 归为 1 类；当 $y < 0.5$ 时，将 x 归为 0 类。当 x 为 0 时，Sigmoid 函数值为 0.5；当 x 的值增大时，Sigmoid 函数值将趋近 1；当 x 的值减小时，Sigmoid 函数值将趋近 0。

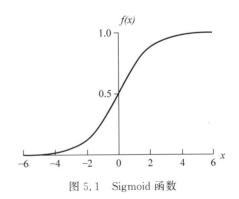

图 5.1 Sigmoid 函数

5.2 梯度下降算法

梯度下降算法是一种常见的最优化算法，该算法通过梯度来求解函数极小值，梯度下降的方向便是调整变量的方向。梯度下降算法是求解无约束优化问题时最常采用的经典方法

之一。机器学习的核心内容就是通过模型自动地"学习"数据,优化模型自身的参数并完成"学习任务"。这个"学习"的过程就是最优化的过程。

在数学中,求解一个函数的最值问题时,往往采用求导的方法,寻找函数导数为 0 的点,进而判断该点是否是该函数的最值点。但是实际应用中,很难求解出函数导数为 0 的解析式,而梯度下降算法的出现解决了这一问题。梯度下降算法通过沿着函数的梯度方向更新参数来寻找函数的极值点。之所以沿着梯度方向更新参数,是因为通常一个函数的梯度方向是该函数的值变化最快的方向。

假设有函数 $y=f(x)$,该函数的一阶导数为 $f'(x)$,梯度算法迭代的方向 d 由 $f'(x)$ 决定。导数 $f'(x)$ 代表 $f(x)$ 在点 x 处的斜率指向函数值变化最快的方向。因此,如果把迭代的每一步沿着当前点的梯度的相反方向移动,则可以得到一个逐步减小的极小化序列,具体如图 5.2 所示。函数 $y=f(x)$ 的极值点为 $f'(x)=0$,通过求解方程 $f'(x)=0$ 的值求得函数的极值点 (x_0, y_0)。

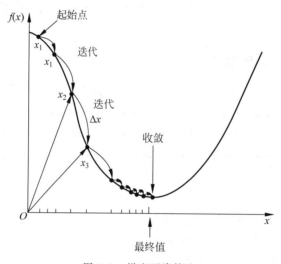

图 5.2　梯度下降算法

在图 5.2 中,梯度下降算法的流程为:先在函数曲线上随机选择一个起始点(图中选择了点 x_1)进行求导。然后,每次迭代沿着梯度相反方向调整 x 的值,使得函数的值向着极小值方向移动,经过多次迭代后最终达到函数极小值点,即 $f'(x)=0$ 处。每次迭代调整 x 的值的幅度称为步长值,由于步长值的设定很难精确到恰巧求得函数的极小值,因此梯度下降算法中所求得的极小值往往是真正的极小值附近的值,真正的极小值很可能处在最后两次迭代值之间。步长值选择会极大地影响梯度下降算法,步长值过小,会增加求得极小值的迭代过程;步长值过大,则很容易错过极小值,最终收敛到错误的点上。

当 $f'(x)=0$ 时,导数将无法提供往哪个方向移动的信息,因此,$f'(x)=0$ 的点称为临界点(critical point)或驻点(stationary point)。一个局部极小点(local minimum)意味着这个点的 $f(x)$ 小于所有邻近点,这意味着,此时无法通过调整 x 的值来进一步减小 $f(x)$ 的值。一个局部极大点(local maximum)意味着这个点对应的 $f(x)$ 的值大于所有邻近点,在此点处不可能通过移动无穷小的步长来进一步增大 $f(x)$ 的值。有些临界点既不是最小点也不是最大点。这些点被称为鞍点(saddle point),如图 5.3 所示。

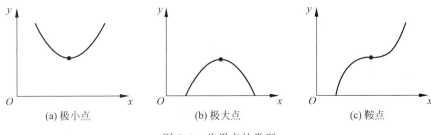

图 5.3　临界点的类型

图中的三个点均为斜率为零的点,被称为临界点。从图 5.3 中可以看出这三个临界点分别对应了以下三种情况。

- 局部极小点,其值低于相邻点。
- 局部极大点,其值高于相邻点。
- 鞍点,同时存在更高和更低的相邻点。

在函数 $f(x)$ 上处于全局的绝对极小值的点被称为全局最小值点(global minimum)。一个函数可以存在多个局部极小值,但只存在唯一全局极小值(注意是极小值唯一,而不是极小值点唯一),在实际应用中应避免将不是全局最优的局部极小点误判为全局最小值点。在机器学习领域,优化的函数可能包含多个非全局最优的局部极小点,或多个被非常平坦的区域包围的鞍点。尤其是在多维的情况下,优化会变得非常困难。因此,在实际情况中通常找到函数 $f(x)$ 的一个非常小的值近似为全局极小值,即近似最小化,如图 5.4 所示。

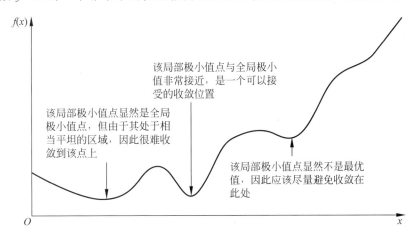

图 5.4　近似最小化

图 5.4 中存在多个局部极小值点或平坦区域,此时,梯度下降算法很难找到全局最小值点。此时可以通过近似最小化操作找到损失函数值的显著极低的点作为全局最小值点。

在机器学习实践中,经常遇到最小化具有多维输入的函数的情况。为了"最小化"多维函数,必须让该函数的输出是一维的(标量)。针对具有多维输入的函数,需要用到偏导数(partial derivative)。偏导数 $\frac{\partial}{\partial x_i} f(x)$ 衡量点 x 处只存在 x_i 增量时函数的变化情况。函数 $f(x)$ 的导数包含所有偏导数的向量,记作 $\nabla_x f(x)$。梯度的第 i 个元素表示函数 $f(x)$ 关于 x_i 的偏导数。在具有多维输入的函数中,临界点为所有梯度元素都为零的点。

梯度下降算法的伪代码如下所示。

```
将每个回归系数初始化为1
重复R次:
    计算整个数据集的梯度
    使用 alpha × gradient 更新回归系数的向量
    返回回归系数
```

5.2.1　二维坐标系中的梯度下降算法

假设需要通过梯度下降算法求解最小值的目标函数为 $f(x)=x^2+1$。该函数的坐标如图 5.5 所示。

从图 5.5 可以看出，函数的最小值点出现在 $x=0$ 处。接下来，通过一段简单的代码，演示通过 Python 实现梯度下降算法的过程。具体代码如例 5.1 所示。

【例 5.1】　简单的梯度下降算法。

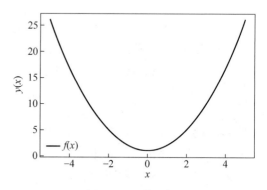

图 5.5　函数坐标

```
1   def func_1d(x):
2       """
3       目标函数
4       :param x: 自变量,标量
5       :return: 因变量,标量
6       """
7       return x ** 2 + 1
8
9   def grad_1d(x):
10      """
11      目标函数的梯度
12      :param x: 自变量,标量
13      :return: 因变量,标量
14      """
15      return x * 2
16
17  def gradient_descent_1d(grad, cur_x = 0.1, learning_rate = 0.1, precision = 0.0001, max_
    iters = 10000):
18      """
19      梯度下降算法
20      :param grad: 目标函数的梯度
21      :param cur_x: 当前 x 值,通过参数可以提供初始值
22      :param learning_rate: 学习率(步长值)
23      :param precision: 设置收敛精度
24      :param max_iters: 最大迭代次数
25      :return: 局部最小值 x *
26      """
27      for i in range(max_iters):
```

```
28        grad_cur = grad(cur_x)
29        if abs(grad_cur) < precision:
30            break                    # 当梯度趋近于 0 时,视为收敛
31        cur_x = cur_x - grad_cur * learning_rate
32        print("第", i, "次迭代:x 值为 ", cur_x)
33
34    print("局部最小值 x = ", cur_x)
35    return cur_x
36
37
38 if __name__ == '__main__':
39    gradient_descent_1d(grad_1d, cur_x = 10, learning_rate = 0.1, precision = 0.000001, max
   _iters = 10000)
```

输出结果如下所示。

```
第 0 次迭代:x 值为    8.0
第 1 次迭代:x 值为    6.4
第 2 次迭代:x 值为    5.12
第 3 次迭代:x 值为    4.096
⋮
第 70 次迭代:x 值为    1.3164036458569655e-06
第 71 次迭代:x 值为    1.0531229166855724e-06
第 72 次迭代:x 值为    8.424983333484579e-07
第 73 次迭代:x 值为    6.739986666787663e-07
第 74 次迭代:x 值为    5.391989333430131e-07
第 75 次迭代:x 值为    4.313591466744105e-07
局部最小值 x = 4.313591466744105e-07
```

从上述结果中不难看出,经过 75 次迭代后,x 的值从初始点 8.0 逐步逼近了最小点 $f(0)$。上述代码中的计算过程便是一个相对简单的梯度下降算法的迭代过程。

5.2.2 三维坐标系中的梯度下降算法

接下来,将 5.2.1 节中的知识推广到三维坐标系中。假设需要通过梯度下降算法求解最小值的目标函数为 $f(x,y)=-e^{-(x^2+y^2)}$。该函数在三维坐标中的图像如图 5.6 所示。

从图 5.6 中不难看出,函数的最小值点出现在 $x=0$ 处。接下来,通过一段简单的代码,演示通过 Python 实现梯度下降算法的过程。具体代码如例 5.2 所示。

【例 5.2】 三维坐标系中的梯度下降算法。

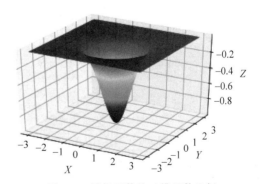

图 5.6   目标函数的三维函数坐标

逻辑回归与梯度下降

```python
1   import math
2   import numpy as np
3
4   def func_2d(x):
5       """
6       目标函数
7       :param x: 自变量,二维向量
8       :return: 因变量,标量
9       """
10      return - math.exp(-(x[0] ** 2 + x[1] ** 2))
11
12  def grad_2d(x):
13      """
14      目标函数的梯度
15      :param x: 自变量,二维向量
16      :return: 因变量,二维向量
17      """
18      deriv0 = 2 * x[0] * math.exp(-(x[0] ** 2 + x[1] ** 2))
19      deriv1 = 2 * x[1] * math.exp(-(x[0] ** 2 + x[1] ** 2))
20      return np.array([deriv0, deriv1])
21
22  def gradient_descent_2d(grad, cur_x = np.array([0.1, 0.1]), learning_rate = 0.01,
    precision = 0.0001, max_iters = 10000):
23      """
24      二维问题的梯度下降法
25      :param grad: 目标函数的梯度
26      :param cur_x: 当前 x 值,通过参数可以提供初始值
27      :param learning_rate: 学习率,也相当于设置的步长值
28      :param precision: 设置收敛精度
29      :param max_iters: 最大迭代次数
30      :return: 局部最小值 x *
31      """
32      print(f"{cur_x} 作为初始值开始迭代...")
33      for i in range(max_iters):
34          grad_cur = grad(cur_x)
35          if np.linalg.norm(grad_cur, ord = 2) < precision:
36              break   # 当梯度趋近于 0 时,视为收敛
37          cur_x = cur_x - grad_cur * learning_rate
38          print("第", i, "次迭代:x 值为 ", cur_x)
39
40      print("局部最小值 x = ", cur_x)
41      return cur_x
42
43  if __name__ == '__main__':
44      gradient_descent_2d(grad_2d, cur_x = np.array([1, -1]), learning_rate = 0.2,
    precision = 0.000001, max_iters = 10000)
```

输出结果如下。

```
[ 1 −1]作为初始值开始迭代...
第 0 次迭代: x 值为   [ 0.94586589 − 0.94586589]
第 1 次迭代: x 值为   [ 0.88265443 − 0.88265443]
第 2 次迭代: x 值为   [ 0.80832661 − 0.80832661]
第 3 次迭代: x 值为   [ 0.72080448 − 0.72080448]
第 4 次迭代: x 值为   [ 0.61880589 − 0.61880589]
第 5 次迭代: x 值为   [ 0.50372222 − 0.50372222]
第 6 次迭代: x 值为   [ 0.3824228 − 0.3824228]
⋮
第 31 次迭代: x 值为   [ 1.47596478e − 06 − 1.47596478e − 06]
第 32 次迭代: x 值为   [ 8.85578865e − 07 − 8.85578865e − 07]
第 33 次迭代: x 值为   [ 5.31347319e − 07 − 5.31347319e − 07]
第 34 次迭代: x 值为   [ 3.18808392e − 07 − 3.18808392e − 07]
局部最小值 x = [ 3.18808392e − 07 − 3.18808392e − 07]
```

从上述结果中不难看出,经过多次迭代后,x 的值从初始点 0.945 逐步逼近到了最小点 $f(0)$。上述代码中的计算过程便是一个相对简单的三维坐标系中梯度下降算法的迭代过程。

5.3　通过梯度下降算法找到最佳参数

5.2 节已经介绍了梯度下降算法的相关基础知识,本节通过使用梯度下降算法找到最佳回归系数,即拟合出逻辑回归模型的最佳参数。具体代码如例 5.3 所示。

【例 5.3】　通过梯度下降算法找到逻辑回归模型的最佳参数。

```
1   from numpy import *
2   # 加载数据
3   def loadDataSet():
4       dataMat = []; labelMat = []
5       fr = open('testSet.txt')              # 打开文本文件
6       # 逐行读取
7       for line in fr.readlines():
8           lineArr = line.strip().split()
9           dataMat.append([1.0, float(lineArr[0]), float(lineArr[1])])
10          labelMat.append(int(lineArr[2]))
11      return dataMat, labelMat              # 返回列表
12
13  def sigmoid(inX):
14      return 1.0/(1 + exp( − inX))
15
16  def gradAscent(dataMatIn, classLabels):
17      dataMatrix = mat(dataMatIn)           # 转换为 NumPy 矩阵数据类型, 100 * 3
18      labelMat = mat(classLabels).transpose()  # 转置 100 * 1
19      m, n = shape(dataMatrix)
20      alpha = 0.001
21      maxCycles = 500
22      weights = ones((n,1))  # 3 * 1
23      for k in range(maxCycles):
```

```
24          h = sigmoid(dataMatrix * weights)        #100 * 3 3 * 1 h:100 * 1
25          error = (labelMat - h)                   #100 * 1
26          weights = weights + alpha * dataMatrix.transpose() * error    #最大似然估计
27    return weights
28  dataArraryay, labelMat = loadDataSet()
29  result = gradAscent(dataArraryay, labelMat)
30  print(result)
```

输出结果如下所示。

```
[[ 4.12414349]
 [ 0.48007329]
 [ -0.6168482 ]]
```

在例 5.3 的代码中，首先创建了 loadDataSet() 函数，该函数的主要功能是打开文本文件 testSet.txt 并逐行读取。每行前两个值分别是 x_1 和 x_2，第三个值是数据对应的类别标签。为了方便计算，该函数还将 x_0 的值设为 1.0。创建 sigmoid() 函数。

梯度下降算法实际由 gradAscent() 函数实现，该函数有两个参数。第一个参数是 dataMatIn，该参数为二维 NumPy 数组，每列分别代表不同的特征，每行代表每个训练样本。接下来，获取输入数据并将其转换为 NumPy 矩阵。由于采用的是包含两个特征(x_1 和 x_2)以及第 0 维特征 x_0 的简单数据集，该数据集包含了 100 个样本，dataMathln 中的矩阵维度为 100×3。第二个参数是类别标签，它是一个行向量。为了便于矩阵运算，需要将该行向量转换为列向量(将原向量转置，再将它赋值给 labelMat)。然后得到矩阵大小，并设置梯度下降算法所涉及的参数。

变量 alpha 表示步长值，maxCycles 表示迭代次数。在 for 循环迭代完成后，将返回训练好的回归系数。代码第 24~26 行的运算为矩阵运算。变量 h 是一个列向量，列向量的元素个数等于样本个数(100 个)。对应地，运算 dataMatrix * weights 包含了 300 次乘积运算。

梯度下降算法有着一定局限性，例如，梯度过小时，梯度下降法将难以求解。此外，梯度下降算法通常只用于求解仅有一个局部最优解的目标函数，对于存在多个局部最优解的目标函数，梯度下降法难以求得全局最优解。由于凸函数只存在一个局部最优解，当目标函数是凸函数时，梯度下降法将更容易求得全局最优解。

5.4 决策边界

在二分类问题中，决策边界通常是超曲面，决策边界将基础向量空间划分为两个集合。分类器将决策边界一侧的所有数据点归为同一个类，而将另一侧的所有数据点归为另一个类。本章之前的内容已经介绍了求解回归系数的方法，这些系数确定了不同类别数据之间的分隔线。本节将介绍画出该分隔线的方法，分隔线可以使优化的过程便于理解。具体代码如例 5.4 所示。

【例 5.4】 绘制决策边界。

```
1  def plotBestFit(weights):
2      import matplotlib.pyplot as plt
3      dataMat, labelMat = loadDataSet()        #列表
4      dataArrary = array(dataMat)              #数组 100 * 3
```

```
5    n = shape(dataArrary)[0]              #100,对应 100 个训练数据
6    xcord1 = []
7    ycord1 = []
8    xcord2 = []
9    ycord2 = []
10   for i in range(n):
11       if int(labelMat[i]) == 1:         #如果此条训练数据是 1 类
12           xcord1.append(dataArrary[i, 1])   #dataArrary[i, 1]为第二列数据,作为作图的横坐标
13           ycord1.append(dataArrary[i, 2])   #纵坐标
14       else:                             #如果此条训练数据是 0 类
15           xcord2.append(dataArrary[i, 1])   #横坐标
16           ycord2.append(dataArrary[i, 2])   #纵坐标
17   fig = plt.figure()
18   ax = fig.add_subplot(111)
19   ax.scatter(xcord1, ycord1, s = 20, c = 'red',marker = 's')
20   #s 表示大小,c 表示颜色,marker 表示形状,默认是圆,marker = 's'表示方形
21   ax.scatter(xcord2, ycord2, s = 30, c = 'green')
22   x = arange(-3.0, 3.0, 0.1)
23   y = (-weights[0] - weights[1] * x) / weights[2]
24   #Sigmoid 函数中,x = 0 是分解条件,对应 y = 0.5
25   #映射到特征值:w0 * x0 + w1 * x1 + w2 * x2 = 0
26   #其中 x0 = 1,x1 表示横坐标,x2 表示纵坐标
27   #解得:x2 = -(w0 + w1 * x1)/w2   ----> y = -(w0 + w1 * x)/w2   即为决策边界
28   ax.plot(x, y)
29   plt.xlabel('X1')
30   plt.ylabel('X2')
31   plt.show()
32 dataArraryay,labelMat = loadDataSet()
33 result = gradAscent(dataArraryay,labelMat)
34 plotBestFit(result.getA())
```

上述代码通过 Matplotlib 画出了决策边界。需要注意的是,第 23 行代码中的 Sigmoid 函数的值为 0。这是因为 0 是两个分类(类别 1 和类别 0)的分界处。因此,设定 $0 = w_0 x_0 + w_1 x_1 + w_2 x_2$,然后解出 x_1 和 x_2 的关系式(即分隔线的方程,注意 $x_0 = 1$)。

通过 Matplotlib 绘制的决策边界如图 5.7 所示。

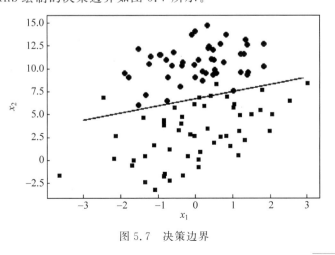

图 5.7　决策边界

从图 5.7 中可以看出,通过例 5.4 的方法划分的数据边界错误划分的数据点少于 6 个。需要指出的是,尽管本例的数据集很小且分布较为简单,但是这个计算方法仍然需要花费大量的计算资源才能得出结果。5.5 节将对该算法进行适当的改进,使算法可以更高效地应用于真实数据集。

5.5 梯度下降算法的改进

在求解机器学习算法的模型参数时,梯度下降算法是最常采用的方法之一,但是这种算法在每次更新回归系数时都需要遍历整个数据集,这使得该算法在处理含有大量样本的数据集时,计算复杂度过高,占用大量的计算资源。随着机器学习技术的发展,衍生出了两种改进算法:批量梯度下降算法(batch gradient descent)和随机梯度下降算法(stochastic gradient descent)。

批量梯度下降算法是梯度下降法最原始的形式,它的具体思路是在更新每一个参数时都使用所有的样本来进行更新。而随机梯度下降算法每次仅用一个样本点来更新回归系数,使得训练速度加快。

5.5.1 批量梯度下降算法

本节将介绍批量梯度下降算法,该算法的优点如下。

- 一次迭代,对所有样本进行计算,此时利用矩阵进行操作,实现了并行。
- 由全数据集确定的方向能够更好地代表样本总体,从而更准确地朝着极值所在的方向。当目标函数为凸函数时,批量梯度下降算法一定能够得到全局最优解。

批量梯度下降算法的缺点如下:当样本数量很大时,每迭代一步都需要对所有样本计算,导致训练效率较低。

接下来将演示实现随机梯度下降算法的方法,具体代码如例 5.5 所示。

【例 5.5】 批量梯度下降算法。

```
1    import  matplotlib.pyplot as plt
2    import random
3    import matplotlib
4
5    #生成数据
6    def data():
7      x = range(10)
8      y = [(2 * s + 4) for s in x]
9      for i in range(10):
10         y[i] = y[i] + random.randint(0,8) - 4
11     return x, y
12
13   #使用梯度下降算法进行训练
14   def diedai(x,y):
15     flag = True
16     a = random.randint(0,5)
```

```
17    b = random.randint(0,10)
18    m = len(x)
19    arf = 0.005  #学习率
20    n = 0
21    sum1 = 0
22    sum2 = 0
23    exp = 0.000001
24    error0 = 0
25    error1 = 0
26    while flag:
27
28        for i in range(m):   #计算对应的偏导数
29            sum1 += a * x[i] + b - y[i]
30            sum2 += (a * x[i] + b - y[i]) * x[i]
31            error1 += (a * x[i] + b - y[i]) ** 2
32        a = a - sum2 * arf/m  #对 a,b 进行更新
33        b = b - sum1 * arf/m
34
35        if abs(error1 - error0) < exp:  #计算误差
36            break
37        error0 = error1
38        print('a = % f, b = % f, error = % f' % (a, b, error1))
39
40        if n > 500:
41            #flag = False
42            break
43        n += 1
44        if n % 10 == 0:
45            print('第 % d 次迭代:a = % f, b = % f' % (n, a, b))
46    return a, b
47
48 #使用最小二乘法计算结果
49 def calculation(x, y):
50    c1 = 0
51    c2 = 0
52    c3 = 0
53    c4 = 0
54    n = len(x)
55    for i in range(n):
56        c1 += x[i] * y[i]
57        c2 += x[i] * x[i]
58        c3 += x[i]
59        c4 += y[i]
60    a = (n * c1 - c3 * c4) / (n * c2 - c3 * c3)   #利用公式计算 a, b
61    b = (c2 * c4 - c3 * c1) / (n * c2 - c3 * c3)
62    return a, b
63
64
65 if __name__ == '__main__':
```

逻辑回归与梯度下降

```
66    x,y = data()
67
68    a1,b1 = diedai(x,y)
69    X1 = range(10)
70    Y1 = [(a1 * s + b1) for s in X1]
71    print('梯度下降 y = % fX + % f' % (a1,b1))
72
73    a2,b2 = calculation(x,y)
74    X2 = range(10)
75    Y2 = [(a2 * s + b2) for s in X2]
76    print('最小二乘法 y = % fX + % f' % (a2,b2))
77
78    matplotlib.rcParams['font.sans - serif'] = ['SimHei']  #输出中文文本
79    plt.scatter(x, y, color = 'red',label = '数据')
80    plt.plot(X1, Y1, color = 'blue',label = '梯度下降')
81    plt.plot(X2, Y2, color = 'green',label = '最小二乘法')
82    plt.legend()
83    plt.show()
```

输出结果如下所示。

```
a = 2.955000,b = 4.995000,error = 100.000000
a = 2.911845,b = 4.990205,error = 91.968100
a = 2.870459,b = 4.985607,error = 84.581314
a = 2.830771,b = 4.981197,error = 77.787828
a = 2.792709,b = 4.976968,error = 71.539987
a = 2.756208,b = 4.972912,error = 65.793967
a = 2.721203,b = 4.969023,error = 60.509461
a = 2.687634,b = 4.965293,error = 55.649402
a = 2.655441,b = 4.961716,error = 51.179698
a = 2.624568,b = 4.958285,error = 47.068995
第 10 次迭代:a = 2.624568,b = 4.958285
⋮
a = 1.903025,b = 4.878114,error = 0.000031
第 180 次迭代:a = 1.903025,b = 4.878114
a = 1.903001,b = 4.878111,error = 0.000028
a = 1.902978,b = 4.878109,error = 0.000026
a = 1.902956,b = 4.878106,error = 0.000024
a = 1.902935,b = 4.878104,error = 0.000022
a = 1.902914,b = 4.878102,error = 0.000020
a = 1.902895,b = 4.878099,error = 0.000019
a = 1.902876,b = 4.878097,error = 0.000017
a = 1.902858,b = 4.878095,error = 0.000016
a = 1.902841,b = 4.878093,error = 0.000015
a = 1.902824,b = 4.878092,error = 0.000013
第 190 次迭代:a = 1.902824,b = 4.878092
a = 1.902809,b = 4.878090,error = 0.000012
梯度下降 y = 1.902794X + 4.878088
最小二乘法 y = 1.757576X + 6.290909
```

通过 Matplotlib 绘制的结果如图 5.8 所示。

本书中有很多由 Matplotlib 绘制的图,它们大多只是用于演示数值的变化,没有实际应用的含义,因此图中没有标出 x 和 y。

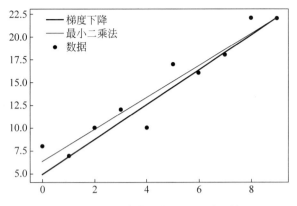

图 5.8　批量梯度下降算法与最小二乘法结果对比

通过图 5.8 可以看出,批量梯度下降算法与最小二乘法的结果存在一定的偏差。事实上每次运行例 5.5 中的代码,所得到的结果都不尽相同。批量梯度下降算法使用了所有的数据集,因此,当数据集较为庞大时,容易出现溢出,或者计算时间非常长的问题。

溢出可以分为两种情况:上溢和下溢。

上溢(overflow)是指大量级的数字被近似为 $+\infty$ 或 $-\infty$ 的情形,这种情况下进一步的运算通常导致这些无限值变为非数字。

下溢(underflow)是指接近 0 的数被四舍五入为 0 时发生的溢出。例如,通常要避免被 0 除或避免取 0 的对数。

由于在机器学习中经常用到概率,而概率通常在 0 和 1 之间,这使得机器学习更容易发生下溢。许多函数在其参数为零而不是一个很小的正数时才会表现出质的不同。例如,通常要避免被 0 除(一些软件环境将在这种情况下抛出异常,有些会返回一个非数字(not-a-number)的占位符)或避免取 0 的对数(通常被视为 $-\infty$)。

针对批量下降算法的缺点,目前发展出了小批量梯度下降算法(mini-batch gradient descent)。小批量梯度下降算法在每次迭代时使用一批自行选择或随机产生的数据,batch 的值可以自主设定,batch 的值越大越近似于批量梯度下降算法,batch 的值越小越近似于随机梯度下降算法。

接下来将演示实现小批量梯度下降算法的方法,具体代码如例 5.6 所示。

【例 5.6】　小批量梯度下降算法。

```
1   from matplotlib import pyplot as plt
2   import random
3
4   #生成数据
5   def data():
6       x = range(10)
7       y = [(3 * i + 2) for i in x]
8       for i in range(len(y)):
9           y[i] = y[i] + random.randint(0,5) - 3
10      return x, y
```

```
11
12   #用小批量梯度下降算法进行迭代
13   def MBGD(x,y):
14     error0 = 0
15     error1 = 0
16     n = 0
17     m = len(x)
18     esp = 1e-6
19     step_size = 0.01              #选择合理的步长
20     a = random.randint(0,10)      #给 a,b 赋初始值
21     b = random.randint(0,10)
22     while True:
23       trainList = []
24       for i in range(5):          #创建随机的批量
25         trainList.append(random.randint(0,m-1))
26
27       for i in range(5):          #对数据进行迭代计算
28         s = trainList[i]
29         sum0 = a * x[s] + b - y[s]
30         sum1 = (a * x[s] + b - y[s]) * x[s]
31         error1 = error1 + (a * x[s] + b - y[s]) ** 2
32       a = a - sum1 * step_size/m
33       b = b - sum0 * step_size/m
34       print('a = % f,b = % f,error = % f'% (a,b,error1))
35
36       if error1 - error0 < esp:
37         break
38       if n % 10 == 0:
39         print('第 % d 次迭代:a = % f,b = % f' % (n, a, b))
40     return a,b
41       n = n + 1
42       if n > 500:
43         break
44     return a, b
45   if __name__ == '__main__':
46     x,y = data()
47     a,b = MBGD(x,y)
48     X = range(len(x))
49     Y = [(a * i + b) for i in X]
50
51     plt.scatter(x,y,color = 'red')
52     plt.plot(X,Y,color = 'blue')
53     plt.show()
```

输出结果如下所示。

```
a = 2.154064, b = 6.952813, error = 2513.573043
a = 2.145542, b = 6.948552, error = 2564.211560
a = 2.132161, b = 6.945875, error = 2596.145841
```

```
a = 2.156136, b = 6.948872, error = 2649.682594
a = 2.156136, b = 6.943923, error = 2704.802461
a = 2.156136, b = 6.938979, error = 2735.293826
a = 2.156881, b = 6.939104, error = 2787.233266
a = 2.154785, b = 6.937008, error = 2825.086867
a = 2.156560, b = 6.937452, error = 2896.440981
a = 2.156560, b = 6.932514, error = 2940.515715
第 60 次迭代:a = 2.156560, b = 6.932514
⋮
a = 3.381994, b = − 0.069075, error = 43232.930272
a = 3.381763, b = − 0.069152, error = 43248.989580
a = 3.391541, b = − 0.067755, error = 43284.226930
a = 3.391541, b = − 0.064688, error = 43297.423451
a = 3.383000, b = − 0.065755, error = 43312.519837
a = 3.343569, b = − 0.070137, error = 43354.752452
a = 3.345330, b = − 0.069784, error = 43368.700294
a = 3.348084, b = − 0.069096, error = 43383.915147
a = 3.350791, b = − 0.068419, error = 43401.399767
a = 3.353452, b = − 0.067754, error = 43408.398876
第 500 次迭代:a = 3.353452, b = − 0.067754
a = 3.364607, b = − 0.066160, error = 43441.692654
```

通过 Matplotlib 绘制的小批量梯度下降算法结果如图 5.9 所示。

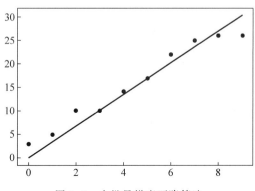

图 5.9　小批量梯度下降算法

读者可以尝试对 batch 的大小进行调整,然后观察 batch 的大小对模型训练效果的影响。

5.5.2　随机梯度下降算法

随机梯度下降算法缓解了梯度下降算法计算量过大的问题,该算法每次迭代使用的只是数据集中的一部分数据,因此不需要像批量梯度下降算法一样每次对整个数据集进行迭代。

随机梯度下降算法的优点:由于随机梯度下降算法在每轮迭代中仅随机优化某一条训练数据上的损失函数,这使得每一轮参数的更新速度大大加快。

随机梯度下降算法的缺点如下所示。

- 准确度有所下降。即使在目标函数为强凸函数的情况下，随机梯度下降算法也无法做到线性收敛。
- 容易陷入局部最优解。这是因为单个样本往往无法代表全体样本的趋势。
- 不易于并行实现。

接下来将演示实现随机梯度下降算法的方法，具体代码如例 5.7 所示。

【例 5.7】 随机梯度下降算法。

```
1   from matplotlib import pyplot as plt
2   import  random
3
4   #生成数据
5   def data():
6     x = range(10)
7     y = [(2 * i + 4) for i in x]
8     for i in range(10):
9       y[i] = y[i] + random.randint(0,8) - 4
10    return x, y
11
12  #使用随机梯度下降训练
13  def SGD(x, y):
14    error0 = 0
15    step_size = 0.001
16    esp = 1e - 6
17    #a = random.randint(0,4)
18    #b = random.randint(0,8)
19    a = 1.2   #将给 a, b 随机赋初始值
20    b = 3.5
21    m = len(x)
22    n = 0
23    while True:
24      i = random.randint(0, m - 1)
25      print(i)
26      sum0 = a * x[i] + b - y[i]
27      sum1 = (a * x[i] + b - y[i]) * x[i]
28      error1 = (a * x[i] + b - y[i]) ** 2   #计算模型和结果的误差
29
30      a = a - sum1 * step_size
31      b = b - sum0 * step_size
32      print('a = % f, b = % f, error = % f' % (a, b, error1))
33
34      if abs(error1 - error0) < esp:   #误差很小，可以终止迭代
35        break
36      error0 = error1
37      n = n + 1
38      if n % 20 == 0:
39        print('第 % d 次迭代' % n)
40      if (n > 500):
41        break
42    return a, b
```

```
43  if __name__ == '__main__':
44      x, y = data()
45      a, b = SGD(x, y)
46      X = range(10)
47      Y = [(a * i + b) for i in X]
48
49      plt.scatter(x, y, color = 'red')
50      plt.plot(X, Y)
51      plt.show()
```

输出结果如下所示。

第 10 次迭代
8
a = 1.529368, b = 3.553942, error = 0.045153
1
a = 1.529160, b = 3.553734, error = 4.340184
2
a = 1.530238, b = 3.554273, error = 29.029960
2
a = 1.531315, b = 3.554811, error = 29.000938
2
a = 1.532391, b = 3.555350, error = 28.971944
2
a = 1.533467, b = 3.555888, error = 28.942979
3
a = 1.533720, b = 3.555972, error = 0.711848
0
a = 1.533720, b = 3.555716, error = 6.532993
8
a = 1.533860, b = 3.555734, error = 0.030458
7
a = 1.538555, b = 3.556405, error = 44.987159.
⋮
第 370 次迭代
4
a = 1.798008, b = 3.602848, error = 17.743322
6
a = 1.801373, b = 3.603409, error = 31.462071
9
a = 1.799739, b = 3.603227, error = 3.297009
2
a = 1.800698, b = 3.603707, error = 23.014038
2
a = 1.801657, b = 3.604187, error = 22.991029
3
a = 1.801655, b = 3.604186, error = 0.000084
3
a = 1.801652, b = 3.604185, error = 0.000084

逻辑回归与梯度下降

通过 Matplotlib 绘制的随机梯度下降算法结果如图 5.10 所示。

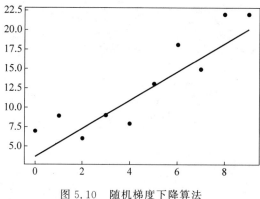

图 5.10 随机梯度下降算法

从图 5.10 可以看出,随机梯度下降算法也得到了较为理想的结果。但是,随机梯度下降算法也存在明显缺陷:由于每次迭代只用到了一组数据,因此,该算法受噪声、离群点和异常值的影响非常大。

到目前为止,本书已经介绍了常见的逻辑回归优化算法的内容和实现方法,感兴趣的读者可以自行研究本书未详细讲解的其他相关算法。值得注意的是,算法中各项参数并不总是一成不变的,读者在实际操作中可以根据不同的数据集对参数进行调整,并观察调整后的效果。

5.6 本 章 小 结

通过本章的学习,可以较为深入地了解逻辑回归算法的相关概念和实现方法。逻辑回归的目的是寻找一个非线性函数 Sigmoid 的最佳拟合参数,求解过程可以由最优化算法来完成。在最优化算法中,最常用的就是梯度下降算法,而梯度下降算法又可以简化为随机梯度下降算法。随机梯度下降算法与梯度下降算法效果相近,但占用的计算资源更少。随机梯度下降算法属于在线算法,它可以在新数据到来时就完成参数更新,而不需要重新读取整个数据集来进行批处理运算。

5.7 习   题

1. 填空题

(1) 逻辑回归与线性回归都属于广义_____模型。

(2) 逻辑回归假设因变量服从_____分布。

(3) 梯度下降算法通过沿着函数的_____方向更新参数来寻找函数的极小值点。

(4) 当目标函数为凸函数时,通过梯度下降法将更_____求得全局最优解。

(5) 与随机梯度下降算法相比,_____算法每迭代一步都需要对所有样本计算,导致训练效率较低。

2. 选择题

(1) 通过梯度下降算法(   )准确地找到具体的极值点。

A. 总是可以

B. 通常无法

C. 完全不可能

D. 通常不能快速地找到,但只要模型训练的时间足够长就一定可以

（2）下列不属于使用增加步长值可能产生的影响的是（　　　）。

A. 更容易错过最值点 　　　　　　　B. 学习率降低

C. 更容易出现模型无法收敛的情况 　　D. 占用更多的计算资源

（3）在 NumPy 中,可以用于将数据转换为矩阵的是（　　　）。

A. mat() 　　　　B. abs() 　　　　C. dataMatrix() 　　D. array()

3. 思考题

（1）简述梯度下降算法可能存在的局限性。

（2）简要概括批量梯度下降算法和随机梯度下降算法的优缺点。

第 6 章 支持向量机

本章学习目标

- 了解支持向量机的基本概念；
- 掌握序列最小优化算法；
- 掌握核函数的概念和使用方法。

支持向量机(Support Vector Machine,SVM)属于有监督学习模型,在机器学习、计算机视觉和数据挖掘等领域应用广泛。SVM 通过把向量映射到更高维的空间中来寻找划分各类数据的超平面,在解决小样本模式识别问题中具有较强的优势。SVM 被看作"拿来即用"的分类器,这是因为即使应用最基本形式的 SVM 也能求解出低错误率的模型。这说明 SVM 可以对训练数据集之外的数据点做出很好的分类决策。本章将重点讲解与 SVM 相关的基础知识及通过 Python 实现 SVM 的方法,并介绍如何通过核函数将 SVM 扩展到更多的数据集上。

6.1 支持向量机简介

支持向量机的概念由 Corinna Cortes 和 Vapnik 于 1993 年提出,并于 1995 年发表,是机器学习中极具代表性的算法。SVM 是一种二分类模型。它的基本思想是在特征空间中寻找间隔最大的分离超平面,从而对数据进行高效的二分类。SVM 在处理小样本模式识别问题时所需要的样本数相对较少(这里样本的"少"是与问题的复杂程度相比较而言的),擅长处理样本数据线性不可分的情况(主要通过核函数来实现,不加核函数则是线性模型)。SVM 所适用的数据类型为数值型和标称型,其优缺点分别如下所示。

- 优点:泛化错误率低,占用的计算资源少,结果可解释性强。
- 缺点:对参数调节和核函数的选择敏感,没有经过调整的原始分类器仅适用于二分类问题。

接下来通过一组简单的图示来理解 SVM。假设桌子上有黑色和白色两种不同颜色的球,如图 6.1 所示。

现在需要用一根线绳将这两种颜色的球分离,如图 6.2 所示。

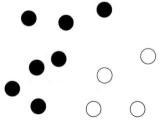

图 6.1　桌子上的黑球和白球

图 6.2 中,将黑白两色球(数据点)分离开来的毛线(直线)被称为分离超平面

（separating hyperplane）。由于图中的数据点处于二维平面中，所以此时分离超平面就只是一条直线。但是，如果所给的数据集是三维的，那么此时用来分离数据的就必须是一个超平面。如果数据集是四维的，那么就需要一个三维的分离超平面来对数据进行分离，这个分离超平面便是分类任务的决策边界。处于超平面一侧的所有数据都属于某个分类标签，而处于另一侧的所有数据则属于另一个分类标签。

如果在桌上放了更多的这两种颜色的球，按照原有的划分方式，一个白球被错误地分类，如图 6.3 所示。

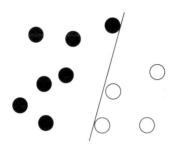

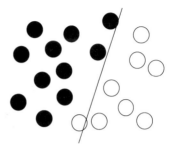

图 6.2　用一根线绳将两种
不同颜色的球区分离

图 6.3　球变多后原先摆放的
线绳无法再将两类球完全分离

支持向量机的作用可以看作是将这个线绳摆放在桌面上最合适的位置，从而保证这两类球（数据点）与线绳（分离超平面）之间的距离最大。之所以要求间隔尽可能地大，是为了确保模型的健壮性。球（数据点）到线绳（分离超平面）的距离被称为间隔。支持向量（support vector）就是离分离超平面最近的那些点。

桌子上加入更多的球时，支持向量机的作用就是对线绳的位置重新调整，确保线绳为最优决策边界。调整后的球与线绳的位置如图 6.4 所示。

有时会出现在平面上无法用直线将两种颜色的球彻底分离的情况，当数据量较大或数据的分布情况较为复杂时往往很难在二维平面中进行准确的分类，如图 6.5 所示。

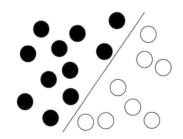

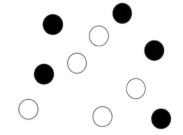

图 6.4　调整后的球与线绳的位置

图 6.5　黑白球的分布情况较为复杂

这种情况下支持向量机会将数据映射到更高维度的空间中，然后再对数据进行分类。该做法类似于将桌子上的球抛起，让它们处于空中（由二维空间映射到三维空间），然后在三维空间中找到最合适的位置，用一个超平面将两种颜色的球分离开，如图 6.6 所示。

从图 6.6 中的左侧图可以看出，在三维空间中对黑白球的划分就像用一条曲线将两种颜色的球分开了，具体如图 6.7 所示。

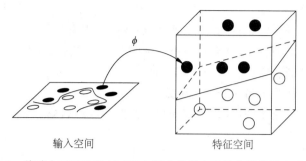

图 6.6　将球由平面抛起在三维空间中找到合适的位置将黑白球分离

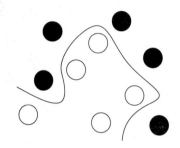

图 6.7　在平面上看到的划分结果

SVM 会尝试最大化支持向量到分离超平面的距离（即寻找最大间隔），找到该分类问题的最优解。

6.2　寻找最大间隔

SVM 的基本思想是求解出能够正确划分训练数据集并且几何间隔最大的分离超平面。需要注意的是，几何间隔最大的分离超平面通常是唯一的。

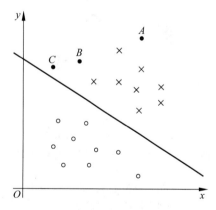

图 6.8　二维直角坐标系中的数据点

根据训练数据集找到几何间隔最大的分离超平面意味着以充分大的确信度对训练数据进行分类。也就是说，不仅将正负实例点进行分离，而且对最难分离的实例点（离超平面最近的点）也确保有足够大的确信度来进行分离。这样的超平面可以对未知的新样本有着很好的分类预测能力。

在图 6.8 中有 A，B，C 三个点。其中 A 点离超平面的距离最远，因此可以推测，A 点被错误划分的可能性是最小的；而 C 点离超平面的距离最近，因此 C 点被错误划分的可能性最大。

在图 6.8 中的二维空间中，现在需要找到一个超平面 $w^{\mathrm{T}}x+b$，使得该数据集中的分离超平面距离所有的边缘点都最远。通过求解点 C 到分离面的法线或垂线的长度来计算点 C 到分离超平面的距离，距离公式如下所示。

$$\frac{|\boldsymbol{w}^{\mathrm{T}}\boldsymbol{x}+b|}{\|\boldsymbol{w}\|}$$

上述表达式中的常数项 b 类似于逻辑回归中的截距 w_0。向量 $\boldsymbol{w}$ 和常数 b 一起描述了所给数据的分离线或超平面。

理解分类器的工作原理有助于理解基于优化问题的分类器求解过程。输入数据会给分类器输出一个类别标签，其作用类似于 Sigmoid 函数。接下来，使用类似单位阶跃函数的函数对 $\boldsymbol{w}^{\mathrm{T}}\boldsymbol{x}+b$ 进行处理，得到 $f(\boldsymbol{w}^{\mathrm{T}}\boldsymbol{x}+b)$，其中：当 $u<0$ 时，$f(u)$ 输出为 -1；当 $u>0$ 时输出 $+1$。这与第 6 章的逻辑回归有所不同，逻辑回归问题中类别标签是 0 或 1。

SVM 的类别标签采用了 -1 和 $+1$ 的形式。这是因为此处采用 -1 和 $+1$ 便于数学上的处理——通过统一的公式来表示间隔或者数据点到分离超平面的距离（不必担心数据到底是属于 -1 类还是 $+1$ 类）。

接下来，计算数据点到分离面的距离并确定分离面的放置位置。间隔计算公式为：$\mathrm{label} * (\boldsymbol{w}^{\mathrm{T}}\boldsymbol{x}+b)$。如果数据点属于 $+1$ 类，并且离分离超平面位置较远，此时 $\boldsymbol{w}^{\mathrm{T}}\boldsymbol{x}+b$ 的值将是很大的正数，$\mathrm{label} * (\boldsymbol{w}^{\mathrm{T}}\boldsymbol{x}+b)$ 的值也是一个很大的正数。反之，如果数据点属于 -1 类，并且离分离超平面很远，此时由于类别标签为 -1，而 $\mathrm{label} * (\boldsymbol{w}^{\mathrm{T}}\boldsymbol{x}+b)$ 的值仍然是一个很大的正数。现在的目标就是找出分类器定义中的 $\boldsymbol{w}$ 和 b。为此，就需要找出具有最小间隔的数据点，而这些数据点就是支持向量。在找到具有最小间隔的数据点后，对该间隔最大化。具体表达式如下所示。

$$\underset{\boldsymbol{w},b}{\mathrm{argmax}}\left\{\min_{n}\left(\mathrm{label} * (\boldsymbol{w}^{\mathrm{T}}\boldsymbol{x}+b)\right) * \frac{1}{\|\boldsymbol{w}\|}\right\}$$

直接求解上述表达式是非常困难的，必须先将该表达式转换为更容易求解的形式。首先固定其中一个因子而最大化其他因子。如果令所有支持向量的 $\min_{n}\left(\mathrm{label} * (\boldsymbol{w}^{\mathrm{T}}\boldsymbol{x}+b)\right)$ 都为 1，那么就可以通过求 $\|\boldsymbol{w}\|^{-1}$ 的最大值来求解最终解。但是，并非所有数据点的 $\mathrm{label} * (\boldsymbol{w}^{\mathrm{T}}\boldsymbol{x}+b)$ 都等于 1，只有那些离分离超平面最近的点得到的值才为 1。而离超平面越远的数据点，$\mathrm{label} * (\boldsymbol{w}^{\mathrm{T}}\boldsymbol{x}+b)$ 的值也就越大。

$\boldsymbol{w}^{\mathrm{T}}\boldsymbol{x}+b$ 称为点到分离面的函数间隔，$\mathrm{label} * (\boldsymbol{w}^{\mathrm{T}}\boldsymbol{x}+b)) * \dfrac{1}{\|\boldsymbol{w}\|}$ 称为点到分离面的几何间隔。

在上述简化求解的过程中，给定了一些约束条件然后求最优值，因此该问题是一个带约束条件的优化问题。这里的约束条件就是 $\mathrm{label} * (\boldsymbol{w}^{\mathrm{T}}\boldsymbol{x}+b)\geqslant 1$。可以通过拉格朗日乘子法来处理这类优化问题：基于约束条件来表述原来的问题。由于这里的约束条件都是基于数据点的，因此可以将超平面写成数据点的形式。于是，优化目标函数后的形式如下所示。

$$\max_{\alpha}\left[\sum_{i=1}^{m}\alpha - \frac{1}{2}\sum_{i,j=1}^{m}\mathrm{label}^{(i)} * \mathrm{label}^{(j)} * \alpha_i * \alpha_j \langle x^{(i)}, x^{(j)}\rangle\right]$$

约束条件为 $\alpha\geqslant 0$ 且 $\sum_{i-1}^{m}\alpha_i * \mathrm{label}^{(i)}=0$。上述求解过程是在假设数据 100% 线性可分的基础上进行的。但是实际操作中很难保证数据 100% 线性可分，此时需要引入松弛变量（slack variable），使得一部分数据点可以处于分离面的错误一侧。这样，就能保证优化目标仍然不变，但是此时约束条件则变为：$C\geqslant\alpha\geqslant 0$ 且 $\sum_{i-1}^{m}\alpha_i * \mathrm{label}^{(i)}=0$。

这里的常数 C 用于控制"最大化间隔"和"保证大部分点的函数间隔小于 1"这两个目标的权重。在优化算法的实现代码中,常数 C 是一个参数,可以通过调节该参数来影响模型的最终效果。一旦求出了所有的 α,那么分离超平面就可以通过这些 α 来表达。SVM 的主要工作就是求解这些 α 的值。

针对上述表达式的求解和推导过程本书不再做详细解释,感兴趣的读者可以自行查阅相关书籍以获得公式的推导细节。

SVM 的一般流程如下所示。

(1) 收集数据:可以使用任意方法。

(2) 准备数据:需要数值型数据。

(3) 分析数据:有助于可视化分离超平面。

(4) 训练算法:SVM 的大部分时间都源自训练,该过程主要实现两个参数的调优。

(5) 测试算法:十分简单的计算过程就可以实现。

(6) 使用算法:几乎所有分类问题都可以使用 SVM。值得一提的是,SVM 本身是一个二类分类器,对多类问题应用 SVM 需要对代码做一些修改。

6.3　序列最小优化

接下来将介绍对 6.2 节中提到的目标函数进行优化的方法。序列最小优化算法 (Sequential Minimal Optimization,SMO)是一种用于解决 SVM 训练过程中所产生优化问题的算法,由 John C. Platt 于 1998 年提出,并成为当时效率最高的二次规划优化算法,在处理线性 SVM 和数据稀疏时性能最为出色。序列最小优化算法的思想是将大的优化问题分解为多个小的优化问题来求解的。这些分解后的优化问题往往更容易求解。

6.3.1　序列最小化算法简介

在序列最小优化算法中,对各个小优化问题进行顺序求解的结果与对整体问题求解的结果几乎完全一致,与此同时,该算法大幅降低了求解的时间。序列最小优化算法的目标是求出一系列 α 和 b 的值,根据求解出的 α 来计算出权重向量 w,进而求解出分离超平面。序列最小优化算法的工作原理是:每次循环中选择两个 α 进行优化处理。选择两个 α 是因为 α 的约束条件决定了其与标签乘积的累加等于 0,因此必须一次同时优化两个,否则就会破坏约束条件。一旦找到一对合适的 α,便增大其中一个 α 的值,并同时减少另一个 α 的值。所谓"合适"是指两个 α 必须要符合一定的条件,第一个条件是这两个 α 必须要在间隔边界之外,第二个条件是这两个 α 还没有进行过区间化处理或者不在边界上。

6.3.2　通过序列最小优化算法处理小规模数据集

通过完整的序列最小优化算法来处理数据集代码量巨大,在本节接下来的案例中,将采用简化后的序列最小优化算法来演示算法的效果,供读者了解算法的基本思想,在 6.3.3 节将会给出完整版的序列最小优化算法案例。需要注意的是,简化版序列最小优化算法的执行速度相对较慢。序列最小优化算法中的外循环用于确定要优化的最佳" α 对"。简化版会跳过该步骤,首先在数据集上遍历每一个 α,然后在剩下的 α 集合中随机选择另一个 α,从而构建"α对"。在简化版序列最小优化算法中,需要要同时改变两个α的值。6.2节中提到的约束条件如下所示。

$$\sum \alpha_i \text{label}^{(i)} = 0$$

由于只改变其中一个α的值可能会导致该约束条件失效,因此,需要保证每次都是同时改变两个α的值,所以,需要通过两个辅助函数来实现该步骤。其中一个辅助函数用来实现在某个区间范围内随机选择一个整数;另一个辅助函数用于在数值太大时对其进行调整。这两个函数的具体实现方法如例6.1所示。

【例6.1】 构建辅助函数。

```
1   import random
2   #构建数据库和标记库
3   def loadDataSet(fileName):
4       dataMat = []; labelMat = []
5       fr = open(fileName)
6       for line in fr.readlines():
7           lineArr = line.strip().split('\t')
8           dataMat.append([float(lineArr[0]), float(lineArr[1])])
9           labelMat.append(float(lineArr[2]))
10      return dataMat,labelMat
11  #生成随机数
12  def selectJrand(i,m):
13      j = i
14      while (j == i):
15          #生成一个[0, m]的随机数,int 将其转换为整数
16          j = int(random.uniform(0,m))
17      return j
18  #阈值函数
19  def clipAlpha(aj,H,L):
20      if aj > H:
21          aj = H
22      if L > aj:
23          aj = L
24      return aj
25  dataArr,labelArr = loadDataSet('testSet.txt')
26  print(labelArr)
```

testSet.txt文件为训练数据集。接下来,会根据该训练数据集进行序列最小优化算法。例6.1中的第一个函数是loadDatSet()函数,用于打开文件并对其进行逐行解析,从而得到每行的类标签和整个数据矩阵。

第二个函数为selectJrand(),该函数包含两个参数值,其中i是第一个α的下标,m表示所有α的数量。只要函数值不等于输入值i,函数就会进行随机选择。

最后一个函数是clipA()函数,该函数用于调整大于H或小于L的α值。尽管上述三个辅助函数本身的功能不多,但在分类器中却十分重要。

输出结果如下所示。

```
[−1.0, −1.0, 1.0, −1.0, 1.0, 1.0, 1.0, −1.0, −1.0, −1.0, −1.0, −1.0, −1.0, 1.0,
 −1.0, 1.0, 1.0, −1.0, 1.0, −1.0, −1.0, −1.0, 1.0, −1.0, −1.0, 1.0, 1.0, −1.0, −1.0,
 −1.0, −1.0, 1.0, 1.0, 1.0, 1.0, −1.0, 1.0, −1.0, −1.0, 1.0, −1.0, −1.0, −1.0, −1.0,
 1.0, 1.0, 1.0, 1.0, 1.0, −1.0, 1.0, 1.0, −1.0, −1.0, 1.0, 1.0, −1.0, 1.0, −1.0, −1.0,
 −1.0, −1.0, 1.0, −1.0, 1.0, −1.0, −1.0, 1.0, 1.0, 1.0, −1.0, 1.0, −1.0, −1.0,
 1.0, −1.0, 1.0, 1.0, 1.0, 1.0, 1.0, −1.0, −1.0, −1.0, 1.0, −1.0, 1.0, −1.0, 1.0,
 1.0, 1.0, −1.0, −1.0, −1.0, −1.0, −1.0, −1.0, −1.0]
```

从上述结果不难看出,类别标签采用了"−1"和"1"的形式。接下来,进一步完善序列最小优化算法。具体方法如例 6.2 所示。

【例 6.2】 序列最小优化算法。

```python
1    import numpy as np
2    def smoSimple(dataMatIn, classLabels, C, toler, maxIter):
3        dataMatrix = np.mat(dataMatIn);
4        labelMat = np.mat(classLabels).transpose()
5        b = 0
6        m,n = np.shape(dataMatrix)
7        alphas = np.mat(np.zeros((m,1)))
8        iter = 0
9        while (iter < maxIter):            # 迭代次数
10           alphaPairsChanged = 0          # 记录优化 alpha 值是否有效
11           for i in range(m):             # 在数据集上遍历每一个 alpha
12               # 矩阵 alphas,labelMat 相乘得到一个 m 行 1 列矩阵,因为都是 m 行单列矩阵,对应位
                 # 置的元素相乘重新组成一个新的 m 行单列矩阵
13               # fXi 是预测的类别,即预测的结果
14               fXi = float(np.multiply(alphas,labelMat).T * (dataMatrix * dataMatrix[i,:].
     T)) + b
15               Ei = fXi − float(labelMat[i])   # 误差 = 预测结果−真实结果,如果 Ei 很大就可
                 # 以对 alpha 进行优化
16               # alpha 不能等于 0 或 C,如果 if 中等于 0 和 C,那么它们就已经在边界上了,因而不能
                 # 再减小和增大,也就不能再优化
17               if ((labelMat[i] * Ei < − toler) and (alphas[i] < C)) or \
18                   ((labelMat[i] * Ei > toler) and (alphas[i] > 0)):
19                   j = selectJrand(i,m)   # 从 m 中选择一个随机数,第 2 个 alpha j
20                   # fXj 是第二个 alpha 的误差,计算方法同上
21                   fXj = float(np.multiply(alphas,labelMat).T * (dataMatrix * dataMatrix[j,:].T)) + b
22                   Ej = fXj − float(labelMat[j])
23                   alphaIold = alphas[i].copy()   # 复制,用于数值比较
24                   alphaJold = alphas[j].copy()
25
26                   # 将 alpha[j]调整到 0 和 C 之间,L = H 则不做改变,直接下一个
27                   if (labelMat[i] != labelMat[j]):
28                       L = max(0, alphas[j] − alphas[i])
29                       H = min(C, C + alphas[j] − alphas[i])
30                   else:
31                       L = max(0, alphas[j] + alphas[i] − C)
32                       H = min(C, alphas[j] + alphas[i])
```

```python
33              if L == H:
34                  print("L == H")
35                  continue
36              #eta 是 alpha[j]的最优修改量,如果 eta = 0,则退出 for 当前循环
37              eta = 2.0 * dataMatrix[i,:] * dataMatrix[j,:].T - \
38                      dataMatrix[i,:] * dataMatrix[i,:].T - \
39                      dataMatrix[j,:] * dataMatrix[j,:].T
40              if eta >= 0:
41                  print("eta >= 0")
42                  continue  #如果 eta = 0 则跳出本次迭代
43              alphas[j] -= labelMat[j] * (Ei - Ej)/eta  #计算出新的 alpha[j]
44              alphas[j] = clipAlpha(alphas[j],H,L)    #调整 alpha[j]
45
46              #判断 alpha[j]是否有轻微改变,若是就退出本次循环进行下一次迭代
47              if (abs(alphas[j] - alphaJold) < 0.00001):
48                  print("alpha_j 变化太小")
49                  continue
50
51              alphas[i] += labelMat[j] * labelMat[i] * (alphaJold - alphas[j])  #调整 alphas[i]
52
53              #给两个 alpha 值设置常数项 b
54              b1 = b - Ei - labelMat[i] * (alphas[i] - alphaIold) * dataMatrix[i,:] * dataMatrix[i,:].T - \
55                      labelMat[j] * (alphas[j] - alphaJold) * dataMatrix[i,:] * dataMatrix[j,:].T
56
57              b2 = b - Ej - labelMat[i] * (alphas[i] - alphaIold) * dataMatrix[i,:] * dataMatrix[j,:].T - \
58                      labelMat[j] * (alphas[j] - alphaJold) * dataMatrix[j,:] * dataMatrix[j,:].T
59
60              if (0 < alphas[i]) and (C > alphas[i]):
61                  b = b1
62              elif (0 < alphas[j]) and (C > alphas[j]):
63                  b = b2
64              else:
65                  b = (b1 + b2)/2.0
66
67              #如果成行执行到此都没有遇到过 continue 语句,就已经改变了一堆 alpha 了
68              alphaPairsChanged += 1
69              print("全样本遍历:第 %d 次迭代 样本:%d, alpha 优化次数:%d" % (iter, i, alphaPairsChanged) )
70
71          #判断 alpha 值是否做了更新,如果做了更新就将 iter 设置为 0,继续执行程序
72          if (alphaPairsChanged == 0):
73              iter += 1
74          else:
75              iter = 0
76          print("迭代次数: %d" % iter)
```

```
77      return b,alphas
78   dataArr,labelArr = loadDataSet('testSet.txt')
79   print(labelArr)
80   b,alphas = smoSimple(dataArr, labelArr, 0.6, 0.001, 40)
81   print("b:",b)
82   print("alphas > 0:",alphas[alphas > 0])
83   for i in range(100):
84      if alphas[i] > 0.0:
85         print(dataArr[i],labelArr[i])
```

输出结果如下所示。

```
⋮
alpha_j 变化太小
alpha_j 变化太小
迭代次数: 39
alpha_j 变化太小
alpha_j 变化太小
迭代次数: 40
b: [[ − 3.72074114]]
alphas > 0: [[0.16644812 0.10757552 0.08682827 0.3608597 ]]
[4.658191, 3.507396] − 1.0
[3.457096, − 0.082216] − 1.0
[2.893743, − 1.643468] − 1.0
[6.080573, 0.418886] 1.0
```

例 6.2 中的 smoSimple() 函数包含 5 个输入参数,分别为数据集、类别标签、常数 C、容错率和退出前最大的循环次数。该函数会将多个列表和输入参数转换为 NumPy 矩阵,以便后续操作。由于对类别标签进行了转置,因此对应的结果会是一个列向量而不是列表。这样的好处是,类别标签向量的每行元素都和数据矩阵中的行一一对应。也可以通过矩阵 dataMatIn 的 shape 属性得到常数 m 和 n。最后,就可以构建一个 α 列矩阵,矩阵中元素都初始化为 0,并建立一个 iter 变量。该变量存储的则是在没有任何 α 改变的情况下遍历数据集的次数。当该变量达到输入值 maxIter 时,函数结束运行并退出。

在每次循环中,都会将 alphaPairsChanged 的值预设为 0,然后再对整个集合顺序遍历。变量 alphaPairsChanged 用于记录 α 的值是否已经进行了优化。第 14 行代码中的 fXi 能够计算出预测的类别。然后对比预测的结果和真实结果,计算出误差 Ei。如果误差较大,那么对该数据结果所对应的 α 值进行优化。在第 17 行开始的 if 语句中,不管是正间隔还是负间隔都会被测试。并且在该 if 语句中,也要同时检测 α 的值,以保证其值不等于 0 或 C。由于 α 的值小于 0 或大于 C 时会被调整为 0 或 C,这意味着一旦在该 if 语句中它们的值等于这两个值时,它们就已经处于"边界"上了。因而无法再继续减小或增大,此时便不值得再对它们进行优化了。

接下来,可以利用例 6.1 中的辅助函数来随机选择第二个 α 值,即 alpha [j]。同样,可以采用第一个 α 值(alpha [i])的误差计算方法,来计算这个 α 值的误差。这个过程可以通过 copy() 的方法来实现,便于稍后对比新的 α 值与老的 α 值。Python 则会通过引用的方式传递所有列表,所以必须明确地告知 Python 要为 alphaIold 和 alphaJold 分配新的内存。否则,将无法看到新旧值的变化。然后,开始计算 L 和 H 的值,它们用于将 alpha [j] 调整到 0 到 C 之间。如果 L 和 H 相等,就不做任何改变,直接执行 continue 语句。这在 Python 中则意味着本次循环结束直接运行下一次 for 的循环。Eta 是 alpha [j] 的最优修改量,在那个很长的计算代码行中得到。如果 eta 为 0,那就是说需要退出 for 循环的当前迭代过程。该过程对真实序列最小优化算法进行了简化处理。如果 eta 为 0,那么计算新的 alpha [j] 就比较麻烦了,此处不再对此进行详细的介绍。有需要的读者可以阅读 Platt 的原文来了解更多的细节。现实中,这种情况并不常发生,因此忽略这一部分通常也无伤大雅。于是,可以计算出一个新的 alpha [j],然后利用例 6.1 中的辅助函数以及 L 与 H 值对其进行调整。

然后,需要检查 alpha [j] 是否有轻微改变。如果有轻微改变,就退出 for 循环。然后,alpha [i] 和 alpha [j] 同样进行改变,虽然改变的大小一样,但是改变的方向正好相反(即如果一个增加,那么另外一个减少)。在对 alpha [i] 和 alpha [j] 进行优化之后,给这两个 α 的值设置一个常数项 b。最后,在优化过程结束的同时,必须确保在合适的时机结束循环。如果程序执行到 for 循环的最后一行都不执行 continue 语句,那么就已经成功地改变了一对 α,同时可以增加 alphaPairsChanged 的值。在 for 循环之外,需要检查 α 值是否做了更新,如果有更新,则将 iter 设为 0 后继续运行程序。只有在所有数据集上遍历 maxIter 次,且不再发生任何 α 修改之后,程序才会停止并退出 while 循环。

如果将这种简化后的序列最小优化算法应用于较大的数据集上,那么模型的收敛时间将会非常长。在 6.3.3 节中,将通过构建完整版的序列最小优化算法来加快其运行速度。

6.3.3 通过完整的序列最小优化算法进行优化

6.3.2 节所介绍的简化版序列最小优化算法在处理数据体量非常小的数据集时有着使用简便的优势,但是在较大的数据集上学习效率会非常低下。通过 6.3 节的学习,已对序列最小优化算法的运作机制有了初步的了解,接下来将对完整版的算法进行讲解。本节简化版和完整版两个版本的序列最小优化算法中实现 α 的更改和运算的模块是基本相同的,不同之处在于选择 α 的方式。完整版的算法将会应用一些特殊的方法来提升算法的效率。

与简化版不同的是,完整版的序列最小优化算法通过一个外循环来确定第一个 α 的值,选择 α 的过程会在两种方式之间交替进行:①在所有数据集上进行单遍扫描;②在非边界 α 中执行单遍扫描。非边界 α 是指那些不等于边界 0 或常数 C 的 α 值。在扫描非边界 α 值时,需要首先建立这些 α 值的列表,然后再对这个表进行遍历。同时,该步骤会跳过那些已知的不会改变的 α 值。

确定了第一个 α 的值之后,算法会通过最大化步长的方式来获得第二个 α 的值。在 6.3.2 节的简化版算法中,选择 j 之后会计算错误率 E_j,而本节将建立一个全局的缓存用于保存误差值,并从中选择使得步长值($E_i - E_j$)最大的 α 值。

由于运行过 6.3.2 节的简化版代码,因此在进行完整版的序列最小化算法前,需要先对之前的代码进行清理。例 6.3 的代码包含了清理之前代码的数据结构和用于对 E 进行缓存的辅助函数,具体如下所示。

【例 6.3】 清理代码并构建辅助函数。

```
 1  class optStruct:
 2      """
 3      数据结构,维护所有需要操作的值
 4      Parameters:
 5          dataMatIn - 数据矩阵
 6          classLabels - 数据标签
 7          C - 松弛变量
 8          toler - 容错率
 9      """
10      def __init__(self,dataMatIn, classLabels, C, toler, kTup):    #初始化数据结构
11          self.X = dataMatIn                    #数据矩阵
12          self.labelMat = classLabels           #数据标签
13          self.C = C                            #松弛变量
14          self.tol = toler                      #容错率
15          self.m = shape(dataMatIn)[0]          #数据矩阵行数
16          self.alphas = mat(zeros((self.m,1)))  #根据矩阵行数初始化 alpha 参数为 0
17          self.b = 0                            #初始化 b 参数为 0
18          self.eCache = mat(zeros((self.m,2)))  #根据矩阵行数初始化虎误差缓存,第一列为是
                                                  #否有效的标志位,第二列为实际的误差 E 的值

19
20
21  def calcEk(oS, k):
22      """
23      计算误差
24      Parameters:
25          oS - 数据结构
26          k - 标号为 k 的数据
27      Returns:
28          Ek - 标号为 k 的数据误差
29      """
30      fXk = float(multiply(oS.alphas,oS.labelMat).T * (oS.X * oS.X[k,:].T)) + oS.b
31      Ek = fXk - float(oS.labelMat[k])
32      return Ek
33
34  def selectJ(i, oS, Ei):
35      """
36      内循环启发方式 2
37      Parameters:
38          i - 标号为 i 的数据的索引值
39          oS - 数据结构
40          Ei - 标号为 i 的数据误差
41      Returns:
42          j, maxK - 标号为 j 或 maxK 的数据的索引值
43          Ej - 标号为 j 的数据误差
44      """
45      maxK = -1; maxDeltaE = 0; Ej = 0              #初始化
46      oS.eCache[i] = [1,Ei]                         #根据 Ei 更新误差缓存
47      validEcacheList = nonzero(oS.eCache[:,0].A)[0]   #返回误差不为 0 的数据的索引值
```

```
48      if (len(validEcacheList)) > 1:        # 如果有不为 0 的误差
49          for k in validEcacheList:         # 遍历,找到最大的 Ek
50              if k == i: continue           # 省略对 i 的计算
51              Ek = calcEk(oS, k)            # 计算 Ek
52              deltaE = abs(Ei - Ek)         # 计算|Ei-Ek|
53              if (deltaE > maxDeltaE):      # 找到 maxDeltaE
54                  maxK = k; maxDeltaE = deltaE; Ej = Ek
55          return maxK, Ej                   # 返回 maxK,Ej
56      else:                                 # 没有不为 0 的误差
57          j = selectJrand(i, oS.m)          # 随机选择 alpha_j 的索引值
58          Ej = calcEk(oS, j)                # 计算 Ej
59      return j, Ej
60
61  def updateEk(oS, k):
62      """
63      计算 Ek,并更新误差缓存
64      Parameters:
65          oS - 数据结构
66          k - 标号为 k 的数据的索引值
67      Returns:
68          无
69      """
70      Ek = calcEk(oS, k)                    # 计算 Ek
71      oS.eCache[k] = [1,Ek]                 # 更新误差缓存
```

上述代码中,通过 calcEk()函数可以根据给定的 α 值计算并返回 E 的值。selectJ()函数则用于选择第二个 α 的值,通过选择合适的第二个 α 值来确保在每次优化中都能采用最大步长值。该函数的误差值与第一个 α 值 E_i 和下标 i 有关。首先将输入值 E_i 在缓存中设置成为有效的。这里的有效(valid)意味着它已经计算好了。

updateEk()函数会计算误差值并将其存入缓存中。在对 α 值进行优化之后会用到这个值。接下来,将把例 6.3 中的代码与优化过程及外循环组合在一起组成完整版的的序列最小优化算法。

完整版序列最小优化算法寻找决策边界的优化过程,具体方法如例 6.4 所示。

【例 6.4】 完整版序列最小优化算法寻找决策边界的优化过程。

```
1   def innerL(i, oS):
2       """
3       优化的 SMO 算法
4       Parameters:
5           i - 标号为 i 的数据的索引值
6           oS - 数据结构
7       Returns:
8           1 - 有任意一对 alpha 值发生变化
9           0 - 没有任意一对 alpha 值发生变化或变化太小
10      """
11      # 计算误差 Ei
12      Ei = calcEk(oS, i)
```

```
13        # 优化 a, 设定一定的容错率
14        if ((oS.labelMat[i] * Ei < - oS.tol) and (oS.alphas[i] < oS.C)) or ((oS.labelMat[i] * Ei > oS.
    tol) and (oS.alphas[i] > 0)):
15            # 使用内循环启发方式 2 选择 alpha_j, 并计算 Ej
16            j, Ej = selectJ(i, oS, Ei)
17            # 保存更新前的 a 值
18            alphaIold = oS.alphas[i].copy(); alphaJold = oS.alphas[j].copy();
19            # 计算上下界 L 和 H
20            if (oS.labelMat[i] != oS.labelMat[j]):
21                L = max(0, oS.alphas[j] - oS.alphas[i])
22                H = min(oS.C, oS.C + oS.alphas[j] - oS.alphas[i])
23            else:
24                L = max(0, oS.alphas[j] + oS.alphas[i] - oS.C)
25                H = min(oS.C, oS.alphas[j] + oS.alphas[i])
26            if L == H:
27                print("L == H")
28                return 0
29            # 计算 eta
30            eta = 2.0 * oS.X[i, :] * oS.X[j, :].T - oS.X[i, :] * oS.X[i, :].T - oS.X[j, :] * oS.
    X[j, :].T
31            if eta >= 0:
32                print("eta >= 0")
33                return 0
34            # 更新 alpha_j
35            oS.alphas[j] -= oS.labelMat[j] * (Ei - Ej)/eta
36            # 修剪 alpha_j
37            oS.alphas[j] = clipAlpha(oS.alphas[j], H, L)
38            # 更新 Ej 至误差缓存
39            updateEk(oS, j) # added this for the Ecache
40            if (abs(oS.alphas[j] - alphaJold) < 0.00001):
41                print("j not moving enough")
42                return 0
43            # 更新 ai
44            oS.alphas[i] += oS.labelMat[j] * oS.labelMat[i] * (alphaJold - oS.alphas[j])
45            # 更新 Ei 至误差缓存
46            updateEk(oS, i) # added this for the Ecache
47            # 更新 b1 和 b2
48            b1 = oS.b - Ei - oS.labelMat[i] * (oS.alphas[i] - alphaIold) * oS.X[i, :] * oS.
    X[i, :].T - oS.labelMat[j] * (oS.alphas[j] - alphaJold) * oS.X[i, :] * oS.X[j, :].T
49            b2 = oS.b - Ej - oS.labelMat[i] * (oS.alphas[i] - alphaIold) * oS.X[i, :] * oS.
    X[j, :].T - oS.labelMat[j] * (oS.alphas[j] - alphaJold) * oS.X[j, :] * oS.X[j, :].T
50            # 根据 b1 和 b2 更新 b
51            if (0 < oS.alphas[i]) and (oS.C > oS.alphas[i]): oS.b = b1
52            elif (0 < oS.alphas[j]) and (oS.C > oS.alphas[j]): oS.b = b2
53            else: oS.b = (b1 + b2)/2.0
54            return 1
55        else: return 0
```

需要注意的是, 例 6.4 中的代码没有使用 selectJrand()函数来选择第二个 α 的值, 该结构会在 α 值改变时更新 Ecache。

接下来,构建序列最小优化算法的外循环,具体代码如例 6.5 所示。

【例 6.5】 序列最小优化算法的外循环。

```
1   def smoP(dataMatIn, classLabels, C, toler, maxIter,kTup = ('lin', 0)):
2       """
3       完整的线性 SMO 算法
4       Parameters:
5           dataMatIn - 数据矩阵
6           classLabels - 数据标签
7           C - 松弛变量
8           toler - 容错率
9           maxIter - 最大迭代次数
10          kTup - 包含核函数信息的元组
11      Returns:
12          oS.b - SMO 算法计算的 b
13          oS.alphas - SMO 算法计算的 alphas
14      """
15      oS = optStruct(mat(dataMatIn),mat(classLabels). transpose(),C,toler, kTup)
                                                       #初始化数据结构
16      iter = 0                                        #初始化当前迭代次数
17      entireSet = True; alphaPairsChanged = 0
18      #如果遍历整个数据集后都没有更新 alpha 的值或者超过最大迭代次数,则退出循环
19      while (iter < maxIter) and ((alphaPairsChanged > 0) or (entireSet)):
20          alphaPairsChanged = 0
21          if entireSet:                               #遍历整个数据集
22              for i in range(oS.m):
23                  alphaPairsChanged += innerL(i,oS)   #使用序列最小优化算法
24                  print("全样本遍历:第% d 次迭代 样本:% d, alpha 优化次数:% d" % (iter, i,
    alphaPairsChanged))
25                  iter += 1
26          else:                                       #遍历非边界值
27              #遍历不在边界 0 和 C 的 a
28              nonBoundIs = nonzero((oS.alphas.A > 0) * (oS.alphas.A < C))[0]
29              for i in nonBoundIs:
30                  alphaPairsChanged += innerL(i,oS)
31                  print("非边界遍历:第% d 次迭代 样本:% d, alpha 优化次数:% d" % (iter, i,
    alphaPairsChanged))
32                  iter += 1
33          if entireSet:                               #遍历一次后改为非边界遍历
34              entireSet = False
35          elif (alphaPairsChanged == 0):              #如果 alpha 没有更新,则计算全样本遍历
36              entireSet = True
37          print("迭代次数: % d" % iter)
38      return oS.b,oS.alphas                           #返回通过算法计算出的 b 和 a 的值
39  dataArr,labelArr = loadDataSet("testSet.txt")
40  b,alphas = smoP(dataArr,labelArr,0.6,0.001,40)
```

加入例 6.5 中的代码后便构成了完整版的序列最小优化算法,其输入与 smoSimple() 函数相同。通过构建一个数据结构来容纳所有的数据,并对控制函数退出的各变量进行初

始化操作。代码的主体部分是一个 while 循环,如果遍历整个数据集后都没有更新 α 的值,或者超过最大迭代次数,则退出循环。这里的 maxIter 变量与之前 smoSimple()函数中的作用有所区别,此处的一次迭代被定义为一次循环过程,不会在意循环具体执行了什么操作,当优化过程中出现波动时便会停止。这样的做法要比 smoSimple()函数中的计数方法更加高效。

需要注意的是,例 6.5 中的 while 循环内部结构与 smoSimple()函数有所不同。在第一个 for 循环中遍历整个数据集中任意可能的 α,通过调用 innerL()函数来选择第二个 α,并在适当的时候对其进行优化。如果出现任意一对 α 值发生改变,则返回 1。第二个 for 循环遍历所有的非边界 α 值。

接下来,对 for 循环在非边界循环和完整遍历之间进行切换,并打印出迭代次数。最后程序将会返回常数 b 和 α 的值。

将本节前三个案例中的代码整合后,完整版的序列最小优化算法运行结果如下所示。

```
⋮
全样本遍历:第 3 次迭代 样本:52, alpha 优化次数:0
全样本遍历:第 3 次迭代 样本:53, alpha 优化次数:0
alpha_j 变化太小.
⋮
全样本遍历:第 3 次迭代 样本:97, alpha 优化次数:0
全样本遍历:第 3 次迭代 样本:98, alpha 优化次数:0
全样本遍历:第 3 次迭代 样本:99, alpha 优化次数:0
迭代次数: 4
```

实际运行本节的代码后可以明显发现,本节所采用的完整版序列最小优化算法的执行效率明显更快。因此,在实际应用中处理大规模的数据集时,建议采用完整版的算法模型。

接下来,将介绍如何根据 α 的值进行分类。根据 α 的值求解超平面首先需要求解权重向量 w,具体方法如例 6.6 所示。

【例 6.6】 求解权重向量 w。

```
1   def calcWs(alphas,dataArr,classLabels):
2       """
3       计算 w
4       Parameters:
5           dataArr - 数据矩阵
6           classLabels - 数据标签
7           alphas - alphas 值
8       Returns:
9           w - 计算得到的 w
10      """
11      X = mat(dataArr); labelMat = mat(classLabels).transpose()
12      m,n = shape(X)
13      w = zeros((n,1))
14      for i in range(m):
15          w += multiply(alphas[i] * labelMat[i],X[i,:].T)
16      return w
```

在之前的案例中,计算出的 α 的值大部分为 0,而那些非 0 的 α 所对应的也就是支持向量。虽然上述 for 循环遍历了数据集中的所有数据,但是最终起作用的只有支持向量。由于对 w 计算毫无作用,所以数据集中其他数据点可以被舍弃。

为了让结果更直观,可以通过以下代码将结果可视化,具体方法如例 6.7 所示。

【例 6.7】 输出结果可视化。

```
1   def showClassifer(dataMat, classLabels, w, b):
2       """
3       分类结果可视化
4       Parameters:
5           dataMat - 数据矩阵
6           w - 直线法向量
7           b - 直线解决
8       Returns:
9           无
10      """
11      #绘制样本点
12      data_plus = []                              #正样本
13      data_minus = []                             #负样本
14      for i in range(len(dataMat)):
15          if classLabels[i] > 0:
16              data_plus.append(dataMat[i])
17          else:
18              data_minus.append(dataMat[i])
19      data_plus_np = np.array(data_plus)          #转换为 NumPy 矩阵
20      data_minus_np = np.array(data_minus)        #转换为 NumPy 矩阵
21      plt.scatter(np.transpose(data_plus_np)[0], np.transpose(data_plus_np)[1], s = 30,
    alpha = 0.7)                                    #正样本散点图
22      plt.scatter(np.transpose(data_minus_np)[0], np.transpose(data_minus_np)[1], s = 30,
    alpha = 0.7)                                    #负样本散点图
23      #绘制直线
24      x1 = max(dataMat)[0]
25      x2 = min(dataMat)[0]
26      a1, a2 = w
27      b = float(b)
28      a1 = float(a1[0])
29      a2 = float(a2[0])
30      y1, y2 = (-b - a1 * x1)/a2, (-b - a1 * x2)/a2
31      plt.plot([x1, x2], [y1, y2])
32      #找出支持向量点
33      for i, alpha in enumerate(alphas):
34          if abs(alpha) > 0:
35              x, y = dataMat[i]
36              plt.scatter([x], [y], s = 150, c = 'none', alpha = 0.7, linewidth = 1.5, edgecolor
    ='red')
37      plt.show()
```

输出结果如图 6.9 所示。

通过同样的方法可以将 6.3.2 节的案例输出结果可视化,具体如图 6.10 所示。

支持向量机

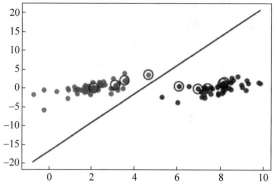

图 6.9　完整版序列最小优化算法的输出结果

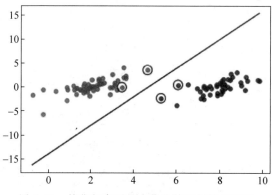

图 6.10　简化版序列最小优化算法的输出结果

通过对比图 6.9 和图 6.10 可以看出，完整版的优化算法中的支持向量要更多一些。简化版的优化算法是通过随机的方式选择"α 对"的。这种简化后的处理方式显然不如完整版本，这是因为完整版的算法覆盖了整个数据集。

6.4　核函数及其应用

假设有一个非线性映射函数，能够把图 6.11 中左侧空间中的任一数据点映射到右侧空间中。这意味着在新空间里，数据点近似于分布在了一条线上，而不是左侧的环状分布。

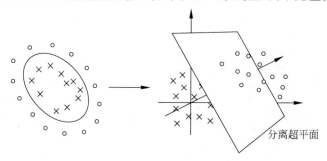

图 6.11　左侧为原始数据集，右侧为映射后的数据集

图 6.11 中左侧数据集呈环状分布,通过将二维数据映射到更高维度(三维)的空间,从而将低维度的非线性数据集转换为线性问题。这种情况下,需要使用一种被称为核函数(kernel)的工具将数据转换为易于分类器理解的形式。

核函数使用低维特征空间上的计算来避免在高维特征空间中向量内积的恐怖计算量。也就是说,此时 SVM 模型可以应用在高维特征空间中数据可线性分割的优点,同时又避免了引入这个高维特征空间恐怖的内积计算量。

核函数的选择并没有统一的定论,需要使用者根据不同场合或者不同问题选择核函数,选择的标准也没有固定的指导方法。

SVM 算法中所有的运算都可以写成内积(inner product)的形式。向量的内积是指两个向量相乘,之后得到单个标量或者数值。可以把内积运算替换成核函数,而不必进行其他的简化处理。将内积替换成核函数的方式被称为核技巧(kernel trick)或者核“变电”(kernel substation)。核函数的应用并不局限于支持向量机,只要满足多维数据的内积即可使用核函数进行解决。接下来,将重点介绍高斯核函数,希望可以通过学习该核函数的使用方法来了解如何选择核函数。

6.4.1 高斯核函数

本章之前讲解了核函数的概念,以及有效核函数的要求,高斯核函数是 SVM 算法中常用的一个核函数,它采用向量作为自变量,能够基于向量距离运算出相应的标量。这个距离可以从 $(0,0)$ 向量或者其他向量开始计算。高斯核函数的表达式如下所示。

$$k(\boldsymbol{x}, \boldsymbol{y}) = \exp\left(\frac{-\|\boldsymbol{x} - \boldsymbol{y}\|^2}{2\sigma^2}\right)$$

上述表达式中,如果 $\boldsymbol{x}$ 与 $\boldsymbol{y}$ 的值很相近($\|\boldsymbol{x} - \boldsymbol{y}\| \approx 0$),那么核函数的值约等于 1;如果 x 与 y 的值相差很大($\|\boldsymbol{x} - \boldsymbol{y}\| \gg 0$),那么核函数的值约等于 0。参数 σ 是用户定义的用于确定到达率或者函数值降到 0 的速度参数。该函数类似于高斯分布,因此称为高斯核函数,也叫作径向基函数,它能够把原始特征映射到无穷维。

通过对在本章之前构建的模型稍做修改,就能够在已完成的代码中添加核函数,并提升模型的效果。具体内容如例 6.8 所示。

【例 6.8】 转换核函数。

```
1   def kernelTrans(X, A, kTup):              #将数据集映射到更高维度的空间
2       m,n = shape(X)
3       K = mat(zeros((m,1)))
4       if kTup[0] == 'lin': K = X * A.T      #线性核函数
5       elif kTup[0] == 'rbf':                #高斯核函数
6           for j in range(m):
7               deltaRow = X[j,:] - A
8               K[j] = deltaRow * deltaRow.T
9           K = exp(K/(-1 * kTup[1] ** 2))    #元素间的除法(在 NumPy 矩阵中,除法符号意味着对
                                              #矩阵元素展开计算)
10      else: raise NameError('执行过程出现问题 -- 核函数无法识别')
11      return K
```

```
12
13  class optStruct:
14    def __init__(self,dataMatIn, classLabels, C, toler, kTup):  #初始化
15      self.X = dataMatIn
16      self.labelMat = classLabels
17      self.C = C
18      self.tol = toler
19      self.m = shape(dataMatIn)[0]
20      self.αs = mat(zeros((self.m,1)))
21      self.b = 0
22      self.eCache = mat(zeros((self.m,2)))
23      self.K = mat(zeros((self.m,self.m)))
24      for i in range(self.m):
25        self.K[:,i] = kernelTrans(self.X, self.X[i,:], kTup)
```

为了算法的一致性与简洁性，这里沿用了本章之前定义的数据结构，方便后续函数调用，从而提高代码效率。在完成初始化后，构建矩阵 **K**，然后通过 kernelTrans() 函数填充矩阵。全局的 K 值只需计算一次，后续便可直接进行调用。

上述代码在原有 optStruct 模块中添加了一个新变量 kTup，kTup 变量是一个包含核函数信息的元组。当计算矩阵 **K** 时，该过程多次调用了 kernelTrans() 函数。该函数有三个输入参数(X,A,kTup)，其中 X 和 A 是数值型变量，kTup 是元组。元组 kTup 提供了核函数的相关信息，X 参数用于描述所用核函数类型，其他两个参数则都是核函数可能需要的可选参数。KernelTrans() 函数首先构建出了一个列向量，然后检查元组以确定核函数的类型。可以通过添加 elif 语句来加入其他类型的核函数，此处不再赘述。

kernelTrans() 函数在 for 循环中根据矩阵的每个元素计算相应的高斯函数值。而在 for 循环结束之后，将计算过程应用到整个向量上去。当程序遇到无法识别的元组时便会抛出异常并停止运行。

6.4.2 高斯核函数的应用

为了将核函数应用到本章之前构建的模型中，需要对之前构建的 innerL() 函数和 calcEk() 函数进行适当的调整。修改后的代码如例 6.9 所示。

【例 6.9】 修改 innerL() 函数和 calcEk() 函数后的代码。

```
1   from numpy import *
2   def loadDataSet(fileName):
3     #将文本中的样本数据添加到列表中
4     dataMat = []; labelMat = []
5     fr = open(fileName)
6     for line in fr.readlines():                           #对文本按行遍历
7       lineArr = line.strip().split('\t')
8       dataMat.append([float(lineArr[0]), float(lineArr[1])])  #每行前两个是属性数据，最
                                                                #后一个是类标号
9       labelMat.append(float(lineArr[2]))
10    return dataMat,labelMat
```

```
11
12   def kernelTrans(X, A, kTup):  ♯将数据集映射到更高维度的空间
13     m,n = shape(X)
14     K = mat(zeros((m,1)))
15     if kTup[0] == 'lin': K = X * A.T          ♯线性核函数
16     elif kTup[0] == 'rbf':                    ♯高斯核函数
17       for j in range(m):
18         deltaRow = X[j,:] - A
19         K[j] = deltaRow * deltaRow.T
20       K = exp(K/(-1 * kTup[1] ** 2))          ♯元素间的除法
21     else: raise NameError('执行过程出现问题 -- 核函数无法识别')
22     return K
23
24   class optStruct:
25     ♯用对象存储数据
26     def __init__(self,dataMatIn, classLabels, C, toler, kTup):  ♯初始化
27       self.X = dataMatIn                      ♯样本数据
28       self.labelMat = classLabels             ♯样本的类标号
29       self.C = C                              ♯对偶因子的上界值
30       self.tol = toler
31       self.m = shape(dataMatIn)[0]            ♯样本的行数,即样本对象的个数
32       self.alphas = mat(zeros((self.m,1)))    ♯对偶因子
33       self.b = 0                              ♯分割函数的截距
34       self.eCache = mat(zeros((self.m,2)))    ♯差值矩阵 m * 2,第一列是对象的标志位,1 表
       ♯示存在不为零的差值,0 表示差值为零,第二列是实际的差值 E
35       self.K = mat(zeros((self.m,self.m)))    ♯对象经过核函数映射之后的值
36       for i in range(self.m):                 ♯遍历全部样本集
37         self.K[:,i] = kernelTrans(self.X, self.X[i,:], kTup)    ♯调用高斯核函数
38
39   def calcEk(oS, k):
40     ♯预测值的计算与之前使用非核函数时有所不同
41     fXk = float(multiply(oS.alphas,oS.labelMat).T * oS.K[:,k] + oS.b)    ♯预测值
42     Ek = fXk - float(oS.labelMat[k])         ♯误差(预测值减真值)
43     return Ek
44
45   def selectJrand(i,m):
46     ♯随机选取对偶因子 alpha,参数 i 是 alpha 的下标,m 是 alpha 的总数
47     ♯随机选择一个不等于 i 的 j 值
48     j = i
49     while (j == i):
50       j = int(random.uniform(0,m))
51     return j
52
53   def selectJ(i, oS, Ei):
54     ♯通过最大化步长的方式选择 j(即选择第二个 alpha)
55     maxK = -1
56     maxDeltaE = 0                            ♯用于缓存最大误差,用尽可小的值做初始值
57     Ej = 0
58     oS.eCache[i] = [1,Ei]                    ♯误差缓存.第一列为1时表示有效(计算好误差)
```

支持向量机

```
59      validEcacheList = nonzero(oS.eCache[:,0].A)[0]      #返回非零误差缓存对应的行索引数组
60      if (len(validEcacheList)) > 1:
61          for k in validEcacheList:           #遍历所有标志位为1的对象的差值
62              if k == i:
63                  continue
64              Ek = calcEk(oS, k)              #计算对象 k 的差值
65              deltaE = abs(Ei - Ek)          #取两个差值之差的绝对值
66              if (deltaE > maxDeltaE):        #选取最大的绝对值 deltaE
67                  maxK = k
68                  maxDeltaE = deltaE
69                  Ej = Ek
70          return maxK, Ej                    #返回选取的第二个 alpha
71      else:   #validEcacheList 为空,表示第一次循环.则随机选择不同于 i 的 j
72          j = selectJrand(i, oS.m)
73          Ej = calcEk(oS, j)
74      return j, Ej                           #返回选取的第二个 alpha
75

76  def updateEk(oS, k):                       #任何 alpha 改变后更新新值到误差缓存
77      Ek = calcEk(oS, k)                     #调用计算差值的函数
78      oS.eCache[k] = [1,Ek]
79

80  def clipAlpha(aj,H,L):
81      #将 alphaj 限制在 L 和 H 之间
82      if aj > H:
83          aj = H
84      if L > aj:
85          aj = L
86      return aj
87

88  def innerL(i, oS):
89      #优化选取两个 alpha,并计算截距 b
90      Ei = calcEk(oS, i)                     #计算对象 i 的差值
91      #第一个 alpha 符合选择条件进入优化
92      if ((oS.labelMat[i] * Ei < - oS.tol) and (oS.alphas[i] < oS.C)) or ((oS.labelMat[i] * Ei
    > oS.tol) and (oS.alphas[i] > 0)):
93          j,Ej = selectJ(i, oS, Ei)          #选择第二个 alpha
94          alphaIold = oS.alphas[i].copy(); alphaJold = oS.alphas[j].copy();
95          #根据对象 i、j 的类标号(相等或不等)确定 KKT 条件的上界和下界
96          if (oS.labelMat[i] != oS.labelMat[j]):
97              L = max(0, oS.alphas[j] - oS.alphas[i])
98              H = min(oS.C, oS.C + oS.alphas[j] - oS.alphas[i])
99          else:
100             L = max(0, oS.alphas[j] + oS.alphas[i] - oS.C)
101             H = min(oS.C, oS.alphas[j] + oS.alphas[i])
102         if L == H:
103             return 0 #不符合优化条件(第二个 alpha)
104         eta = 2.0 * oS.K[i,j] - oS.K[i,i] - oS.K[j,j]    #计算公式的 eta,是公式的相反数
105         if eta >= 0:
```

```
106          return 0 #不考虑 eta 大于或等于 0 的情况(这种情况对 alpha 的解是另外一种方式,
                        #即临界情况的求解)
107     #优化之后的第二个 alpha 值
108     oS.alphas[j] -= oS.labelMat[j] * (Ei - Ej)/eta
109     oS.alphas[j] = clipAlpha(oS.alphas[j],H,L)
110     updateEk(oS, j)    #更新到误差缓存
111     if (abs(oS.alphas[j] - alphaJold) < 0.00001):#优化之后的 alpha 值与之前的值改变
                                            #量太小,步长不足
112         #print ("j 的移动距离不足")
113         return 0
114     oS.alphas[i] += oS.labelMat[j] * oS.labelMat[i] * (alphaJold - oS.alphas[j])
    #ai 和 aj 变化量大小相等,优化第二个 alpha
115     updateEk(oS, i)    #更新到误差缓存,方向相反
116     # 截距 b1、b2 的更新与之前采用非核函数的版本有所不同
117     b1 = oS.b - Ei - oS.labelMat[i] * (oS.alphas[i] - alphaIold) * oS.K[i,i] - oS.
    labelMat[j] * (oS.alphas[j] - alphaJold) * oS.K[i,j]
118     b2 = oS.b - Ej - oS.labelMat[i] * (oS.alphas[i] - alphaIold) * oS.K[i,j] - oS.
    labelMat[j] * (oS.alphas[j] - alphaJold) * oS.K[j,j]
119     if (0 < oS.alphas[i]) and (oS.C > oS.alphas[i]): oS.b = b1
120     elif (0 < oS.alphas[j]) and (oS.C > oS.alphas[j]): oS.b = b2
121     else: oS.b = (b1 + b2)/2.0
122     return 1 #进行一次优化
123    else: return 0
124
125 def smoP(dataMatIn, classLabels, C, toler, maxIter,kTup = ('lin', 0)):    #遍历所有能优化
                                                            #的 alpha
126    oS = optStruct(mat(dataMatIn),mat(classLabels).transpose(),C,toler, kTup)
                        #创建一个类对象 oS,类对象 oS 存放所有数据
127    iter_ = 0        #迭代次数的初始化
128    entireSet = True    #违反 KKT 条件的标志符
129    alphaPairsChanged = 0 #迭代中优化的次数
130    while (iter_ < maxIter) and ((alphaPairsChanged > 0) or (entireSet)):
131        #从选择第一个 alpha 开始,优化所有 alpha
132        #优化的终止条件:在规定迭代次数下,是否遍历了整个样本或 alpha 是否优化
133        alphaPairsChanged = 0
134        if entireSet:
135            for i in range(oS.m): #遍历所有对象
136                alphaPairsChanged += innerL(i,oS) #调用优化函数(不一定优化)
137                print ( "遍历所有对象次数: % d i:% d, pairs changed % d" % (iter_,i,
    alphaPairsChanged))
138            iter_ += 1 #迭代次数加 1
139        else:#go over non - bound (railed) alphas
140            nonBoundIs = nonzero((oS.alphas.A > 0) * (oS.alphas.A < C))[0]
141            for i in nonBoundIs : #遍历所有非边界样本集
142                alphaPairsChanged += innerL(i,oS)
143                print ("遍历非边界样本次数: % d i:% d, pairs changed % d" % (iter_,i,
    alphaPairsChanged))
144            iter_ += 1 #迭代次数加 1
145        if entireSet:    #没有违反 KKT 条件的 alpha,终止迭代
```

```
146          entireSet = False
147        elif (alphaPairsChanged == 0):  # 存在违反 KKT 的 alpha
148          entireSet = True
149      print ("迭代次数: % d" % iter_)
150      return oS.b, oS.alphas  # 返回截距值和 alphas
151
152  def classfy(Xi, sVs, labelSV, alphaSV, b,  kTup):  # 做分类预测, 返回 + 1 或 - 1
153      kernelEval = kernelTrans(sVs, Xi, kTup)
154      y = kernelEval.T * multiply(labelSV, alphaSV) + b
155      return sign(y)
```

接下来进行测试, 并通过 Matplotlib 进行二维绘图。值得注意的是, 本书此处的算法适用于多维特征的数据集, 但其中的绘图函数只适用于二维特征。具体代码如例 6.10 所示。

【例 6.10】 测试并绘制输出结果。

```
1   def testRbf(k1 = 1.3):
2       # 训练样本集的错误率和测试样本集的错误率
3       dataArr, labelArr = loadDataSet('testSetRBF.txt')   # 训练样本的提取
4       kTup = ('rbf', k1)
5       b, alphas = smoP(dataArr, labelArr, C = 20, toler = 0.0001, maxIter = 100, kTup = kTup)
      # 计算得到截距和对偶因子
6       datMat = mat(dataArr)
7       labelMat = mat(labelArr).transpose()
8       # 支持向量以外的数据被舍弃, 不参与预测
9       svIndex = nonzero(alphas.A > 0)[0]   # 对偶因子大于零的值, 支持向量的点对应对偶因子
10      sVs = datMat[svIndex]  # 获取矩阵中的支持向量
11      labelSV = labelMat[svIndex]  # 支持向量的标签
12      alphaSV = alphas[svIndex]
13
14      print ("% d 支持向量" % shape(sVs)[0])
15      m, n = shape(datMat)
16      errorCount = 0
17      for i in range(m):
18        if classfy(datMat[i, :], sVs, labelSV, alphaSV, b,  kTup) != sign(labelArr[i]):
19          errorCount += 1
20      print ("训练错误率为: % .2f % %" % (100 * float(errorCount)/m))
21      plot(datMat, sVs, labelSV, alphaSV, b,  kTup, radius = 0.05, title = '训练效果以及被标记
    的支持向量', set_ = "training")
22
23      dataArr, labelArr = loadDataSet('testSetRBF2.txt')  # 测试集
24      errorCount = 0
25      datMat = mat(dataArr); labelMat = mat(labelArr).transpose()
26      m, n = shape(datMat)
27      for i in range(m):
28        if classfy(datMat[i, :], sVs, labelSV, alphaSV, b,  kTup) != sign(labelArr[i]):
29          errorCount += 1
30      print ("测试错误率为: % .2f % %" % (100 * float(errorCount)/m) )
```

```
31      plot(datMat, sVs,labelSV,alphaSV, b,   kTup, radius = 0.05,title = '在测试数据上的预测
   结果',set_ = "test")

32

33  def plot(datMat, sVs,labelSV,alphaSV, b,   kTup, radius = 0.05,title = 'Support Vectors
   Circled', set_ = "training"):
34      #2D绘图仅适用于2个特征的数据集
35      import matplotlib.pyplot as plt
36      from matplotlib.patches import Circle
37      m, n = datMat.shape
38      if n!=2 :
39          raise Error('数据维度错误, column number 不等于2')
40      xcord0, ycord0 = [], []
41      xcord1, ycord1 = [], []
42      for i in range(m):
43          if classfy(datMat[i,:], sVs,labelSV,alphaSV, b,   kTup) == 1: # label == 1
44              xcord0.append(float(datMat[i,0]))
45              ycord0.append(float(datMat[i,1]))
46          else: #label == -1
47              xcord1.append(float(datMat[i,0]))
48              ycord1.append(float(datMat[i,1]))
49      fig   = plt.figure()
50      ax = fig.add_subplot(111)
51      ax.scatter(xcord0,ycord0, marker = 's', s = 25, c = 'b',label = "label = +1")
52      ax.scatter(xcord1,ycord1, marker = 'o', s = 25, c = 'r', label = "label = -1")
53      plt.rcParams['font.sans-serif'] = ['KaiTi'] #指定默认字体
54      plt.rcParams['axes.unicode_minus'] = False
55      plt.xlabel("X0")
56      plt.ylabel("X1")
57      plt.title(title)
58      plt.legend()
59      if set_ == "training":
60          for sv in sVs:
61              circle = Circle((sv[0,0], sv[0,1]), radius, facecolor = 'none', edgecolor = 'b', lw
   = 1, alpha = 0.5)
62              ax.add_patch(circle)
63      plt.show()
64  testRbf(k1 = 0.3) #k1 为高斯核中的 sigma,可人为调参
```

输出结果如下所示。

```
  ⋮
遍历所有对象次数: 5 i:97, pairs changed 0
遍历所有对象次数: 5 i:98, pairs changed 0
遍历所有对象次数: 5 i:99, pairs changed 0
迭代次数: 3
37 支持向量
训练错误率为: 0.00%
```

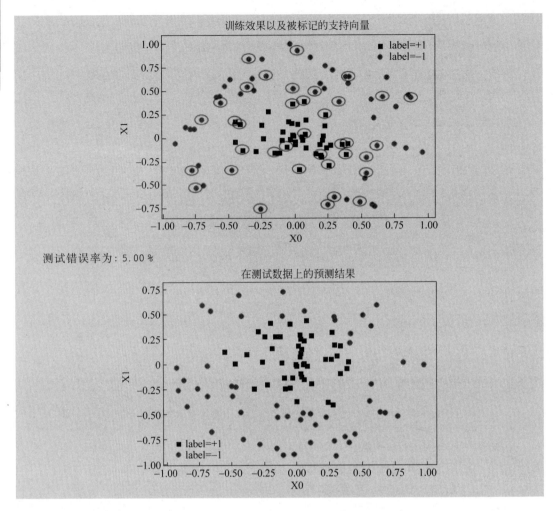

测试错误率为：5.00 %

从上述输出结果可以看出，训练模型从 100 个数据点中找出了 37 个支持向量，并且在训练数据集上的错误率为 0。这表示需要使用输出结果中那 37 个支持向量才能对数据进行正确分类。可以通过调整 σ 的值来观察错误率的变化情况。

如果降低 σ 的值，那么训练错误率就会降低，但是测试错误率却会上升。支持向量的数目存在一个最优值。SVM 的优点在于它能对数据进行高效分类。如果支持向量太少，就可能会得到一个很差的决策边界；如果支持向量太多，就相当于每次都利用整个数据集进行分类，这种分类方法属于 K 近邻算法。可以对序列最小优化算法中的其他设置进行随意地修改或者建立新的核函数。

6.5　本　章　小　结

支持向量机之所以被称为"机"是因为该算法会生成一个二值决策结果，这意味着它更像一个决策"机"，有着良好的泛化学习能力，特别是在小样本训练集上。支持向量机本身的优化目标是结构风险最小化，而不是经验风险最小化，通过最大间隔的概念，得到对数据分布的结构化描述，从而降低对数据规模和数据分布的要求。

支持向量机具有较强的数学理论支撑,基本不涉及概率和大数定律等概念。通过引入核函数,支持向量机还具备了解决非线性分类问题的能力。支持向量机的训练效果受优化参数和所选取核函数种类的影响较大。

6.6 习　　题

1. 填空题

（1）SVM 是一种_____分类模型。

（2）SVM 在处理小样本模式识别问题时所需要的样本数相对较少,擅长通过核函数来处理样本数据_____的情况。

（3）SVM 的基本思想是求解出能够正确划分训练数据集并且_____。

（4）序列最小优化算法的思想是将大的优化问题_____来求解。

（5）简化版序列最小优化算法在处理数据体量非常小的数据集时_____,但是在较大的数据集上学习效率_____。

2. 选择题

（1）以下选项中,不属于 SVM 的优点的是（　　）。

    A. 泛化错误率低   B. 善于处理监督学习中的回归问题

    C. 占用的计算资源少   D. 结果可解释性强

（2）图 6.12 所示的三条分离直线中,（　　）的分离确信度更高。

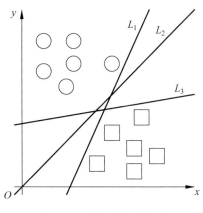

图 6.12　分离确信度分析

    A. L_1 B. L_2

    C. L_3 D. 三者确信度相同

3. 思考题

（1）简要分析简化版序列最小优化算法与完整版序列最小优化算法的差异。

（2）简要概括高斯核函数中 σ 参数的影响。

第 7 章　AdaBoost 算法

本章学习目标

- 理解集成学习的基本概念；
- 理解 AdaBoost 的基本概念；
- 掌握实现 AdaBoost 算法的方法。

AdaBoost(adaptive boosting,自适应强化)算法属于集成学习算法,它在机器学习和数据挖掘领域中应用广泛,被列为数据挖掘十大算法之一。其核心思想是,针对同一个训练数据集训练出不同的分类器(弱分类器),然后把这些弱分类器集合起来,构成一个更强的最终分类器(强分类器)。这种将弱分类器集合转换为强分类器的思想类似于"三个臭皮匠顶个诸葛亮"。本章将介绍不同分类器的集成方法,然后重点介绍 Boosting 算法中最具代表性的 AdaBoost 算法。

7.1　集成学习算法简介

集成学习算法是将弱学习算法提升为强学习算法的一类算法的统称,可用来提升弱分类器的准确度。关于弱分类器和强分类器的概念如下所示。

- 强分类器：在概率近似正确(Probably Approximately Correct, PAC)学习的框架中,一个概念或者类,如果存在一个多项式的学习算法能够学习它,且正确率很高,称为强分类器。
- 弱分类器：一个概念或者类,如果存在一个多项式的学习算法能够学习它,且它的学习正确率仅仅比随机猜测略好,则为弱分类器。

本书目前已经介绍了多种分类算法(K 近邻算法、决策树算法、朴素贝叶斯算法、线性回归算法、逻辑回归算法和支持向量机算法),这些算法各有优劣。集成学习是机器学习中一个非常重要且热门的分支,通过集成学习算法将不同的分类器组合起来可以更好地综合各算法的优点,提升模型的预测准确率。集成学习算法可以集成不同种类的算法,也可以集成不同设置下的同一算法,还可以是被分配了训练数据集中不同部分数据的不同分类器。

集成方法可分为如下两类。

- 序列集成方法。该方法中参与训练的基础分类器按照顺序生成(例如 AdaBoost 算法)。序列集成方法的原理是利用基础分类器之间的依赖关系,通过对之前训练中错误标记的样本赋予较高的权重来提高整体的预测效果。

- 并行集成方法。该方法中参与训练的基础分类器并行生成(例如随机森林算法)。并行集成方法的原理是利用基础分类器之间的独立性,通过平均各分类器之间的学习效果降低错误率。

在采用集成学习算法时,需要注意以下 4 点。

(1) 模型选择。假设各弱分类器间具有一定差异性(如不同的算法,或相同算法不同的参数配置),这会导致生成的分类决策边界不同,也就是说它们在决策时会犯不同的错误。将它们结合后能得到更合理的边界,减少整体错误,实现更好的分类效果。

(2) 数据集过大或过小。数据集较大时,可以将数据集分为不同的子集,对这些子集分别进行训练,然后再合成分类器。数据集较小时,可使用自举技术(bootstrapping),从原样本数据集有放回地抽取 m 个子集,训练 m 个分类器进行集成。

(3) 分治。若决策边界过于复杂,则线性模型不能很好地描述真实情况。因此,可以先训练多个线性分类器,再将它们集成。

(4) 数据融合。当存在多个不同数据源,且每个数据源的特征集抽取方法都不同(异构的特征集)时,需要分别训练分类器然后再集成。

在集成学习中常用的算法有以下 3 种。

(1) Bagging 算法。该算法也称作自举汇聚法(bootstrap aggregating)。该算法通常考虑的是同质弱分类器,相互独立地并行学习:从原始数据集选择 N 次后,得到 N 个新数据集。这些弱分类器按照某种确定性的平均过程进行有放回采样,意味着新的数据集中可以有重复的值,而原始数据集的某些值在新集合中则不再出现。在需要对新的数据进行分类时,便可以通过得到的这 N 个分类器进行分类,分类器投票结果中最多的类别将作为最终结果。Bagging 算法具有较强的泛化能力,模型的方差较低。但是对训练数据集的拟合程度较差,结果容易出现较大偏差。

(2) Boosting 算法。该算法通常考虑的也是同质弱分类器。不论是在 Boosting 算法还是 Bagging 算法当中,所使用的多个分类器的类型都是一致的。它以一种高度自适应的方法顺序地学习这些弱分类器(每个基础模型都依赖于前面的模型),并按照某种确定性的策略将它们组合起来,每个新分类器都根据已训练出的分类器的性能来进行训练。Boosting 是通过集中关注被已有分类器错分的那些数据来获得新的分类器。

(3) Stacking 算法。该算法分为两个阶段:首先使用多个基础分类器来预测分类;然后将一个新的学习模块与它们的预测结果结合起来,从而降低模型的泛化误差。

简单来说,Bagging 算法的重点在于获得一个方差比其组成部分更小的集成模型,而 Boosting 算法和 Stacking 算法则将主要生成偏置比其组成部分更低的强模型(即使方差也可以被减小)。由于 Boosting 算法的分类结果基于所有分类器的加权求和结果,因此 Boosting 算法与 Bagging 算法有着较大区别。Bagging 算法中的分类器权重是相等的,而 Boosting 算法中的分类器权重并不相等,每个权重代表的是其对应分类器在上一轮迭代中的准确度。

Boosting 算法有诸多版本,本章由于篇幅限制将只介绍其中最常用的 AdaBoost 算法。

AdaBoost 算法的英文名中 adaptive 有自适应的意思,该算法的自适应性体现在:前一个基本分类器分错的样本会得到加权,加权处理后的全体样本再次被用来训练基本分类器。同时,在每一轮中都加入一个新的弱分类器,直到达到某个预定的足够小的错误率或达到预先指定的最大迭代次数。

实现 AdaBoost 算法的一般流程如下所示。

（1）收集数据。

（2）处理数据集。对数据集的处理依赖于 AdaBoost 算法中所使用的弱分类器类型,本章使用的是单层决策树,这种分类器可以处理任何数据类型。

（3）分析数据。

（4）训练模型。AdaBoost 算法的分类器将多次在同一数据集上训练弱分类器。

（5）测试算法。计算分类结果的错误率。

（6）使用算法。AdaBoost 算法通常应用于二分类问题。如果想把它应用到分类多个类别的任务中,就需要对 AdaBoost 算法进行调整,调整方法类似于之前介绍的对 SVM 算法的调整方法。

7.2 AdaBoost 算法原理

在二分类问题中,弱分类器通常是指错误率高于 50% 的分类器,而强分类器指的是错误率远低于弱分类器的分类器。AdaBoost 算法的基本流程如下所示：对数据集中的样本进行训练,并赋予数据集中每个样本一个权重值,通过这些权重值来构建向量 $\boldsymbol{D}$。AdaBoost 算法会在正式开始前,初始化所有的权重值为一个相等的值。在训练数据上训练出一个弱分类器并计算该分类器的错误率,然后在同一数据集上再次训练弱分类器。在下一次的分类器训练中,会重新调整每个样本的权重：上一次训练中被正确分类的样本的权重将会被降低,而上一次训练中被错误分类的样本的权重将会被提高。为了从所有弱分类器中得到最终的分类结果,AdaBoost 算法为每个分类器都分配了一个权重值 α,这些权重值是基于每个弱分类器的错误率进行计算的。其中,错误率的表达式如下所示。

$$错误率 = \frac{未正确分类的样本数}{所有样本数}$$

权重值 α 的计算公式如下所示。

$$\alpha = \frac{1}{2}\ln\left(\frac{1 - 错误率}{错误率}\right)$$

AdaBoost 算法的模型为加法模型,学习算法为前向分布学习算法,最终的强分类器是由若干个弱分类器加权求和得到的。

根据计算出的权重值 α 对权重向量 $\boldsymbol{D}$ 进行更新：降低已经正确分类的样本的权重,提高错误分类样本的权重。如果某个样本被正确分类,则该样本的权重通过以下形式表示。

$$D_i^{(t+1)} = \frac{D_i^{(t)}\,\mathrm{e}^{-a}}{\mathrm{Sum}(\boldsymbol{D})}$$

如果某个样本被错误分类,则该样本的权重更改为以下形式。

$$D_i^{(t+1)} = \frac{D_i^{(t)}\,\mathrm{e}^{a}}{\mathrm{Sum}(\boldsymbol{D})}$$

计算出权重向量 $\boldsymbol{D}$ 后,将进行新一轮迭代,不断地重复训练和调整权重,直到训练结果的错误率为 0 或者弱分类器的数量达到某个指定值时才会停止训练。本章接下来的内容将介绍构建一个相对完整的 AdaBoost 算法的方法。不过,在此之前,有必要先了解通过代码来建立弱分类器及保存数据集的权重的方法。

7.3　单层决策树与 AdaBoost 算法

单层决策树(decision stump)属于结构最简单的决策树,也被称为决策树桩,它仅仅基于单个特征来做决策。需要注意的是,单层决策树无法处理从某个坐标轴上选择一个值(即选择一条与坐标轴平行的直线)来将所有的不同类型的数据分隔开来的问题。接下来,将介绍构建单层决策树的方法。

首先,构建一个简单的数据集,然后构建两个辅助函数。第一个函数用于检测是否存在某个值小于或者大于当前正在测试的阈值,第二个函数用于寻找具有最低错误率的单层决策树。具体方法如例 7.1 所示。

【例 7.1】　构建数据集和辅助函数。

```
1    from numpy import *
2    def loadSimpData():
3        """
4        Parameters:
5            dataMatrix - 数据矩阵
6            dimen - 第 dimen 列,也就是第几个特征
7            threshVal - 阈值
8            threshIneq - 标志
9        Returns:
10           retArray - 分类结果
11       """
12       datMat = matrix([[ 1. ,  2.1],
13           [ 2. ,  1.1],
14           [ 1.3,  1. ],
15           [ 1. ,  1. ],
16           [ 2. ,  1. ]])
17       classLabels = [1.0, 1.0, -1.0, -1.0, 1.0]
18       return datMat,classLabels
19
20   def stumpClassify(dataMatrix,dimen,threshVal,threshIneq):
21       #初始化 retArray 为 1
22       retArray = ones((shape(dataMatrix)[0],1))
23       if threshIneq == 'lt':
24           retArray[dataMatrix[:,dimen] <= threshVal] = -1.0    #如果小于阈值,则赋值为 -1
25       else:
26           retArray[dataMatrix[:,dimen] > threshVal] = -1.0     #如果大于阈值,则赋值为 -1
27       return retArray
28
29   def buildStump(dataArr,classLabels,D):
30       """
31       Parameters:
32           dataArr - 数据矩阵
```

```
33          classLabels - 数据标签
34          D - 样本权重
35     Returns:
36          bestStump - 最佳单层决策树信息
37          minError - 最小误差
38          bestClasEst - 最佳的分类结果
39     """
40     dataMatrix = mat(dataArr); labelMat = mat(classLabels).T
41     m,n = shape(dataMatrix)
42     numSteps = 10.0; bestStump = {}; bestClasEst = mat(zeros((m,1)))
43     minError = inf          #最小误差初始化为正无穷大,后面再进行更新
44     for i in range(n):      #遍历所有特征
45         rangeMin = dataMatrix[:,i].min(); rangeMax = dataMatrix[:,i].max();   #找到特征中的最
                                                                                 #小值和最大值
46         stepSize = (rangeMax - rangeMin)/numSteps              #计算步长
47         for j in range(-1, int(numSteps)+1):   #先对第一个特征遍历所有阈值
48            for inequal in ['lt', 'gt']:        #大于和小于的情况,均遍历
49               threshVal = (rangeMin + float(j) * stepSize) #计算阈值
50               predictedVals = stumpClassify(dataMatrix, i, threshVal, inequal)   #计算分类
                                                                                    #结果
51               errArr = mat(ones((m,1)))                      #初始化误差矩阵
52               errArr[predictedVals == labelMat] = 0          #分类正确的,赋值为0
53               weightedError = D.T * errArr   #计算加权误差
54               print("split: dim %d, thresh %.2f, thresh ineqal: %s, the weighted error is %.
      3f" % (i, threshVal, inequal, weightedError))
55               if weightedError < minError:    #找到误差最小的分类方式
56                  minError = weightedError
57                  bestClasEst = predictedVals.copy()
58                  bestStump['dim'] = i
59                  bestStump['thresh'] = threshVal
60                  bestStump['ineq'] = inequal
61     return bestStump, minError, bestClasEst
```

　　单层决策树属于弱分类器,它在找到一个特征后就不会继续检索了,因此本书在此构建了一个非常简单的数据结构。上述代码通过 stumpClassify()函数来根据阈值比较对数据进行分类。所有处于阈值同一侧的数据会分到"−1"类别,而处于另外一侧的数据则分到"+1"类别。该函数可以通过数组过滤来实现,首先将返回数组的全部元素设为+1,然后将所有不满足不等式要求的元素设置为−1。可以基于数据集中的任一元素进行比较,同时也可以将不等号在大于、小于之间切换。

　　stumpClassify()函数所有的可能输入值将会在 buildStump()函数中遍历,并尝试找出最佳的单层决策树。这里所谓的"最佳"是基于数据的权重向量 **D** 来定义的。当输入数据符合矩阵格式时,整个函数便开始执行。函数将构建一个名称为 bestStump 的空字典,该字典将用于存储给定权重向量 **D** 时所得到的最佳单层决策树的相关信息。变量 numSteps 用于在特征的所有可能值上进行遍历。而变量 minError 则在一开始就初始化为正无穷大,之后用于寻找可能的最小错误率。

　　buildStump()函数中嵌套了一个三层 for 循环。在数据集及三个循环变量上调用

stumpClassify()函数。基于这些循环变量,函数将会返回分类预测结果。errArr 是一个列向量,如果 predictedVals 中的值不等于 labelMat 中的真正类别标签值,那么 errArr 的相应位置置为 1。将错误向量 errArr 和权重向量 **D** 的相应元素相乘并求和,计算出数值加权误差。此处是基于权重向量 **D** 而不是其他错误计算指标来评价分类器的。如果需要使用其他分类器,就需要考虑权重向量 **D** 上最佳分类器所定义的计算过程。

随后,代码将返回所有的值。最后,将当前的错误率与已有的最小错误率进行对比,如果当前的值较小,那么就在词典 bestStump 中保存该单层决策树。字典、错误率和类别估计值都会返回给 AdaBoost 算法。

接下来,将在例 7.1 构建好的基础框架(基于加权输入值进行决策的分类器)上添加相应模块来实现完整的 AdaBoost 算法。构建相应模块的具体方法,如例 7.2 所示。

【例 7.2】 构建完整的 AdaBoost 算法。

```
1   def adaBoostTrainDS(dataArr,classLabels,numIt = 40):
2       weakClassArr = []
3       m = shape(dataArr)[0]
4       D = mat(ones((m,1))/m)                      #初始化权重值
5       aggClassEst = mat(zeros((m,1)))
6       for i in range(numIt):
7           bestStump,error,classEst = buildStump(dataArr,classLabels,D)   #构建单层决策树
8           print("D:",D.T)
9           #计算弱学习算法权重 alpha,使 error 不等于 0,因为分母不能为 0,所以后面有 1e-16
10          alpha = float(0.5 * log((1.0 - error)/max(error,1e-16)))
11          bestStump['alpha'] = alpha              #存储弱学习算法权重
12          weakClassArr.append(bestStump)          #存储单层决策树
13          print("classEst: ",classEst.T)
14          expon = multiply(-1 * alpha * mat(classLabels).T,classEst)    #计算 e 的指数项
15          D = multiply(D,exp(expon))
16          D = D/D.sum()                           #根据样本权重公式,更新样本权重,归一化
17          #计算 AdaBoost 误差,当误差为 0 时,退出循环,这一块体现了集成的思想
18          aggClassEst += alpha * classEst         #累加,计算类别估计累计值,这里包括了目前已经
                                                    #训练好的每一个弱分类器
19          print("aggClassEst: ",aggClassEst.T)
20          aggErrors = multiply(sign(aggClassEst) != mat(classLabels).T,ones((m,1)))
                                                    #计算误差,不一样就设置为 1,一样就设置为 0
21          errorRate = aggErrors.sum()/m
22          print("total error: ",errorRate)
23          if errorRate == 0.0: break              #误差为 0,退出循环
24      return weakClassArr,aggClassEst
25
26  if __name__ == '__main__':
27      dataArr,classLabels = loadSimpData()
28      weakClassArr, aggClassEst = adaBoostTrainDS(dataArr, classLabels)
29      print(weakClassArr)
30      print(aggClassEst)
```

上述代码中,输入参数含有数据集、类别标签以及迭代次数,在这些参数中只有迭代次数需要用户进行设定。如果将迭代次数设为 5,此时算法在第 2 次迭代之后错误率便降为

0,那么此时将立即退出迭代。

　　AdaBoost 算法的核心在于 for 循环,该循环将在运行次数达到指定迭代次数或者训练错误率为 0 时退出。循环首先通过 buildStump()函数建立一个单层决策树。该函数的输入为权重向量 **D**,返回的则是利用权重向量 **D** 求得的具有最小错误率的单层决策树,同时返回的还有错误率的最小值和类别向量。

　　计算权重值 α。该值会告诉总分类器本次单层决策树输出结果的权重。其中的语句 max(error, 1e−16)用于确保在没有错误时避免出现数据计算中除以 0 的情况。然后,将 α 的值加入到 bestStump 字典中,之后再将该字典添加到列表中。该字典包括了分类所需要的所有信息。

　　在此之后,计算下一次迭代中的新权重向量 **D**。在训练错误率为 0 时,就要提前结束 for 循环。此时程序是通过 aggClassEst 变量保持一个运行时的类别估计值来实现的。该值只是一个浮点数,为了得到二值分类结果还需要调用 sign()函数。如果总错误率为 0,则由 break 语句中止 for 循环。

　　输出结果如下所示。

```
    ⋮
split: dim 1, thresh 1.77, thresh ineqal: gt, the weighted error is 0.429
split: dim 1, thresh 1.88, thresh ineqal: lt, the weighted error is 0.571
split: dim 1, thresh 1.88, thresh ineqal: gt, the weighted error is 0.429
split: dim 1, thresh 1.99, thresh ineqal: lt, the weighted error is 0.571
split: dim 1, thresh 1.99, thresh ineqal: gt, the weighted error is 0.429
split: dim 1, thresh 2.10, thresh ineqal: lt, the weighted error is 0.857
split: dim 1, thresh 2.10, thresh ineqal: gt, the weighted error is 0.143
D: [[0.28571429 0.07142857 0.07142857 0.07142857 0.5        ]]
classEst:  [[1. 1. 1. 1. 1.]]
aggClassEst:  [[ 1.17568763  2.56198199 − 0.77022252 − 0.77022252  0.61607184]]
total error:  0.0
[{'dim': 0, 'thresh': 1.3, 'ineq': 'lt', 'alpha': 0.6931471805599453}, {'dim': 1,
'ineq': 'lt', 'alpha': 0.9729550745276565}, {'dim': 0, 'thresh': 0.9, 'ineq': 'lt', 'alpha':
0.8958797346140273}]
[[ 1.17568763]
 [ 2.56198199]
 [ − 0.77022252]
 [ − 0.77022252]
 [ 0.61607184]]
```

　　上述输出结果中,省略了前几次迭代的结果。可以看到,在最后一次迭代完成后,aggClassEst 所有值的符号和真实类别标签都完全吻合,此时训练错误率为 0,程序就此退出。

7.4　实战:通过 AdaBoost 算法进行分类

　　在构建了多个弱分类器并找到它们所对应的权重值 α 后,便可以进行测试了。本节将介绍将弱分类器的训练过程从程序中提取然后应用到具体的实例上的方法。每个弱分类器

的结果以其对应的 α 作为权重,然后对这些弱分类器的结果加权求和,便可以得到最终结果。具体方法如例 7.3 所示。

【例 7.3】 AdaBoost 分类函数。

```
1    from numpy import *
2    """
3    Parameters:
4        datToClass - 待分类样例
5        classifierArr - 训练好的分类器
6    Returns:
7        分类结果
8    """
9    def adaClassify(datToClass,classifierArr):
10       dataMatrix = mat(datToClass)
11       m = shape(dataMatrix)[0]
12       aggClassEst = mat(zeros((m,1)))
13       for i in range(len(classifierArr)): #遍历所有分类器,进行分类
14           classEst = stumpClassify(dataMatrix, classifierArr[i]['dim'], classifierArr[i]['thresh'], classifierArr[i]['ineq'])
15           aggClassEst += classifierArr[i]['alpha'] * classEst
16           print(aggClassEst)
17       return sign(aggClassEst)
18   if __name__ == '__main__':
19       dataArr,classLabels = loadSimpData()
20       weakClassArr, aggClassEst = adaBoostTrainDS(dataArr, classLabels)
21       print(adaClassify([[0,0],[5,5]], weakClassArr))
```

上述代码中的 adaClassify() 函数达成了通过集成训练多个弱分类器进行分类的步骤。该函数的输入是由一个或者多个待分类样例 datToClass 以及多个弱分类器组成的分类器 classifierArr 组成的。通过 adaClassify() 函数将 datToClass 转换为 NumPy 矩阵,并且得到 datToClass 中的待分类样例的个数 m。然后构建一个 0 列向量 aggClassEst。

接下来,遍历 classifierArr 中的所有弱分类器,并基于 stumpClassify() 函数为每个分类器求得对应类别的估计值。stumpClassify() 函数会迭代所有可能的树桩值从而求得具有最小加权错误率的单层决策树。输出的类别估计值乘以该单层决策树的 α 权重然后累加到 aggClassEst 上即可。上述程序中加入了一条 print 语句,以便了解 aggClassEst 每次迭代后的变化结果。最后,程序返回 aggClassEst 的符号,即如果 aggClassEst 大于 0 则返回 +1,小于 0 则返回 -1。

输出结果如下所示。

```
⋮
split: dim 1, thresh 1.99, thresh ineqal: lt, the weighted error is 0.571
split: dim 1, thresh 1.99, thresh ineqal: gt, the weighted error is 0.429
split: dim 1, thresh 2.10, thresh ineqal: lt, the weighted error is 0.857
split: dim 1, thresh 2.10, thresh ineqal: gt, the weighted error is 0.143
D: [[0.28571429 0.07142857 0.07142857 0.07142857 0.5      ]]
classEst: [[1. 1. 1. 1. 1.]]
```

```
aggClassEst:  [[ 1.17568763  2.56198199 − 0.77022252 − 0.77022252  0.61607184]]
total error:  0.0
[[ − 0.69314718]
 [ 0.69314718]]
[[ − 1.66610226]
 [ 1.66610226]]
[[ − 2.56198199]
 [ 2.56198199]]
[[ − 1.]
 [ 1.]]
```

AdaBoost 算法与支持向量机之间存在诸多相似之处：AdaBoost 算法中弱分类器可以看作支持向量机中的核函数，AdaBoost 算法也可以按照最大化某个最小间隔的方式重写。两种算法的区别在于不同的间隔计算方式，这导致它们的计算结果出现差异。数据空间的维度越高，这两种算法之间的差异越明显。

7.5　非均衡分类

在之前章节介绍的所有分类任务中，本书假设所有类别的分类代价是一样的。但是在实际应用中，各个类别的分类代价往往是不同的，例如，医生对病人的患癌诊断结果往往会对病人的心理产生重大影响，如果将本来没有患癌症的人诊断为患癌，这很可能对病人的身心造成重大消极影响。本节将介绍一种新的分类器性能度量方法，并通过图像技术来对非均衡问题下不同分类器的性能进行可视化处理。

7.5.1　分类性能度量指标：正确率、召回率

在机器学习中的分类任务中，通常基于错误率来衡量分类器任务的成功程度。错误率指的是在所有测试样例中错分的样例比例。实际上，这样度量错误掩盖了样本如何被错误分类的事实。在机器学习中，存在一种帮助人们了解分类中的错误的工具——混淆矩阵（confusion matrix）。

以对社区超市中可能售卖的商品类型进行预测为例，这个预测中三类商品的混淆矩阵如下所示。混淆矩阵的每一列表示预测类别，每一行表示数据的真实归属类别。每一列中的数值表示真实数据被预测为该类的数目，例如下列矩阵中第 1 行第 1 列的 24 表示有 24个实际归属于食品的实例被预测为食品，同理，第 1 行第 2 列的 2 表示有两个实际归属于食品的实例被错误地预测为日用品。

		预测结果		
		食品	日用品	烟酒副食
	食品	24	2	5
真实结果	日用品	2	27	0
	烟酒副食	4	2	30

混淆矩阵可以更直观地表示分类中的错误。如果矩阵中的非对角元素均为 0，就会得到一个完美的分类器。

在接下来的讨论中,将以经典的二分类问题为例来进一步讨论非均衡分类问题。ROC(Receiver Operating Characteristic,接收者操作特征)曲线和 AUC(Area Under the Curve,曲线下方区域面积)值常被用来评价一个二分类器(binary classifier)的优劣。在通过计算机辅助医学肺结节检测时,便用到了 ROC 和 AUC。

在二分类问题中,可以将实例分成正例(positive)和负例(negative)两种。例如,在肺结节计算机辅助识别这一问题上,一幅肺部 CT 图像中有肺结节被认为是正例,没有肺结节被认为是负例。肺结节的 CT 图如图 7.1 所示。

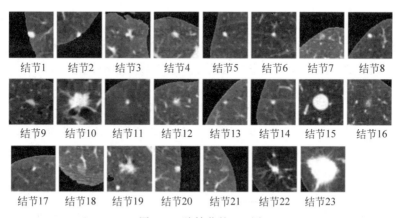

图 7.1　肺结节的 CT 图

在二分类问题中,如果将一个正例判为正例,那么就可以认为产生了一个真正例(True Positive,TP,也称真阳);如果将一个反例正确地判为反例,则认为产生了一个真反例(True Negative,TN,也称真阴)。相应地,另外两种情况则分别称为伪反例(False Negative,FN,也称假阴)和伪正例(False Positive,FP,也称假阳)。在肺结节的检测中可能出现如下 4 种情况。

(1)真阳性:检测有结节,且实际有结节。正确肯定的匹配数目。

(2)假阳性:检测有结节,但实际无结节。误报,给出的匹配是不正确的。

(3)真阴性:检测无结节,且实际无结节。正确拒绝的非匹配数目。

(4)假阴性:检测无结节,但实际有结节。漏报,没有正确找到的匹配的数目。

在分类问题中,当某个类别的重要性高于其他类别时,就可以利用上述定义来定义出多个比错误率更好的新指标。具体如下所示。

(1)正确率(precision)的计算公式如下所示。

$$正确率 = \frac{TP}{TP + FP}$$

(2)真阳性率(True Positive Rate,TPR)、灵敏度(sensitivity)、召回率(recall)的关系表达式如下所示。

$$灵敏度 = 召回率 = \frac{TP}{TP + FN}$$

(3)真阴性率(True Negative Rate,TNR)、特异度(specificity)的关系表达式如下所示。

$$特异度 = 真阴性率 = \frac{TN}{FP + TN}$$

（4）假阴性率（False Negative Rate，FNR）、漏诊率（＝1－灵敏度）的关系表达式如下所示。

$$假阴性率 = \frac{FN}{TP + FN}$$

（5）假阳性率（False Positive Rate，FPR），误诊率（＝1－特异度）的关系表达式如下所示。

$$假阳性率 = \frac{FP}{FP + TN}$$

在实际应用中，可以很容易地构造一个高正确率或高召回率的分类器，但是很难同时保证两者同时成立。如果将任何样本都判为正例，那么召回率达到百分之百而此时正确率很低。构建一个同时使正确率和召回率最大的分类器是具有挑战性的。

7.5.2 分类性能度量指标：ROC 曲线

ROC 曲线是反映敏感性和特异性连续变量的综合指标。ROC 曲线上每个点反映着对同一信号刺激的感受性。ROC 曲线最早被用于在第二次世界大战期间构建雷达系统。ROC 曲线的示例如图 7.2 所示。

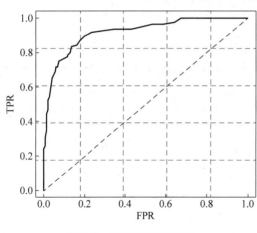

图 7.2　ROC 曲线的示例

在图 7.2 中存在一条虚线和一条实线。图中的横轴是伪正例（FPR）的比例（假阳率＝FP/（FP＋TN）），纵轴是真正例（TPR）的比例（真阳率＝TP/（TP＋FN））。在一个二分类模型中，假设采用逻辑回归分类器，其给出针对每个实例为正例的概率。那么通过设定一个阈值（如 0.6），概率大于或等于该阈值的为正例，概率小于该阈值的为负例。对应的就可以算出一组 FPR 和 TPR。随着阈值的逐渐减小，越来越多的实例被划分为正例，但是这些正例中同样也掺杂着真正的负实例，即 TPR 和 FPR 会同时增大。阈值最大时，对应坐标点为（0，0）；阈值最小时，对应坐标点（1，1）。最理想的情况是，TPR 的值接近 1，而此时 FPR 的值接近 0。

ROC 曲线给出的是当阈值变化时假阳率和真阳率的变化情况。左下角的点所对应的是将所有样例判为反例的情况，而右上角的点对应的则是将所有样例判为正例的情况。虚线给出的是随机猜测的结果曲线。相比于其他的 P-R 曲线（正确度和召回率曲线），ROC 曲线有一个巨大的优势：当正负样本的分布发生变化时，曲线形状能够基本保持不变，而 P-R 曲线的形状一般会发生剧烈的变化，因此 ROC 曲线能降低不同测试集带来的干扰，更加客观地衡量模型本身的性能。

ROC 曲线不但可以用于比较分类器，还可以基于成本效益（cost-versus-benefit）进行分析从而做出决策。当选择的阈值不同时，不同的分类器的表现情况也将表现出差异，通过某种方式将这些分类器组合起来可能达到更好的效果。在理想的情况下,最佳的分类器的结果应该尽可能地处于左上角,这就意味着分类器在假阳率很低的同时获得了很高的真阳率。例如在垃圾邮件的过滤中,这就相当于过滤了所有的垃圾邮件,但没有将任何合法邮件误识为垃圾邮件而放入垃圾邮件的文件夹中。

衡量 ROC 曲线效果的其中一个指标是 AUC。AUC 被定义为 ROC 曲线下的面积所占的比例,显然这个面积的数值不会大于 1。又由于 ROC 曲线一般都处于直线 $y = x$ 的上方,所以 AUC 的取值范围一般在 0.5 和 1 之间。使用 AUC 值作为评价标准是因为很多时候 ROC 曲线并不能清晰地说明哪个分类器的效果更好。通过 AUC 值衡量分类器效果时,对应 AUC 更大的分类器效果更好。

可以根据分类器提供的每个样例被判定为阳性或者阴性的可信程度值来绘制 ROC 曲线。一般情况下,这些可信度值会在最后输出离散分类标签之前被清除。

通过之前章节的学习已经对二分类模型并不陌生。二分类模型的输出结果通常都是预测样本为正例的概率,而事实上,ROC 曲线正是通过不断移动分类器的“阈值”来生成曲线上的一组关键点的。以雷达的运作为例,每一个雷达兵用都是同一台雷达返回的结果,但是每一个雷达兵内心对雷达反射信号是否属于敌军飞机的判断是不一样的,可能 1 号兵解析后认为信号属于敌机的可能性大于 0.9,就可以认定该信号是敌机,2 号兵解析后认为可能性大于 0.85,就是敌机。以此类推,每一个雷达兵内心都有自己的一个判断标准(也即对应分类器的不同“阈值”),这样针对每一个雷达兵,都能计算出一个 ROC 曲线上的关键点(一组 FPR,TPR 值),把这些点连起来,也就是 ROC 曲线了。

接下来将介绍通过 Python 设置 ROC 曲线的绘制及 AUC 计算函数的方法,具体如例 7.4 所示。

【例 7.4】 通过 Python 设置 ROC 曲线的绘制及 AUC 计算函数。

```
1   def loadDataSet(fileName):
2       numFeat = len(open(fileName).readline().split('\t'))
3       dataMat = []; labelMat = []
4       fr = open(fileName)
5       for line in fr.readlines():
6           lineArr = []
7           curLine = line.strip().split('\t')
8           for i in range(numFeat - 1):
9               lineArr.append(float(curLine[i]))
10          dataMat.append(lineArr)
11          labelMat.append(float(curLine[-1]))
12      return dataMat, labelMat
13  def plotROC(predStrengths, classLabels):
14      import matplotlib.pyplot as plt
15      cur = (1.0, 1.0)  # cursor
16      ySum = 0.0
17      numPosClas = sum(array(classLabels) == 1.0)
18      yStep = 1/float(numPosClas); xStep = 1/float(len(classLabels) - numPosClas)
19      sortedIndicies = predStrengths.argsort()  # 获取整理好的指数
20      fig = plt.figure()
```

```
21    fig.clf()
22    ax = plt.subplot(111)
23    #迭代所有的值
24    for index in sortedIndicies.tolist()[0]:
25      if classLabels[index] == 1.0:
26        delX = 0; delY = yStep;
27      else:
28        delX = xStep; delY = 0;
29        ySum += cur[1]
30
31      ax.plot([cur[0],cur[0]-delX],[cur[1],cur[1]-delY], c = 'b')
32      cur = (cur[0]-delX,cur[1]-delY)
33    ax.plot([0,1],[0,1],'b--')
34    plt.xlabel('False Positive Rate'); plt.ylabel('True Positive Rate')
35    plt.title('ROC curve for AdaBoost horse colic detection system')
36    ax.axis([0,1,0,1])
37    plt.show()
38    print("the Area Under the Curve is: ",ySum * xStep)
39  datArr,labelArr = loadDataSet("horseColicTraining2.txt")
40  classifierArray,aggClassEst = adaBoostTrainDS(datArr,labelArr,10)
41  plotROC(aggClassEst.T,labelArr)
```

上述代码中的函数有两个输入参数：第一个是 NumPy 数组或者一个行向量组成的矩阵；第二个是 classLabels。第一个参数代表的是分类器的预测强度，在分类器和训练函数将这些数值应用到 sign() 函数之前就已经生成。导入 pyplot，然后构建一个浮点数二元组，并将它初始化为 $(1,0,1.0)$。该元组用于保存绘制光标的位置，变量 ySum 则用于计算 AUC 的值。

接下来，通过数组过滤方式计算正例的数目，并将该值赋给 numPosClas。该值先是确定了在 y 坐标轴上的步进数目，接下来，在 x 轴和 y 轴的 $[0.0,1.0]$ 上绘点，因此 y 轴上的步长是 1.0/numPosClas。通过类似的方法，也可以得到 x 轴的步长。

得到的排序索引是按照最小到最大的顺序排列的，因此需要从点 $(1.0,1.0)$ 开始绘制，一直到点 $(0,0)$。接下来的 3 行代码用于构建画笔，并在所有排序值上进行循环。这些值在一个 NumPy 数组或者矩阵中进行排序。在 Python 中需要一个列表来迭代循环，因此，需要调用 tolist() 方法。在遍历列表时，每得到一个标签为 1.0 的类，则要沿着 y 轴的方向下降一个步长，即不断降低真阳率。类似地，对于每个其他类别的标签，则是在 x 轴方向上倒退了一个步长(假阴率方向)。

计算 AUC 时，需要对多个小矩形的面积进行累加。这些小矩形的宽度是 xStep，因此可以先对所有矩形的高度进行累加，最后再乘以 xStep 得到其总面积。所有高度的和(ySum)随着 x 轴的每次移动而渐次增加。一旦决定了是在 x 轴还是 y 轴方向上进行移动，就可以在当前点和新点之间画出一条线段。然后，更新当前点。最后，输出 AUC。

输出结果如下所示。

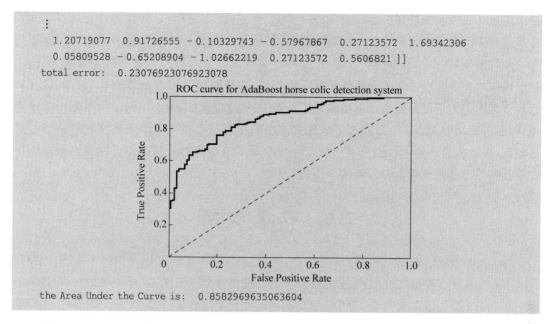

⋮
1.20719077 0.91726555 − 0.10329743 − 0.57967867 0.27123572 1.69342306
0.05809528 − 0.65208904 − 1.02662219 0.27123572 0.5606821]]
total error: 0.23076923076923078

the Area Under the Curve is: 0.8582969635063604

根据 AUC 判断分类器(预测模型)优劣的标准如下所示。

(1)当 AUC＝1 时,该分类器是一个完美的分类器,采用这个分类器预测模型时,存在至少一个阈值能得到完美预测。绝大多数预测的场合不存在完美分类器。

(2)当 $0.5 <$ AUC < 1 时,该分类器的预测结果优于随机猜测。通过给这个分类器(模型)设定合适的阈值,可以得到有价值的预测结果。

(3)当 AUC＝0.5 时,该分类器的预测结果与随机猜测一样(例如抛硬币猜正反面),模型没有预测价值。

(4)当 AUC$<$0.5 时,该分类器的预测结果比随机猜测还差。相应地,如果总是按照与该分类器预测结果相反的情况进行预测,则这样的预测方式将优于随机猜测。

ROC 曲线具有一个良好的特性:当测试集中的正负样本的分布变化时,ROC 曲线能够保持不变。在实际的数据集中经常会出现类不平衡(class imbalance)现象,即负样本比正样本多很多(或者相反),而且测试数据中正负样本的分布也可能随着时间变化。

7.5.3 非均衡数据的采样方法

通过对分类器的训练数据进行改造可以处理非均衡问题中分类器的调节——欠采样(undersampling)或者过采样(oversampling)。

过采样是通过增加分类中样本较少的类别的采样数量来处理样本不平衡问题的。最直接的方法是简单复制小样本数据。这种采样方法的缺点是:特征较少的情况下,容易出现过拟合的问题。可以通过在过采样方法中为少数类加入随机噪声、干扰数据或通过一定规则产生新的合成样本来降低过拟合的风险。

欠采样是通过减少分类中多数类样本的数量来实现样本均衡的,最直接的方法是随机去掉一些多数类样本来减少多数类的规模,缺点是可能丢失多数类中的一些重要信息。

在许多机器学习的应用场景中,经常会遇到一些特殊的数据集,数据集中的某些类型数

149

第7章

据可能比其他类型的数据更容易被观测到。以罕见病鉴定为例,正常样本可能远多于病人样本的数量。在这种情况下,想要确保训练后的模型不会偏向于拥有更多数据的类。假设有一个数据集,其中有 5 张疾病图像和 95 张正常图像。如果模型预测所有图像均为正常,则准确率为 95%,虽然预测准确率看似很高,但是这种模型显然无法帮助我们有效区分病患和正常人。为了尽可能地保留数据集中的罕见类别的信息,需要保留正例类别中的所有样例,而对反例类别进行欠采样处理。这种方法的一个缺点就在于要确定哪些样例需要进行剔除,被剔除的样例中可能携带了剩余样例中并不包含的有价值信息。一种可行的解决方案是选择那些离决策边界较远的样例进行删除。

7.6 本章小结

AdaBoost 算法的基础学习器选择灵活,可以应用于任意可处理分类加权数据的分类器,模型各基础分类器之间具有强关联性,后面的分类器是建立在它前面的分类器的基础上的,通过组合多个分类器,获得了比简单的单分类器更好的分类结果。需要注意的是,AdaBoost 算法容易出现过拟合问题,可以通过增加各分类器的差异性(算法或数据集的差异)来缓解这一问题。除此之外,AdaBoost 算法还对噪声敏感,因为异常样本在迭代中很可能会得到较高的权重,基础学习器之间的强关联性也不利于将模型应用到处理大数据中。

至此,本书已介绍了多种分类算法。接下来的章节将进入回归算法部分。

7.7 习 题

1. 填空题

(1)_____算法是将弱学习算法提升为强学习算法的一类算法的统称,可用来提升弱分类器的准确度。

(2)集成学习算法大致可以分为两类:_____和_____。

(3)单层决策树属于结构最简单的决策树,也被称为_____,它仅仅基于单个特征来做决策。

(4)集成学习中常用的算法主要有以下 3 种:_____、_____和_____。

(5)ROC 曲线的意思是_____,是反映敏感性和特异性连续变量的综合指标。

2. 选择题

(1)以下算法中不属于集成算法的是( )。

    A. 随机森林算法   B. AdaBoost 算法

    C. 贝叶斯模型平均算法   D. 逐步线性回归算法

(2)下列选项中,不属于 Baging 算法的特点的是( )。

    A. 模型泛化能力强   B. 偏差低

    C. 方差低   D. 以上都是

（3）AdaBoost 算法中,权重值 α 的计算公式为(　　)。

A. $\alpha = \dfrac{1}{2}\ln\left(\dfrac{1-\text{正确率}}{\text{正确率}}\right)$
B. $\alpha = \dfrac{1}{2}\ln\left(\dfrac{1-\text{错误率}}{\text{正确率}}\right)$

C. $\alpha = \dfrac{1}{2}\ln\left(\dfrac{1-\text{错误率}}{\text{错误率}}\right)$
D. $\alpha = \dfrac{1}{2}\ln\left(\dfrac{1-\text{正确率}}{\text{错误率}}\right)$

3. 思考题

（1）简述 AdaBoost 算法与支持向量机算法的异同。

（2）简述 Bagging 算法、AdaBoost 算法和 Stacking 算法之间的差异。

第 8 章 | 线 性 回 归

本章学习目标

- 了解线性回归原理；
- 掌握通过 Python 实现局部加权线性回归的方法；
- 掌握通过 Python 实现岭回归和 Lasso 回归的方法；
- 了解方差与偏差的区别及二者的平衡。

线性回归算法是一种预测性建模技术，主要用来研究因变量(连续型变量)和自变量之间的关系，属于监督学习算法。之前的章节介绍了大量的分类算法相关知识，本章进入回归算法的领域，重点讲解线性回归的概念，引入线性回归主要的两个变种：岭回归和 Lasso 回归。

8.1 线性回归原理

机器学习中的监督学习算法分为回归算法和分类算法。在监督学习中，当任务中的标签值为连续值时属于回归任务，标签值为离散值时属于分类任务。虽然线性回归模型是处理回归任务的基础模型，但线性关系的表达能力非常强大。每个特征变量对结果的影响强弱可以由该变量所对应的参数体现，而每个变量可以首先映射到一个函数然后再参与线性计算，可以通过这样的方式表达特征与结果之间的非线性关系。本节将对线性回归的相关概念进行讲解。

8.1.1 简单的线性回归

在回归任务中，如果只含有一个自变量和一个因变量，且这两者的关系可通过一条直线进行近似表示，那么称这种回归分析为一元线性回归。当回归分析中含有两个或两个以上的自变量，且因变量和自变量之间满足线性关系，则称这种回归分析为多元回归分析。

在两个变量或多个变量(多元回归)的情形下，线性回归需要对三种变量(一个因变量、多个特征变量和一个随机值)进行关系建模。通过线性回归进行数据分析主要包括以下 4 个步骤。

(1) 确定变量间相关关系的数学表达式。

(2) 根据训练数据集估计并检验回归模型及参数。

(3) 从众多的输入变量中，判断哪些变量对目标变量的影响是显著的。

（4）根据输入变量的已知值来估计目标变量的平均值并给出预测准确度。

简单线性回归模型的定义如下所示。

$$y = w_0 + w_1 x + b$$

上述表达式中，x 表示特征变量（自变量），y 表示因变量，w_0 表示回归线的截距，w_1 表示对应特征变量的权重，b 表示偏差值（服从均值为 0 的正态分布）。

对于参数 w，在物理上可以解释为：在特征变量之间相互独立的前提下，w_i 反映特征变量 x_i 对因变量 y 的影响程度，w_i 的值越大，说明 x_i 对 y 的影响越大。可以通过每个特征变量所对应的参数直观地判断特征变量对结果的影响程度。

简单线性回归方程的表达式如下所示。

$$f(y) = w_0 + w_1 x$$

通过对训练数据集的拟合，求得根据估计参数建立的直线方程：$\hat{y} = w_0 + w_1 x$。

在实际应用中，主要是根据已知训练数据，估计出 w_0 和 w_1 的值。接下来通过一个简单的示例帮助大家理解线性回归的概念。

假设平面直角坐标系中有 4 个点，坐标分别为 $(-1,0)$、$(0,1)$、$(1,2)$、$(2,1)$，求一条直线，使这 4 个点到该直线的距离最近。4 个点在坐标系中的位置如图 8.1 所示。

现在需要找到一条直线，使得已知的这 4 个点到该直线的距离最近。设最佳直线的方程为 $f(y) = w_0 + w_1 x$。从图 8.1 可以看出，这 4 个坐标点并不在一条直线上，因此不可能存在一条直线同时连接这 4 个点。此时，可以通过最小二乘法找到一条距离这 4 个点最近的直线来求得近似解。最小二乘法的核心思想是通过对样本空间中的所有数据点进行拟合，找到一个离所有数据点的距离方差之和最小的直线（或平面）。

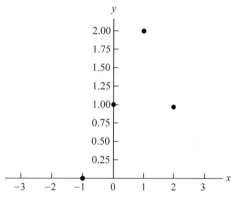

图 8.1   4 个点在坐标系中的位置

本例以误差平方和（Sum of Squares for Errors，SSE）作为评价标准，来寻找最佳拟合直线。误差平方和的表达如下所示。

$$\text{SSE} = \sum_{i=1}^{n} (\hat{y_i} - \bar{y_i})^2$$

当上述表达式的值最小时，可以找到线程回归方程的最优参数值。求解上述表达式最小值的过程可以进一步转换为求导和求极值的问题（此处省略求导化简过程），通过转换可以得到以下两个表达式。

$$w_0 = \bar{y} - w_1 \bar{x}$$

$$w_1 = \frac{\sum (x_i - \bar{x})(y_i - \bar{y})}{\sum (x_i - \bar{x})^2}$$

将示例中 4 个点的坐标代入上述两个表达式后，可得

$$w_1 = \frac{\sum (x_i - \bar{x})(y_i - \bar{y})}{\sum (x_i - \bar{x})^2}$$

$$= \frac{(-1-0.5) \times (0-1) + (0-0.5) \times (1-1) + (1-0.5) \times (2-1) + (2-0.5) \times (1-1)}{(-1-0.5)^2 + (0-0.5)^2 + (1-0.5)^2 + (2-0.5)^2}$$

$$= \frac{2}{5} = 0.4$$

$$w_0 = \bar{y} - w_1 \bar{x} = 1 - 0.4 \times 0.5 = 0.8$$

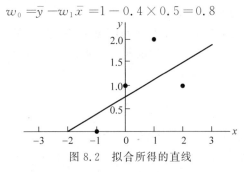

图 8.2 拟合所得的直线

由此可得，示例中的线性回归方程表达式应该为：$\hat{y} = 0.4x + 0.8$。拟合所得的直线如图 8.2 所示。

图 8.2 中的直线便是离 4 个点距离最近直线的近似解。通过 Python 实现上述求解过程，如例 8.1 所示。

【例 8.1】 通过最小二乘法拟合直线。

```
1   import numpy as np
2   from matplotlib import pylab as pl
3   # 定义训练数据
4   x = np.array([-1,0,1,2])
5   y = np.array([0,1,2,1])
6   # 回归方程求解函数
7   def fit(x,y):
8     if len(x) != len(y):
9       return
10    numerator = 0.0
11    denominator = 0.0
12    x_mean = np.mean(x)
13    y_mean = np.mean(y)
14    for i in range(len(x)):
15      numerator += (x[i] - x_mean) * (y[i] - y_mean)
16      denominator += np.square((x[i] - x_mean))
17    print('numerator:',numerator, 'denominator:',denominator)
18    w1 = numerator/denominator
19    w0 = y_mean - w1 * x_mean
20    return w0,w1
21  # 定义预测函数
22  def predit(x,w0,w1):
23    return w1 * x + w0
24
25  # 求解回归方程
26  w0,w1 = fit(x,y)
27  print("w0:",w0,"w1:",w1)
28  print("Line is:y = ", w1,"x"," + ",w0)
29
30  # 绘制图像
31  xx = np.linspace(-5, 5)
32  yy = w0 * xx + w1
33  pl.plot(xx,yy,'k-')
```

```
34  pl.scatter(x, y, cmap = pl.cm.Paired)
35  pl.show()
```

输出结果如下所示。

```
numerator: 2.0 denominator: 5.0
w0: 0.8 w1: 0.4
Lineis:y = 0.4 x + 0.8
```

上述结果中的 numerator 和 denominator 分别对应 $w_1 = \dfrac{\sum (x_i - \bar{x})(y_i - \bar{y})}{\sum (x_i - \bar{x})^2}$ 中分子

与分母的计算结果。可以看出,通过 Python 求得的拟合直线方程与之前的推导结果相同。

通过 Matplotlib 绘制拟合出的直线,如图 8.3 所示。

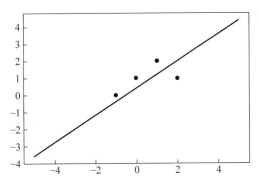

图 8.3　通过 Matplotlib 绘制拟合出的直线

8.1.2　多元线性回归

多元线性回归方程和简单线性回归方程类似,不同的是由于特征变量个数的增加,要求的参数的个数也相应增加,推导和求解过程也有所不同。

$$y = w_0 + w_1 x_1 + w_2 x_2 + \cdots + w_n x_n + b$$

关于上述表达式中的 $w_0, w_1, \cdots, w_n$ 的求解公式本书将不做重点讲解,感兴趣的读者可以自行参考相关书籍获取相关知识。在实际应用中,可以直接通过 Python 的第三方库来计算上述各参数的值。接下来以产品的销量与广告媒体的投入之间的关系建立多元线性回归模型,销量与广告媒体投入如表 8.1 所示。

表 8.1　销量与广告媒体投入

TV/万元	radio/万元	newspaper/万元	sales/万件
230.1	37.8	69.2	22.1
44.5	39.3	45.1	10.4
17.2	45.9	69.3	9.3
151.5	41.3	58.5	18.5
180.8	10.8	58.4	12.9
8.7	48.9	75	7.2

首先,导入相关工具库,并导入包含表 8.1 的数据集文件 xxsj. xlsx。接下来通过 Python 输出表中的数据信息。具体代码如例 8.2 所示。

【例 8.2】 导入工具库和信息。

```
1    import pandas as pd
2    import numpy as np
3    import matplotlib.pyplot as plt
4    import seaborn as sns
5    from pandas import DataFrame,Series
6    from sklearn.cross_validation import train_test_split
7    from sklearn.linear_model import LinearRegression
8    #通过 read_ excel()函数来读取数据集
9    data = pd.read_excel(u'C:/Users/Harry/Desktop/机器学习/机器学习稿件/第 5 章 线性回归/
     xxsj.xlsx')
10   #数据清洗
11   new_data = data.ix[:,:]
12   #输出数据集并查看前几行信息和数据形状
13   print('head',new_data.head(),'\nShape:',new_data.shape)
```

输出结果如下所示。

```
head    TV      radio    newspaper    sales
0       230.1   37.8     69.2         22.1
1       44.5    39.3     45.1         10.4
2       17.2    45.9     69.3         9.3
3       151.5   41.3     58.5         18.5
4       180.8   10.8     58.4         12.9
Shape: (200, 3)
```

上述结果中,特征值 TV 表示用于电视媒体上投资的广告费用,特征值 radio 表示用于广播媒体上投资的广告费用,特征值 newspaper 表示用于报纸媒体的广告费用,标签值 sales 表示产品销量。

本示例的目的在于根据不同的广告投入,预测产品的销量。因为因变量是连续型数据值,所以该问题属于回归问题。数据集一共有 200 组观测值(例 5.2 的输出结果中只展示了部分数据),每一组观测值对应一个市场情况。接下来,需要对数据进行描述性统计,并寻找数据中的缺失值(缺失值对模型的影响较大,若发现缺失值,需要将其替换或删除)。利用箱形图可视化数据集,在对数据集进行描述性统计后对数据进行相关性分析,通过这种方法寻找数据中特征值与标签值之间的关系。具体代码如例 8.3 所示。

【例 8.3】 查找特征值与标签值之间的关系。

```
1    #描述数据集
2    print(new_data.describe())
3    #检测缺失值
4    print(new_data[new_data.isnull() == True].count())
5
6    new_data.boxplot()
```

```
7    plt.savefig("boxplot.jpg")
8    plt.show()
9    #相关系数0~0.3为弱相关,0.3~0.6为中等程度相关,0.6~1为强相关
10   print(new_data.corr())
```

输出结果如下所示。

	TV	radio	newspaper	sales
count	200.000000	200.000000	200.000000	200.000000
mean	147.042500	23.264000	30.554000	14.022500
std	85.854236	14.846809	21.778621	5.217457
min	0.700000	0.000000	0.300000	1.600000
25%	74.375000	9.975000	12.750000	10.375000
50%	149.750000	22.900000	25.750000	12.900000
75%	218.825000	36.525000	45.100000	17.400000
max	296.400000	49.600000	114.000000	27.000000
TV	0			
radio	0			
newspaper	0			
sales	0			
dtype: int64				
	TV	radio	newspaper	sales
TV	1.000000	0.054809	0.056648	0.782224
radio	0.054809	1.000000	0.354104	0.576223
newspaper	0.056648	0.354104	1.000000	0.228299
sales	0.782224	0.576223	0.228299	1.000000

通过 Matplotlib 绘制箱形图,如图 8.4 所示。

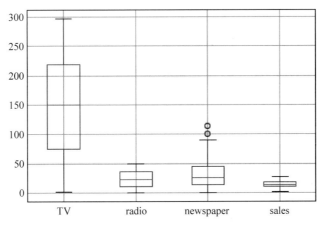

图 8.4　通过 Matplotlib 绘制的箱形图

从上述输出结果中不难看出,TV 与 sales 属于强正相关关系,而 radio 与 sales 属于中等程度相关关系,newspaper 与 sales 属于弱相关关系。

通过建立散点图来查看数据的分布情况以及相对应的线性情况,通过工具包 seaborn 中的 pairplot()函数来绘制不同因素对销量的影响。具体代码如例 8.4 所示。

【例 8.4】 绘制拟合直线。

```
1  # 通过加入参数 kind = 'reg',可以添加一条最佳拟合直线和 95% 的置信带
2  sns.pairplot(new_data, x_vars = ['TV','radio','newspaper'], y_vars = 'sales', size = 7,
   aspect = 0.8,kind = 'reg')
3  plt.savefig("pairplot.jpg")
4  plt.show()
```

输出结果如图 8.5 所示。

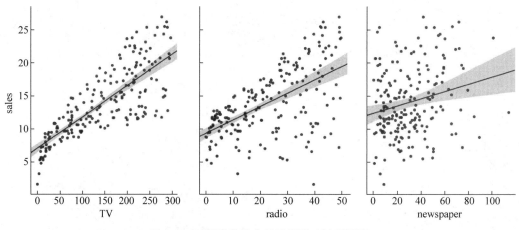

图 8.5 不同媒体对产品销量影响的预测线

图 8.5 反映了 3 种不同媒体对产品销量影响的预测线（置信度为 95%）。

在了解数据的各种情况后，便可以对数据集建模。建模的第一步是建立训练集与测试集，此处通过 sklearn 中的 train_test_split( ) 函数来创建数据集。具体代码如例 8.5 所示。

【例 8.5】 创建训练数据集和测试数据集。

```
1  X_train,X_test,Y_train,Y_test = train_test_split(new_data.ix[:,:3],new_data.sales,
   train_size = .80)
2
3  print("原始数据特征:",new_data.ix[:,:3].shape,
4       ",训练数据特征:",X_train.shape,
5       ",测试数据特征:",X_test.shape)
6
7  print("原始数据标签:",new_data.sales.shape,
8       ",训练数据标签:",Y_train.shape,
9       ",测试数据标签:",Y_test.shape)
```

输出结果如下所示。

```
原始数据特征:(200,3),训练数据特征:(160,3),测试数据特征:(40,3)
原始数据标签:(200,),训练数据标签:(160,),测试数据标签:(40,)
```

在划分好数据集后,将训练集中的特征值与标签值放入 LinearRegression()模型中,并通过 fit()函数进行训练,在模型训练完成之后会得到所对应的线性回归方程。具体代码如例 8.6 所示。

【**例 8.6**】 拟合线性回归方程。

```
1  model = LinearRegression()
2  model.fit(X_train,Y_train)
3  a  = model.intercept_           # 截距
4  b = model.coef_                 # 回归系数
5  print("最佳拟合线:截距",a,",回归系数:",b)
```

输出结果如下所示。

```
最佳拟合线:截距 3.1736892962032712 ,回归系数: [ 0.04507793   0.19178694 − 0.00677772]
score: 0.8595736259546495
```

上述结果便是根据所建模型求得的多元线性回归模型表达式中各参数的值。对应的表达式为 $y = 3.173 + 0.045 * TV + 0.191 * radio + 0.006 * newspaper$。接下来对数据集进行预测与模型测评。使用 predict()函数与 score()函数来获取所需要的预测值与得分。具体代码如例 8.7 所示。

【**例 8.7**】 使用 predict()函数与 score()函数来获取所需要的预测值与得分。

```
1  score = model.score(X_test,Y_test)
2  print("score:", score)
3  # 对线性回归进行预测
4  Y_pred = model.predict(X_test)
5  print(Y_pred)
6  plt.plot(range(len(Y_pred)),Y_pred,'b',label = "predict")
7  # 输出图像
8  plt.savefig("predict.jpg")
9  plt.show()
```

输出结果如下所示。

```
score: 0.8595736259546495
[15.38012782 18.70673894 20.64953195 13.62570239 20.02542559 11.58721142
 21.1816777  23.89830061  9.90905431 21.19968617 10.4716861  15.38701488
 14.96632915 10.10437884 14.51960601 18.37211041  4.5269337   7.79691298
 20.32664948 20.46493844 11.89700556  8.18388996 19.01213205 10.6752845
 10.01098795 11.54715281 16.36464337 21.70886868 22.77111398 11.71066715
 18.98009371 13.97526431  9.14825126 16.10742085 12.01758105 13.76230895
 17.04453297 20.93141312 17.55153554 10.74104049]
```

上述输出结果表明,预测准确度约为 85.96%。通过 Matplotlib 绘制的预测值变化情况如图 8.6 所示。

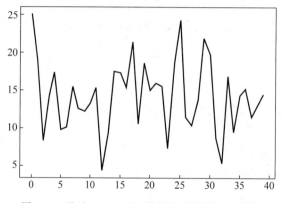

图 8.6　通过 Matplotlib 绘制的预测值变化情况

8.2　局部加权线性回归

在解决线性回归问题时经常遇到模型欠拟合的问题,这是由于模型通常求的是具有最小均方误差的无偏估计。当模型出现欠拟合时,将难以很好地应用于预测未知数据,本节将引入偏差值这一元素来降低预测的均方误差,从而减少欠拟合的发生。

本节将要介绍的局部加权线性回归(Locally Weighted Linear Regression,LWLR)便是缓解拟合问题的方法之一。局部加权线性回归会给待预测点附近的每个点都赋予一个相应的权重值;在这个子集上基于最小均方差通过普通的线性回归算法求解。损失函数是加和的多项式,每一个项是单个样本的真实值与预测值的距离,损失函数的值越小说明模型的效果越好,且每一项对损失函数而言都是同等重要的。局部加权线性回归则采用了不同的方法,它为损失函数中的每一项(单个样本的真实值与预测值的距离)添加了相应的权重值,从而改变了这些项对损失函数整体的影响力。

与第 2 章介绍的 K 近邻算法类似,局部加权线性回归每次预测均需要事先选取出对应的数据子集。假设输入数据存放在矩阵 $\boldsymbol{X}$ 中,回归系数存放在 θ 中,对于给定的数据 $\boldsymbol{X}_1$,预测结果 $\boldsymbol{y}_1 = \boldsymbol{X}_1^{\mathrm{T}}\theta$。求解回归系数 θ 的表达式如下所示。

$$\hat{\theta} = (\boldsymbol{X}^{\mathrm{T}}\boldsymbol{W}\boldsymbol{X})^{-1}\boldsymbol{X}^{\mathrm{T}}\boldsymbol{W}y$$

其中,$\boldsymbol{W}$ 是一个对角方阵,方阵大小与矩阵 $\boldsymbol{X}$ 的样本数量相等,用来给每个数据点赋予权重。$\hat{\theta}$ 表示该值为当前可以估计出的最优解。从现有数据中估计出的 θ 可能不是数据中真实 θ 的值。

局部加权线性回归使用核函数(与支持向量机中的核类似)来对附近的点赋予更高的权重。核的类型可以自由选择,最常用的核就是高斯核,高斯核对应的权重表达式如下所示。

$$\theta^{(i)} = \exp\left(\frac{(x^{(i)} - x)^2}{-2k^2}\right)$$

上述表达式中,k 是一个超参数,描述了随着真实样本与预测样本距离的增加其重要程度减少的速率。现在仅以某一特定真实样本与预测样本为例(即固定 $(x^{(i)} - x)^2$ 的值)来分析 k 值对权重的影响:当 $k^2 \to +\infty$ 时,$\theta^{(i)} \to 1$,即 k 值越大权重减小的速率越慢;当 $k^2 \to 0$

时,$\theta^{(i)} \to 0$,即 k 值越小权重减小的速率越快。参数 k 与权重 $\theta^{(i)}$ 的关系如图 8.7 所示。

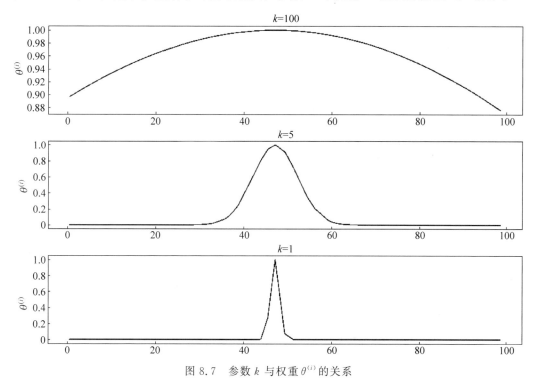

图 8.7 参数 k 与权重 $\theta^{(i)}$ 的关系

接下来,通过代码实现局部加权线性回归,具体如例 8.8 所示。

【例 8.8】 实现局部加权线性回归。

```
1    from numpy import *
2    import matplotlib.pyplot as plt
3    def loadDataSet(fileName):
4      ♯打开一个用 Tab 键分隔的文本文件,默认文件每行的最后一个值是目标值
5      numFeat = len(open(fileName).readline().split('\t')) - 1
6      dataMat = []; labelMat = []
7      fr = open(fileName)
8      for line in fr.readlines():
9        lineArr = []
10       curLine = line.strip().split('\t')
11       for i in range(numFeat):
12         lineArr.append(float(curLine[i]))
13       dataMat.append(lineArr)
14       labelMat.append(float(curLine[-1]))
15     return dataMat,labelMat
16
17   def standRegres(xArr,yArr):
18     ♯计算最佳拟合直线
19     xMat = mat(xArr); yMat = mat(yArr).T
20     xTx = xMat.T * xMat     ♯求逆矩阵
21     ♯判断矩阵的行列式是否为零,如果行列式为零,那么计算逆矩阵的时候将出错
```

```
22      #通过 linalg()函数计算行列式
23      if linalg.det(xTx) == 0.0:
24        print("矩阵行列式为零无法求逆")
25        return
26      ws = xTx.I * (xMat.T * yMat)
27      return ws
28
29   def lwlr(testPoint,xArr,yArr,k = 1.0):
30      #读取数据创建矩阵
31      xMat = mat(xArr); yMat = mat(yArr).T
32      m = shape(xMat)[0]
33      #创建对角权重矩阵,通过 eye(m,n,k) 生成对角矩阵,其中 m,n 代表行列,只有一个参数时默
         #认 m = n,k 代表对角向上或向下移动的步长
34      weights = mat(eye((m)))
35      for j in range(m):
36        #权重值衰减
37        diffMat = testPoint - xMat[j,:]
38        weights[j,j] = exp(diffMat * diffMat.T/( - 2.0 * k ** 2))
39      xTx = xMat.T * (weights * xMat)
40      #判断矩阵的行列式是否为零,如果行列式为零,那么计算逆矩阵的时候将出错
41      #通过 linalg()函数计算行列式
42      if linalg.det(xTx) == 0.0:
43        print("矩阵行列式为零无法求逆")
44        return
45      ws = xTx.I * (xMat.T * (weights * yMat))
46      return testPoint * ws
47
48   def lwlrTest(testArr,xArr,yArr,k = 1.0):
49      #迭代所有数据点并对每个数据点应用 lwlr()函数
50      #通过参数 k 控制衰减速度
51      m = shape(testArr)[0]
52      yHat = zeros(m)
53      for i in range(m):
54        yHat[i] = lwlr(testArr[i],xArr,yArr,k)
55      return yHat
56   xArr,yArr = loadDataSet("ex0.txt")
57   xMat = mat(xArr)
58   srtInd = xMat[:,1].argsort(0)
59   xSort = xMat[srtInd][:,0,:]
60   yHat = lwlrTest(xArr,xArr,yArr,0.003)
61   fig = plt.figure()
62   ax = fig.add_subplot(111)
63   ax.plot(xSort[:,1],yHat[srtInd])
64   ax.scatter(xMat[:,1].flatten().A[0], mat(yArr).T.flatten().A[0],s = 2,c = "green")
65   print(yArr[0])
66   print(lwlr(xArr[0],xArr,yArr,1.0))
67   print(lwlr(xArr[0],xArr,yArr,0.001))
68   plt.show()
```

上述代码中 yHat 表示 x 空间中任意点对应的预测值。通过 lwlr()函数读取数据并创

建所需矩阵,之后创建对角权重矩阵 weights。权重矩阵是一个方阵,阶数等于样本点个数。这意味着,权重矩阵为每个样本点初始化了一个权重。

然后遍历数据集,计算每个样本点对应的权重值:随着样本点与待预测点距离的递增,权重将以指数级衰减。输入参数 k 控制衰减的速度。在权重矩阵计算完毕后,便可以得到对回归系数 ws 的估计值。lwlrTest() 函数用于为数据集中每个点调用 lwlr() 函数。

输出结果如下所示。

```
3.176513
[[3.12204471]]
[[3.20175729]]
```

通过 Matplotlib 绘制输出结果,具体如图 8.8 所示。

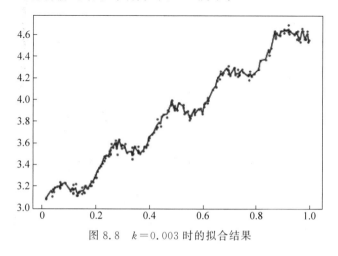

图 8.8　$k = 0.003$ 时的拟合结果

图 8.8 所示为当 $k = 0.003$ 时的拟合结果,此时由于纳入了过多的噪点,导致拟合的直线与数据点过于贴近。所以出现了过拟合。当 $k = 1$ 时,输出结果如图 8.9 所示。

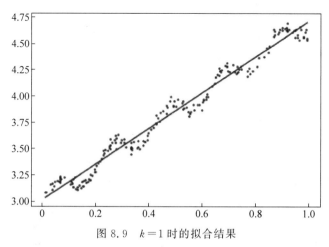

图 8.9　$k = 1$ 时的拟合结果

图 8.9 所对应的模型会将所有的数据视为等权重。因此,得出的最佳拟合直线与标准的回归一致,此时模型属于欠拟合状态。当 $k = 0.01$ 时,输出结果如图 8.10 所示。

线性回归

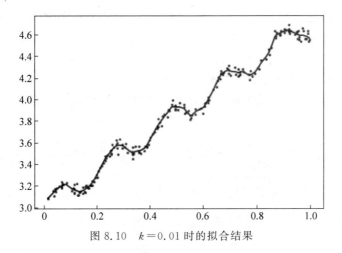

图 8.10　$k=0.01$ 时的拟合结果

从图 8.10 可以看出,当 $k=0.01$ 时,模型的拟合效果较好,较为准确地拟合出了数据集所潜藏的关系模式,并且没有出现过拟合。

需要注意的是,局部加权线性回归增加了模型的计算量:对每个数据点进行预测时都会调用整个数据集。为了减少局部加权线性回归的计算量,可以尝试跳过对模型中权重接近 0 的数据点的计算,从而在不大幅降低预测准确度的前提下降低计算量。

8.3　正则化的线性回归

当数据的特征比样本点还多时是难以通过线性回归方法来进行模型的训练的,这是因为在计算 $(\pmb{X}^{\mathrm{T}}\pmb{X})^{-1}$ 的时候会出错。如果特征比样本点还多($n>m$),即输入数据的矩阵 $\pmb{X}$ 不是满秩矩阵,非满秩矩阵在求逆时会出现问题。线性回归容易出现过拟合,而正则化线性回归可以降低模型过拟合的风险。正则化的线性回归的一般原理是在代价函数后面加上一个对参数的约束项,这个约束项叫作正则化项。线性回归模型中,常见的正则化回归算法有两种:岭回归和 Lasso 回归。

为了较为直观地介绍正则化线性回归算法中代价函数的图像,本书在此选择对一个简单的直线方程进行优化,假设一个直线方程以及代价函数如下所示。

$$\hat{h}_{\theta}=\theta_0+\theta_1 x$$

上述表达式中,x 表示特征,θ_0 和 θ_1 为模型的参数。接下来,计算均方误差(Mean Square Error,MSE),均方误差函数的表达式如下所示。

$$J(\theta)=\frac{1}{m}\sum_{i=1}^{m}(\theta_0+\theta_1 x_i-y_i)^2$$

在此只选取其中一个样本点 $(1,1)$ 带入上述表达式,有 $J(\theta)=(\theta_0+\theta_1-1)^2$。三维空间中的情况如图 8.11 所示。

导入多个样本点后的代价函数实际上是所有样本点代价函数之和,且不同的样本点只是相当于改变了代价函数中两个变量的参数(此时 θ_0 和 θ_1 是变量,样本点的取值是参数)。因此,多样本的代价函数的图像会基于图 9.5 发生缩放和平移,而不会发生巨大形变。

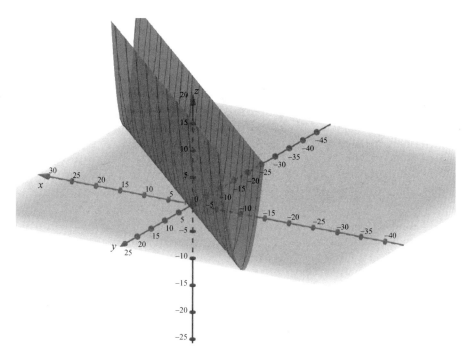

图 8.11　导入样本点(1,1)后的代价函数图像

现在,添加 L_1 范数作为正则化项。为本节前面提到的损失函数添加正则化项之后表达式变成了如下形式。

$$J(\theta) = \frac{1}{m} \sum_{i=1}^{m} (\theta_0 + \theta_1 x_i - y_i)^2 + \lambda \parallel \theta_1 \parallel_1$$

上述表达式中,λ 表示正则化项的参数。在此令 $\lambda = 1$,此时的函数图像如图 8.12 所示。

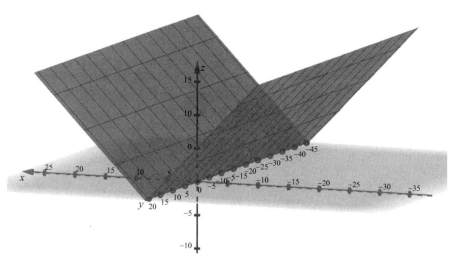

图 8.12　L_1 正则化项的图像

此时的函数图像相当于一张对折后的纸。将图 8.11 和图 8.12 叠加后得到图 8.13。将两个方程相加,即 $J(\theta) = (\theta_0 + \theta_1 - 1)^2 + |\theta_1|$,此时函数图像如图 8.14 所示。

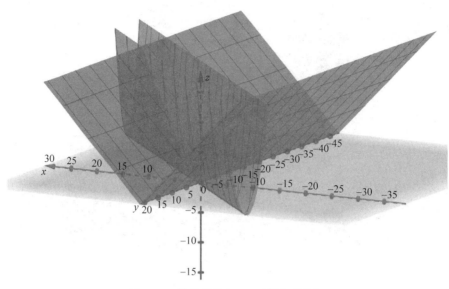

图 8.13　代价函数与 L₁ 正则化项叠加

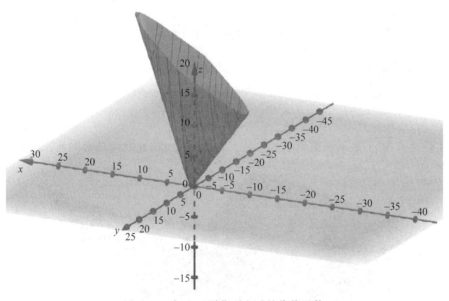

图 8.14　加入正则化项之后的代价函数

此时的图像就像一个被捏扁的、立在坐标原点上的圆锥体。观察添加正则化项前后的图像。在添加正则化项后，损失函数分成了两部分：第一项为原来的均方误差函数，第二项为正则化项，最终的结果是这两部分的线性组合。当均方误差的值非常小而正则化项的值非常大时，这些值会受到正则化项的巨大影响，从而使得这些区域的值变得与正则化项近似。两项中，权重大的项对最终结果产生的影响较大。

8.3.1　岭回归

岭回归在矩阵 $\boldsymbol{X}^{\mathrm{T}}\boldsymbol{X}$ 的基础上引入了 $\lambda\boldsymbol{I}$，从而将矩阵转换为非奇异矩阵，然后对 $\boldsymbol{X}^{\mathrm{T}}\boldsymbol{X}+$

λI 求逆。其中，矩阵 I 为一个维度为 $m \times m$ 的单位矩阵，λ 为一个定义的数值。在这种情况下，回归系数的计算公式将变成如下形式。

$$\hat{\boldsymbol{\theta}} = (X^{\mathrm{T}}X + \lambda I)^{-1}X^{\mathrm{T}}y$$

岭回归先用来处理特征数多于样本数的情况，现在也用于在估计中加入偏差，从而得到更好的估计。这里通过引入 λ 来限制所有 θ 之和，通过引入该惩罚项，能够减少不重要的参数，这个技术在统计学中也叫作缩减。表达式中的 I 表示单位矩阵。假如 $X^{\mathrm{T}}X$ 是一个奇异矩阵（不满秩），则添加这一项后可以保证该项可逆。

之所以称作"岭回归"，是因为这种回归算法中使用了单位矩阵乘以常量 λ 的计算方法。通过观察单位矩阵 I 可以看到，数值 1 贯穿整个矩阵的对角线，其余元素全部为 0，由 0 构成的平面上存在一条由 1 组成的"岭"，这就是岭回归中的"岭"的由来。

岭回归可以去掉数据中不重要的参数，因此能更好地理解数据。此外，与简单的线性回归相比，缩减法能取得更好的预测效果。与前几章中训练其他参数所用的方法类似，这里通过预测误差小化得到 λ：数据获取之后，首先抽一部分数据用于测试，剩余的作为训练集用于训练参数 w。训练完毕后在测试集上测试预测性能。通过选取不同的 λ 来重复上述测试过程，终得到一个使预测误差小的 λ。

岭回归的代价函数表达式如下所示。

$$J(\boldsymbol{\theta}) = \frac{1}{2m}\sum_{i=1}^{m}(y^{(i)} - (wx^{(i)} + b))^2 + \lambda \parallel w \parallel_2^2 = \frac{1}{2}\mathrm{MSE}(\boldsymbol{\theta}) + \frac{\lambda}{2}\sum_{i=1}^{n}|\theta_i|^2$$

上述表达式中，w 是长度为 n 的向量，不包括截距项的系数 θ_0；θ 是长度为 $n+1$ 的向量，包括截距项的系数 θ_0，m 为样本数，n 为特征数。

实现简单的岭回归的具体方法如例 8.9 所示。

【例 8.9】 实现简单的岭回归。

```
1   import numpy as np
2   import matplotlib.pyplot as plt
3   from sklearn.preprocessing import PolynomialFeatures
4   from sklearn.metrics import mean_squared_error
5
6   data = np.array([[ - 2.95507616,  10.94533252],
7       [ - 0.44226119,   2.96705822],
8       [ - 2.13294087,   6.57336839],
9       [  1.84990823,   5.44244467],
10      [  0.35139795,   2.83533936],
11      [ - 1.77443098,   5.6800407 ],
12      [ - 1.8657203 ,   6.34470814],
13      [  1.61526823,   4.77833358],
14      [ - 2.38043687,   8.51887713],
15      [ - 1.40513866,   4.18262786]])
16  m = data.shape[0]                #样本大小
17  X = data[:, 0].reshape( - 1, 1)  #将数组转换为矩阵形式
18  y = data[:, 1].reshape( - 1, 1)
19  #代价函数
20  def L_theta(theta, X_x0, y, lamb):
```

```python
21      """
22      lamb: lambda, the parameter of regularization
23      theta: (n + 1)·1 matrix, contains the parameter of x0 = 1
24      X_x0: m·(n + 1) matrix, plus x0
25      """
26      h = np.dot(X_x0, theta)              # 矩阵乘法
27      theta_without_t0 = theta[1:]
28      L_theta = 0.5 * mean_squared_error(h, y) + 0.5 * lamb * np.sum(np.square(theta_
   without_t0))
29      return L_theta
30
31  # 梯度下降
32  def GD(lamb, X_x0, theta, y, alpha):
33      """
34      lamb: lambda, the parameter of regularization
35      alpha: learning rate
36      X_x0: m·(n + 1), plus x0
37      theta: (n + 1)·1 matrix, contains the parameter of x0 = 1
38      """
39      for i in range(T):
40          h = np.dot(X_x0, theta)
41          theta_with_t0_0 = np.r_[np.zeros([1, 1]), theta[1:]]
42          theta -= (alpha * 1/m * np.dot(X_x0.T, h - y) + lamb * (theta_with_t0_0))
                            # 添加正则项的梯度
43          if i % 50000 == 0:
44              print(L_theta(theta, X_x0, y, lamb))
45      return theta
46
47  T = 1200000     # 迭代次数 = 1200000 次
48  degree = 11
49  theta = np.ones((degree + 1, 1))     # 参数的初始化, degree = 11, 一共 12 个参数
50  alpha = 0.0000000006  # 学习率
51  lamb = 0.0001
52  poly_features_d = PolynomialFeatures(degree = degree, include_bias = False)
53  X_poly_d = poly_features_d.fit_transform(X)
54  X_x0 = np.c_[np.ones((m, 1)), X_poly_d]
55
56  theta2 = np.linalg.inv(np.dot(X_x0.T, X_x0) + 10 * np.identity(X_x0.shape[1])).dot(X_
   x0.T).dot(y)
57  print(theta2)
58  print(L_theta(theta2, X_x0, y, lamb))
59
60  X_plot = np.linspace(-3, 2, 1000).reshape(-1, 1)
61  poly_features_d_with_bias = PolynomialFeatures(degree = degree, include_bias = True)
62  X_plot_poly = poly_features_d_with_bias.fit_transform(X_plot)
63  y_plot = np.dot(X_plot_poly, theta2)
64  plt.plot(X_plot, y_plot, 'r-')
65  plt.plot(X, y, 'b.')
66  plt.xlabel('x')
```

```
67  plt.ylabel('y')
68  plt.show()
```

输出结果如下所示。

```
⋮
[-0.10084392]
 [ 0.22791769]
 [ 0.1648667 ]
 [-0.05686718]
 [-0.03906615]
 [-0.00111673]
 [ 0.00101724]]
0.6044287249005711
```

通过 Matplotlib 绘制的输出结果如图 8.15 所示。

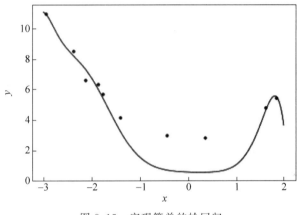

图 8.15　实现简单的岭回归

从图 8.15 不难看出,模型的输出结果并不是非常理想,可以考虑引入 scikit-learn 中专门计算岭回归的函数——Ridge(),从而提升模型的效果。具体方法此处不再详细讲解。

8.3.2　Lasso 回归

Lasso 回归与岭回归类似,区别在于使用了不同的正则化项(岭回归引入的是 L_2 范数, Lasso 回归引入的是 L_1 范数),两者最终都实现了约束参数从而防止过拟合的效果。值得注意的是,Lasso 回归能够将一些作用比较小的特征的参数缩减到 0,从而获得稀疏解。也就是说,用这种方法,在训练模型的过程中实现了降维(特征筛选)。

在增加如下约束时,普通的最小二乘法回归会得到与岭回归的一样的公式。

$$\sum_{i=1}^{n} \theta_i^2 \leqslant \lambda$$

这样便强制限定所有回归系数的平方和不能大于 λ。如果存在两个或更多特征相关时,使用普通的最小二乘法回归,可能会得出一个很大的正系数和一个很大的负系数。而上述限制条件则帮助岭回归避免该问题。而 Lasso 回归对系数设置的约束条件与此类似,具

169

第 8 章

线性回归

体如下所示。

$$\sum_{i=1}^{n} |\theta_i| \leqslant \lambda$$

可以看出，Lasso 回归只是把约束条件改成了绝对值的形式，但是结果却有着巨大差异。当 λ 的值足够小时，一些系数会因此被迫缩减到 0。需要注意的是，Lasso 回归有着极大的计算复杂度。

Lasso 回归的代价函数表达式如下所示。

$$J(\boldsymbol{\theta}) = \frac{1}{2m} \sum_{i=1}^{m} (y^{(i)} - (\boldsymbol{w}x^{(i)} + b))^2 + \lambda \|\boldsymbol{w}\|_1 = \frac{1}{2} \text{MSE}(\boldsymbol{\theta}) + \lambda \sum_{i=1}^{n} |\theta_i|$$

上式中的 $\boldsymbol{w}$ 是长度为 n 的向量，不包括截距项的系数 θ_0，$\boldsymbol{\theta}$ 是长度为 $n+1$ 的向量，包括截距项的系数 θ_0，m 为样本数，n 为特征数。$\|\boldsymbol{w}\|_1$ 表示参数 $\boldsymbol{w}$ 的 L_1 范数。加入 $\boldsymbol{w}$ 表示三维空间中的一个点 (x, y, z)，那么 $\|\boldsymbol{w}\|_1 = |x| + |y| + |z|$，即各个方向上的绝对值（长度）之和。代价函数的梯度表达式如下所示。

$$\nabla_{\boldsymbol{\theta}} \text{MSE}(\boldsymbol{\theta}) + \lambda \begin{pmatrix} \text{sign}(\theta_1) \\ \text{sign}(\theta_2) \\ \vdots \\ \text{sign}(\theta_n) \end{pmatrix}$$

上式中 $\text{sign}(\theta_i)$ 的值由 θ_i 的符号决定：当 $\theta_i > 0$ 时，$\text{sign}(\theta_i) = 1$；当 $\theta_i = 0$ 时，$\text{sign}(\theta_i) = 0$；当 $\theta_i < 0$ 时，$\text{sign}(\theta_i) = -1$。

Lasso 与岭回归的关系如下所示。

（1）岭回归与 Lasso 回归都采用了后验建模的方法，其中岭回归的权重系数服从正态分布，而 Lasso 回归的权重系数则服从 Laplace 分布。

（2）岭回归中，λ 是正态分布方差的倒数，即 $\lambda = \dfrac{1}{\sigma^2}$；在 Lasso 回归中，$\lambda$ 实际上由误差的正态分布方差与 Laplace 的方差共同决定，即 $\lambda = \dfrac{\sigma^2}{b}$，如果 $\sigma = 1$，即标准正态的方差取 1，则 $\lambda = \dfrac{1}{b}$。

正态分布函数的表达式如下所示。

$$f(x) = \frac{1}{\sqrt{2\pi}\sigma} \exp\left(-\frac{(x - \mu)^2}{2\sigma^2}\right)$$

通过 Matplotlib 绘制正态分布方差参数的影响图像，具体方法如例 8.10 所示。

【例 8.10】 绘制正态分布方差参数的影响图像。

```
1    import matplotlib.pyplot as plt
2    import numpy as np
3    n = lambda x,s:(np.exp(-x**2/(2.0*s**2)))
4    x = np.linspace(-3,3,201,dtype=np.float64)
5    sigma = 1
6    y_1 = n(x,sigma)
```

```
7    sigma = 0.5
8    y_2 = n( x, sigma )
9    sigma = 0.01
10   y_3 = n( x, sigma )
11
12   # 可视化
13   figure = plt.figure('正态函数',figsize = (10,4))
14   ax = figure.add_axes([0.1,0.1,0.8,0.8],xlabel = 'X',ylabel = 'Y')
15   ax.plot(x,y_1,color = ( 1, 0, 0, 1),label = ' $ \sigma = 1 $ ')
16   ax.plot(x,y_2,color = ( 0, 1, 0, 1), label = ' $ \sigma = 0.5 $ ')
17   ax.plot(x,y_3,color = ( 0, 0, 1, 1), label = ' $ \sigma = 0.01 $ ')
18   plt.legend()
19   plt.grid(True)
20   plt.show()
```

输出结果如图 8.16 所示。

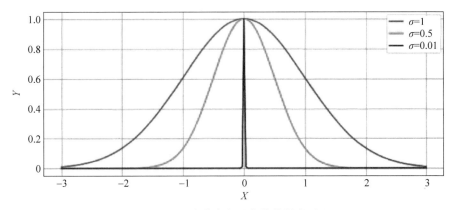

图 8.16   正态分布方差参数的影响对比

Laplace 分布函数的表达式如下所示。

$$f(x) = \frac{1}{2\lambda} \exp\left(-\frac{|x-\mu|}{\lambda}\right)$$

通过 Matplotlib 绘制 Laplace 分布函数的方差变化图像,具体方法如例 8.11 所示。

【例 8.11】 绘制 Laplace 分布函数的方差变化图像。

```
1    import matplotlib.pyplot as plt
2    import numpy as np
3    n = lambda x, s:np.exp( - np.abs(x)/s)
4    x = np.linspace( - 3,3,201,dtype = np.float64)
5    sigma = 1
6    y_1 = n( x, sigma )
7    sigma = 0.5
8    y_2 = n( x, sigma )
9    sigma = 0.01
10   y_3 = n( x, sigma )
11
```

```
12    #可视化
13    figure = plt.figure('正态函数', figsize = (10,4))
14    ax = figure.add_axes([0.1,0.1,0.8,0.8], xlabel = 'X', ylabel = 'Y')
15    ax.plot(x, y_1, color = ( 1, 0, 0, 1 ), label = '$ \sigma = 1 $ ')
16    ax.plot(x, y_2, color = ( 0, 1, 0, 1 ), label = '$ \sigma = 0.5 $ ')
17    ax.plot(x, y_3, color = ( 0, 0, 1, 1 ), label = '$ \sigma = 0.01 $ ')
18    plt.legend()
19    plt.grid(True)
20    plt.show()
```

输出结果如图 8.17 所示。

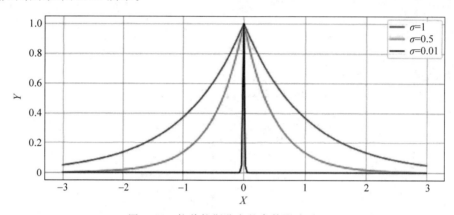

图 8.17 拉普拉斯分布的参数影响对比

接下来介绍实现简单的 Lasso 回归的方法,具体如例 8.12 所示。

【例 8.12】 实现简单的 Lasso 回归。

```
1    from sklearn.linear_model import Lasso
2
3    #代价函数
4    def L_theta_new(intercept, coef, X, y, lamb):
5        """
6        lamb: lambda, the parameter of regularization
7        theta: (n + 1)·1 matrix, contains the parameter of x0 = 1
8        X_x0: m·(n + 1) matrix, plus x0
9        """
10       h = np.dot(X, coef) + intercept    #np.dot 表示矩阵乘法
11       L_theta = 0.5 * mean_squared_error(h, y) + 0.5 * lamb * np.sum(np.square(coef))
12       return L_theta
13   lamb = 0.025
14   lasso_reg = Lasso(alpha = lamb)
15   lasso_reg.fit(X_poly_d, y)
16   print(lasso_reg.intercept_, lasso_reg.coef_)
17   print(L_theta_new(intercept = lasso_reg.intercept_, coef = lasso_reg.coef_.T, X = X_poly_
                       d, y = y, lamb = lamb))
18
19   X_plot = np.linspace( - 3, 2, 1000).reshape( - 1, 1)
```

```
20  X_plot_poly = poly_features_d.fit_transform(X_plot)
21  h = np.dot(X_plot_poly, lasso_reg.coef_.T) + lasso_reg.intercept_
22  plt.plot(X_plot, h, 'r-')
23  plt.plot(X, y, 'b.')
24  plt.show()
```

输出结果如下所示。

```
[2.86435179] [-0.00000000e+00  5.29099723e-01 -3.61182017e-02  9.75614738e-02
  1.61971116e-03 -3.42711766e-03  2.78782527e-04 -1.63421713e-04
 -5.64291215e-06 -1.38933655e-05  1.02036898e-06]
0.032056681912829316
```

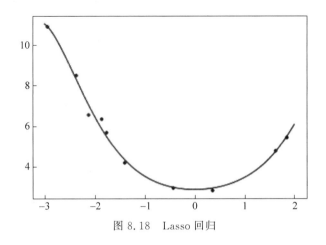

图 8.18 Lasso 回归

从上述输出结果不难看出,截距项的值最大,一次项的系数为 0,二次项的系数为剩下所有项中最大的值。更高阶的项虽然系数都非常小但不为 0,这是因为这些项之间的关系是非线性的,无法用线性组合互相表示。

8.4 方差与偏差的平衡

模型的误差往往由三部分组成:偏差、方差和不可避免的误差(比如,数据本身的噪声)。在机器学习领域,通常采用"偏差-方差分解"(bias-variance decomposition)的方法来对模型的泛化能力进行解释。偏差与方差的关系如图 8.19 所示。

偏差用于描述根据训练样本拟合出的模型输出的期望预测与样本真实结果的差距,即算法的样本拟合状态。较低的偏差效果,类似于射手射出的箭尽可能都命中在距离靶心非常近的区域内,即图 8.19 中的低偏差部分。想要降低偏差就需要构建复杂化的模型——增加模型参数,而过多的模型参数容易引起过拟合。出现过拟合的情况对应图 8.19 中的高方差部分,这种情况就像射手在射箭时太想射中靶心而用力过猛导致手发抖,最终因为射箭时受到较大扰动而导致着箭点分布过于分散。

方差用于描述根据训练样本得到的模型在测试集中的表现的变化,即刻画数据扰动所造成的影响。在方差中取得良好的表现对应图 8.19 中的低方差,这就需要简化模型,降低

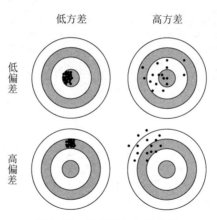

图 8.19　偏差与方差的关系

过多的参数带来的过拟合的可能,但这样也容易产生欠拟合,出现欠拟合的状态类似于图 8.19 中的高偏差部分,着箭点虽然分布密集但是却偏离了靶心区域。

泛化性能是由学习算法的能力、数据的充分性以及学习任务本身的难度所共同决定的。为了保证模型能够取得良好的泛化性能,需要使偏差尽可能小,以充分拟合数据,并且使方差较小,以减少数据扰动产生的影响。

偏差与方差的取舍往往是有冲突的,这称为偏差-方差窘境。假设给定一个学习任务,在训练不足时,模型的拟合能力不足,训练数据的扰动不足以使模型产生显著变化,此时偏差将主导泛化错误率;随着训练程度的加深,模型的拟合能力逐渐增强,训练数据发生的扰动渐渐能被模型学到,方差逐渐主导了泛化错误率;在训练程度充足后,模型的拟合能力已非常强,训练数据发生的轻微扰动都会导致模型发生显著变化,此时若模型学习到了训练数据中的非全局特性,便会发生过拟合。偏差、方差与泛化误差及训练误程度的关系具体如图 8.20 所示。

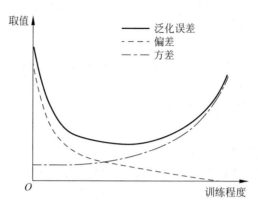

图 8.20　偏差、方差与泛化误差及训练程度的关系

除了模型的训练程度外,在实际应用中,也通过调整模型复杂度来达到测试误差的最小值,从而得到更好的预测效果。以本节之前的内容为例,8.2 节中的局部加权线性回归中,引入了多种不同的核的大小,得到的结果也有着巨大差异,随着核的逐渐增大,模型的方差逐渐减小,当继续增大到 1 时方差又开始上升。8.3 节中的正则化线性回归方法则会在一

定程度上增大模型的偏差,通过将一部分特征的回归系数降到 0 会降低模型的复杂程度,随着模型复杂程度的降低,模型的预测准确度会先上升后下降。因此在实际应用中,需要这种调节模型的复杂程度和训练程度从而达到最佳的预测效果。

模型的方差是可以计算的,如果从样本数据中选取一个随机样本集并用线性模型拟合,将会得到一组回归系数。然后,再取出另一组随机样本集进行拟合,将会得到另一组回归系数。这些系数间的差异便反映了模型方差的大小。

8.5 本 章 小 结

与分类算法一样,回归算法也是预测目标值的过程。回归算法与分类算法的不同点在于,前者预测连续型变量,而后者预测离散型变量。回归是统计学中最有力的工具之一。在回归方程中,求得特征对应的最佳回归系数的方法是最小化误差的平方和。当数据的样本数比特征数还少时,可以考虑使用岭回归。岭回归属于正则化算法,对回归系数的大小施加了限制。另一种常见的正则化回归算法是 Lasso 回归,但是 Lasso 回归的求解效率较低。正则化线性回归算法还可以看作是对一个模型增加偏差的同时减少方差的过程。

掌握偏差与方差折中的思想有助于分析现有模型,从而更好地优化模型。在实际应用中,数据间的关系往往会更加复杂,此时想要通过线性模型来拟合数据集将十分困难,因此在实际应用中要合理区分何时可以使用本章所介绍的知识来分析数据。

8.6 习 题

1. 填空题

(1) 机器学习中的监督学习算法分为_____算法和_____算法。当任务中的标签值为连续值时属于_____任务,标签值为离散值时属于_____任务。

(2) 在回归任务中,如果只含有一个自变量和一个因变量,且这两者的关系可通过一条直线进行近似表示,那么称这种回归分析为_____。

(3) 局部加权线性回归会给待预测点附近的每个点赋予一个相应的_____;在这个子集上基于_____通过普通的线性回归算法求解。

(4) 在处理线性回归问题时,如果输入数据的矩阵_____,在矩阵求逆时会出错。

(5) 岭回归可以_____,因此能更好地理解数据。

2. 选择题

(1) 局部线性加权回归可以通过高斯核函数来给数据点赋予权重,高斯核函数的表达式为( )。

A. $\theta^{(i)} = \exp\left(\dfrac{|x^{(i)} - x|}{-2k^2}\right)$

B. $\theta^{(i)} = \exp\left(\dfrac{(x^{(i)} - x)^2}{-2k^2}\right)$

C. $\theta^{(i)} = \exp\left(\dfrac{|x^{(i)} - x|}{-k^2}\right)$

D. $\theta^{(i)} = \exp\left(\dfrac{(x^{(i)} - x)^2}{-k^2}\right)$

(2) 均方误差函数的表达式为( )。

A. $J(\theta) = \dfrac{1}{m}\sum\limits_{i=1}^{m}(\theta_0 + \theta_1 x_i - y_i)^2$

B. $J(\theta) = \dfrac{1}{m}\sum\limits_{i=1}^{m}(\theta_0 + \theta_1 x_i + y_i)^2$

C. $J(\theta) = \dfrac{1}{m}\sum\limits_{i=1}^{m}|\theta_0 + \theta_1 x_i - y_i|$ D. $J(\theta) = \dfrac{1}{m}\sum\limits_{i=1}^{m}|\theta_0 + \theta_1 x_i + y_i|$

（3）Lasso 回归的代价函数表达式为（   ）。

A. $J(\boldsymbol{\theta}) = \dfrac{1}{2m}\sum\limits_{i=1}^{m}(y^{(i)} + (\boldsymbol{w}x^{(i)} + b))^2 + \lambda\,\|\boldsymbol{w}\|_1$

B. $J(\boldsymbol{\theta}) = \dfrac{1}{2m}\sum\limits_{i=1}^{m}(y^{(i)} - (\boldsymbol{w}x^{(i)} - b))^2 + \lambda\,\|\boldsymbol{w}\|_1$

C. $J(\boldsymbol{\theta}) = \dfrac{1}{2m}\sum\limits_{i=1}^{m}(y^{(i)} + (\boldsymbol{w}x^{(i)} - b))^2 + \lambda\,\|\boldsymbol{w}\|_1$

D. $J(\boldsymbol{\theta}) = \dfrac{1}{2m}\sum\limits_{i=1}^{m}(y^{(i)} - (\boldsymbol{w}x^{(i)} + b))^2 + \lambda\,\|\boldsymbol{w}\|_1$

3. 思考题

简述岭回归与 Lasso 回归的异同。

第9章   *K*-means 算法

本章学习目标

- 了解 *K*-means 算法的相关概念；
- 掌握实现 *K*-means 算法的方法；
- 掌握选择恰当的 *K* 值的方法；
- 掌握实现二分 *K*-means 算法的方法。

在群体决策出现分歧时，如果赞同不同决策的人比例大致相同，那么将很难通过"少数服从多数"这样的思想来做出决策。实际上，此时人群中存在着少部分犹豫不决的人，尽管这类摇摆不定的人占比很少，但当持各观点人数接近时，这些人的立场便会对最终的决策产生重要影响。如果对这一部分人进行引导，便能影响最终的决策。如何才能找出这类人呢？答案便是本章将要涉及的聚类算法。

9.1   无监督学习算法

在之前介绍的各算法中，模型的训练目标通常是提升根据现有数据来预测新数据点的准确度，这类算法称为"监督学习"。然而，有时候算法的作用并不是"做出预测"，而是将数据集划分成多个簇从而对数据进行分类，这类算法便属于"无监督学习"。本章将要介绍的聚类算法便是一种无监督学习。聚类分析又称簇分析，属于研究（样品或指标）分类问题的统计分析方法，是数据挖掘中的重要算法之一。无监督学习算法目前的主要应用领域有以下几种。

1. 个性化推荐

网络购物目前正飞速发展，其中个性化推荐的作用越来越受重视。个性化推荐是根据用户的兴趣特点和购买行为，向用户推荐用户感兴趣的信息和商品。随着电子商务规模的不断扩大，商品个数和种类快速增长，顾客需要花费大量的时间才能找到自己想买的商品。这种浏览大量无关的信息和产品的过程无疑会使淹没在信息过载问题中的消费者不断流失。为了解决这些问题，个性化推荐系统应运而生。例如淘宝网的"猜你喜欢"，具体如图 9.1 所示。

接下来，以一种协作型过滤算法为例来简要介绍无监督学习在个性化推荐领域的实际应用。协作型过滤算法首先会对一批用户群体进行搜索，从中找出与目标用户品味相近的一小群人。根据这群人所喜爱的其他内容进行检索，并将它们组合起来构造出一个经过排序的推荐列表。大体流程如下：搜集用户偏好→寻找相近用户→根据相近用户的偏好为用

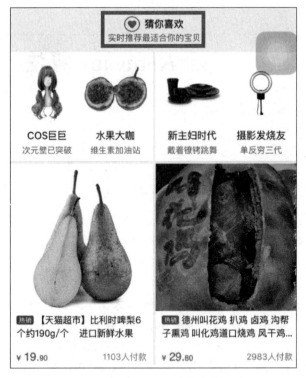

图 9.1 淘宝网的"猜你喜欢"

户推荐物品。豆瓣的图书推荐便采用了该算法。

一个优秀的推荐系统必须能够基于用户之前的喜好提供相关的精确推荐,而且在收集用户的喜好时必须尽可能少地要求用户的主动配合。与此同时,个性化推荐相关算法还对实时计算提出了极高的要求,这样才能在用户离开之前为其及时提供推荐内容,并根据推荐结果及时做出反馈。

2. 聚类分组

聚类是将数据集划分为若干簇的过程。同一簇内的数据对象具有较高的相似度,不同簇中的数据对象的相似度较低。聚类算法广泛应用于数据分析、数据挖掘、图像分割、统计学和机器学习等领域。聚类算法在处理大量数据时效率较高,在大数据时代有着重要的价值。例如,按照微博用户所讨论的话题以及用户所使用的某些关键词汇对用户进行分组。

本章后续将重点讲解的 K-means 算法便属于聚类算法,它会先随机确定 K 个质心,然后将各个数据对象分配给距离最近的质心。在分配完成后,质心可能会发生变化,新的质心会转移到该质心所属簇中所有数据点的平均位置处。然后,整个分配过程重新开始。不断迭代,直到结果不再发生变化为止。

3. 搜索和排名

搜索引擎的工作原理是根据用户的检索信息,对互联网上的信息进行搜集整理,并将搜集结果按照一定的规则进行排名后展示出来。Google 搜索引擎如图 9.2 所示。

建立搜索引擎的第一步是搜集文档,然后为这些文档建立索引,最后一步是通过查询返回一个经过排序的文档列表。搜索引擎在排序时通常会采用以下两种度量方法。

图 9.2　Google 搜索引擎

（1）基于网页内容的度量方法，主要包括单词频度、文档位置、单词距离等。

（2）基于网页外部信息的度量方法，主要包括简单计数、PageRank 算法、利用链接文本等。

PageRank 算法由 Google 的创始人发明，该算法为每个网页都赋予了一个指示网页重要程度的评价值。网页的重要性是依据指向该网页的所有其他网页的重要性，以及这些网页中所包含的链接数量来计算的。

4．文档过滤

文档过滤中最为大家所熟识的便是邮箱的垃圾邮件过滤功能。例如，QQ 邮箱当年刚推出时，广大用户饱受垃圾邮件的侵扰，但是随着腾讯公司对垃圾邮件过滤进行算法的迭代，现在已经不再像过去那样，一打开邮箱垃圾邮件铺天盖地地袭来。不过，如今网络上的垃圾信息问题早已不再局限于垃圾邮件问题。

早期对垃圾信息进行过滤所用的算法模型基本都是基于预设规则的分类器，在使用时会事先设定好过滤规则，用以判断某条信息是否属于垃圾信息。但这种过滤方法有着较为明显的缺陷，很可能将一些正常的信息误判为垃圾信息。通过无监督学习算法可以构造出一种不断学习的过滤器，根据用户的实际情况，学习有关垃圾信息和非垃圾信息的"知识"，从而实现更"智能"的文档过滤。

5．特征提取

特征提取通过从数据集中寻找独立的特征，来发掘数据集中值得关注的重要信息。

金融市场拥有众多的参与者，这些参与者根据掌握的各种信息和市场行情，彼此独立地采取行动对金融市场产生干预。通过对相关数据进行分析，可以找出反映重要交易日的模式，以及驱动某些股票交易量大幅上涨的潜在因素。

特征提取的另一个典型案例便是杀毒软件所采用的特征代码法。杀毒软件会在采集到的病毒样本中抽取相应的特征代码。抽取的特征代码需要特殊化，不能与普通正常程序的代码相同。特征代码还需要有适当的字节长度，既要保证特征代码的唯一性，又要避免占用太多的存储空间，降低查杀病毒所需花费的时间。采用病毒特征代码法的杀毒软件，面对不断出现的新病毒，必须不断更新版本，否则杀毒软件便会失去查杀病毒的功能。如今的杀毒软件已经可以实现通过自适应学习来发掘病毒的特征代码。

9.2　K-means 算法简介

聚类算法属于无监督学习的范畴，它可以将数据集中的样本切分为互不相交的多个子集（簇）。通过这种划分方式，每个簇可能对应于一些潜在的类别，聚类过程是自动形成簇结构的过程。

聚类算法的应用领域非常广,适用于所有对象。判断该算法效果的主要目标为:将相似对象归入同一簇,将不相似对象归到不同簇。同一簇内对象的相似程度越高则聚类效果越好。本章将主要介绍 K-means 算法,并以此作为无监督学习算法的入门。K-means 算法的特点是簇的个数是人为给定的,且每个簇的中心(质心)采用簇中所含值的均值计算而成。需要注意的是,K-means 算法的一个重要的假设是数据之间的相似度通过欧氏距离进行度量,实际应用中,需要先将数据转换为可以使用欧氏距离度量的类型。欧氏距离越小,则表示两个数据的相似度越高。

聚类算法与之前介绍的有监督分类算法的最大不同之处在于,有监督的分类算法的分类标签通常是已知的,而聚类算法中的分类标签在一开始是未知的。

接下来通过一个案例来帮助读者理解 K-means 算法的大致流程。假设有 5 个和尚去城里化缘并弘扬佛法,他们在城区随意选了 5 个地点作为各自的化缘点,并将这 5 个地点的位置情况告知了所有的居民,居民可以选择一个离自己家最近的点去布施。

布施之后,有的居民觉得化缘的地点离自己家太远了,于是每个和尚统计了本次来布施的居民的地址,然后将化缘点搬到所有居民地址的中心点附近(更新自己的化缘点)。很显然,和尚的每一次移动不可能离所有来布施的人都更近,这时,有的居民会发现布施点更新后,去和尚 A 的化缘点要比去和尚 B 的化缘点更近,于是居民也会根据每次化缘点的更新重新选择离自己最近的化缘点布施。以这样的方式不断发展下去,和尚们每次下山化缘都会更新自己的化缘点,而居民根据自己的情况重新选择最近化缘点,最终稳定下来。

上述过程便可以近似地看作 K-means 算法的流程。具体来说,K-means 算法会先根据簇的个数 K,随机设定相应数量的初始点作为质心。然后将数据集中的每个点分配到一个簇中,计算每个点到质心的距离(例如欧氏距离),并将该点划分到距离最近的质心所在的簇。每完成一个点的分类,所对应簇的质心都将更新为该簇所有点的距离平均值。

接下来通过一段伪代码来简要概括上述过程,具体如下所示。

```
创建 K 个点作为起始质心
当任意一个点的簇分配结果发生改变时
    对数据集中的每个数据点
        对每个质心
            计算质心与数据点之间的距离
        将数据点分配到最近的质心所在的簇
    对每一个簇,计算簇中所有点的均值并将该值作为新的质心
```

K-means 算法的性能会受到所选距离计算方法的影响。

9.3　构建简单的 *K*-means 模型

9.2 节介绍了 K-means 算法的基本原理,接下来将介绍 K-means 算法中常用的辅助函数实现方法。具体方法如例 9.1 所示。

【例 9.1】　构建 *K*-means 算法的辅助函数。

```
1    from numpy import *
2
3    def loadDataSet(fileName):
4    #解析文件,按 Tab 键分隔字段,得到一个浮点数字类型的矩阵
5      dataMat = []                           #文件的最后一个字段是类别标签
6      fr = open(fileName)
7      for line in fr.readlines():
8        curLine = line.strip().split('\t')
9        fltLine = list(map(float,curLine))   #将每个元素转换为 float 类型
10       dataMat.append(fltLine)
11     return dataMat
12
13   def distEclud(vecA, vecB):               #计算欧氏距离
14     return sqrt(sum(power(vecA - vecB, 2))) #返回两个向量之间的距离
15
16   def randCent(dataSet, k):                #构建聚簇中心,取 k 个(此例中为 4)随机质心
17     n = shape(dataSet)[1]
18     centroids = mat(zeros((k,n)))          #每个质心有 n 个坐标值,总共有 k 个质心
19     for j in range(n):
20       minJ = min(dataSet[:,j])
21       rangeJ = float(max(dataSet[:,j]) - minJ)
22       centroids[:,j] = mat(minJ + rangeJ * random.rand(k,1))
23     return centroids
24
25   datMat = mat(loadDataSet("testSet.txt"))
26   print(min(datMat[:,0]))
27   print(min(datMat[:,1]))
28   print(max(datMat[:,0]))
29   print(max(datMat[:,1]))
30   print(distEclud(datMat[0],datMat[1]))
```

输出结果如下所示。

```
[[-5.379713]]
[[-4.232586]]
[[4.838138]]
[[5.1904]]
5.184632816681332
```

上述代码中包含了 3 个函数,其中 loadDataSet()函数的作用是将文本文件导入到一个列表中。文本文件每一行为 Tab 键分隔的浮点数。每一个列表会被添加到 dataMat 中,最后返回 dataMat。该返回值是一个包含许多其他列表的列表。

distEclud()函数用于计算两个向量的欧氏距离。randCent()函数用于为数据集构建一个包含 K 个随机质心的集合。随机质心必须要在整个数据集的边界之内,这可以通过找到数据集每一维的最小和最大值来完成。然后生成 0~1.0 的随机数并通过取值范围和最小值,以便确保随机点在数据的边界之内。

有了上述辅助函数之后便可以开始尝试构建一个完整的 K-means 算法模型。具体方

法如例 9.2 所示。

【例 9.2】 构建 *K*-means 算法。

```
1    def kMeans(dataSet, k, distMeas = distEclud, createCent = randCent):
2      m = shape(dataSet)[0]
3      clusterAssment = mat(zeros((m,2)))              #用于存放该样本属于哪类及质心距离
4      #clusterAssment第一列存放该数据所属的中心点,第二列是该数据到中心点的距离
5      centroids = createCent(dataSet, k)
6      clusterChanged = True                           #用于判断聚类是否已经收敛
7      while clusterChanged:
8        clusterChanged = False
9        for i in range(m):                            #把每一个数据点划分到离它最近的中心点
10         minDist = inf; minIndex = -1
11         for j in range(k):
12           distJI = distMeas(centroids[j,:],dataSet[i,:])
13           if distJI < minDist:
14             minDist = distJI; minIndex = j     #如果第i个数据点到第j个中心点更近,则将
                                                   #i归属为j
15         if clusterAssment[i,0] != minIndex: clusterChanged = True    #如果分配发生变化,
                                                                        #则继续迭代
16         clusterAssment[i,:] = minIndex,minDist ** 2    #将第i个数据点的分配情况存入字典
17       print(centroids)
18       for cent in range(k):                         #重新计算中心点
19         ptsInClust = dataSet[nonzero(clusterAssment[:,0].A == cent)[0]]
20         centroids[cent,:] = mean(ptsInClust, axis = 0)    #计算这些数据的中心点
21     return centroids, clusterAssment
22
23   datMat = mat(loadDataSet("testSet.txt"))
24   myCentroids,clustAssing = kMeans(datMat,4)
25   print("质心坐标:", myCentroids)
26   print("分类结果:",clustAssing)
```

输出结果如下所示。

```
[[-0.48864281 -1.61407779]
 [-1.39496869 -1.40673459]
 [ 0.05203371  0.63485623]
 [ 1.54040857  2.00852697]]
[[ 2.42776071 -3.19858565]
 [-3.50009376 -2.50791867]
 [-2.33839759  2.66865382]
 [ 2.54774956  2.64076916]]
[[ 2.65077367 -2.79019029]
 [-3.53973889 -2.89384326]
 [-2.46154315  2.78737555]
 [ 2.6265299   3.10868015]]
质心坐标: [[ 2.65077367 -2.79019029]
 [-3.53973889 -2.89384326]
 [-2.46154315  2.78737555]
```

```
        [ 2.6265299    3.10868015]]
分类结果：[[ 3          2.3201915 ]
        [ 2          1.39004893]
        [ 0          7.46974076]
        [ 1          3.60477283]
        [ 3          2.7696782 ]
        [ 2          2.80101213]
        [ 0          5.10287596]
        [ 1          1.37029303]
        [ 3          2.29348924]
        [ 2          0.64596748]
    ⋮
        [ 1          1.11099937]
        [ 3          0.07060147]
        [ 2          0.2599013 ]
        [ 0          4.39510824]
        [ 1          1.86578044]]
```

结合例 9.1 与例 9.2 中的代码便构成了一个完整且较为简单的 K-means 模型。可以看到，例 9.2 中的 kMeans() 函数含有 4 个参数，其中的 dataSet(数据集)及 K(簇的数目)为必选参数，用于计算距离和创建初始质心的函数为可选参数。kMeans() 函数首先确定数据集中数据点的总数，然后创建一个矩阵来存储每个点的簇分配结果。簇分配结果矩阵 clusterAssment 包含两列：一列用于保存簇索引值；另一列用于保存误差值(当前点到簇质心的距离)。保存的误差值将用来评价模型的效果。

模型度量指标有许多种，其中一种可行的度量指标是误差平方和(Sum of Squared Error,SSE)，对应于例 9.2 中 clusterAssment 矩阵的第一列之和。误差平方和越小，表示数据点距离它们所处簇的质心越近。因此，误差平方和越小，模型的聚类效果越好。这种度量指标会更加关注那些远离中心的点。

标志变量 clusterChanged 用于判断是否继续迭代，若值为 True，则继续迭代。遍历所有数据，遍历每个点到所有质心的距离，从而找出距离各点最近的质心。如果任一点的簇分配结果发生改变，则更新 clusterChanged 标志。遍历所有质心并更新它们的取值：通过数组过滤来获得给定簇的所有点，然后计算所有点的距离均值，选项 axis＝0 表示沿矩阵的列方向进行均值计算。最后，程序返回所有质心坐标与所有数据点分类结果。

从输出结果可以看出，在多次迭代中，算法逐渐收敛。

9.4　K 值的选择

在 K-means 聚类中簇的数目 K 需要被预先设定，不同的 K 值会对结果造成非常大的影响，因此选择合适的 K 值对模型的效果和优化模型的效率至关重要。

9.4.1　肘部法则

一种常见的确定 K 值的方法是肘部法则(elbow method)，这种方法往往只适用于 K 值相对较小的情况。当选择的 K 值小于最佳 K 值时，K 的值每增加 1，则误差平方和就会大幅减小；当选择的 K 值大于真正的 K 值时，K 的值每增加 1，误差平方和的变化将不再如之前那么明显。通过这种方法找到误差变化的拐点，此时的 K 值便是最佳值。

假设 K 个聚类的中心点为 $M_i, i = 1, 2, \cdots, K$。每个原始点所对应的聚类为 $C_i, i = 1, 2, \cdots, K$。所有样本点到它所在的聚类的中心点的距离平方和记为 SSE。

肘部法则的计算公式如下所示。

$$SSE = \sum_{i=1}^{K} \sum_{X \in C_i} (X - M_i)^2$$

肘部法则的具体实现方法如例 9.3 所示。

【例 9.3】 通过肘部法则选择合适的 K 值。

```
1    from sklearn.cluster import KMeans
2    from scipy.spatial.distance import cdist
3    import numpy as np
4    import matplotlib.pyplot as plt
5
6    x1 = np.array([3, 1, 1, 2, 1, 6, 6, 6, 5, 6, 7, 8, 9, 8, 9, 9, 8])
7    x2 = np.array([5, 4, 5, 6, 5, 8, 6, 7, 6, 7, 1, 2, 1, 2, 3, 2, 3])
8
9    plt.plot()
10   plt.xlim([0, 10])
11   plt.ylim([0, 10])
12   plt.scatter(x1, x2)
13   plt.show()
14
15   X = np.array(list(zip(x1, x2))).reshape(len(x1), 2)
16
17   #选取合适的 K 值
18   distortions = []
19   K = range(1, 10)
20   for k in K:
21       kmeanModel = KMeans(n_clusters = k).fit(X)
22       kmeanModel.fit(X)
23       distortions.append(sum(np.min(cdist(X, kmeanModel.cluster_centers_, 'euclidean'),
     axis = 1)) / X.shape[0])
24
25   #绘制结果
26   plt.plot(K, distortions, 'bx - ')
27   plt.xlabel('k')
28   plt.ylabel('Distortion')
29   plt.show()
```

数据分布和 K 值变化与 SSE 的关系分别如图 9.3 和图 9.4 所示。

图 9.4 中的曲线形状类似人类弯曲的手肘，这便是该法则名称的由来。而最合适的 K 值往往便出现在"手肘"的拐点处。其中 x 轴为 K 的值，y 轴为各个点到质心的距离的平方的和。图 9.4 中，K 的值小于 3 时 SSE 的值下降速度很快，当 K 的值达到 3 以后 SSE 的值变化开始变得平缓，因此令 K 的值为 3 可能是最佳的选择。

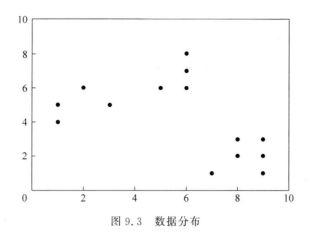

图 9.3　数据分布

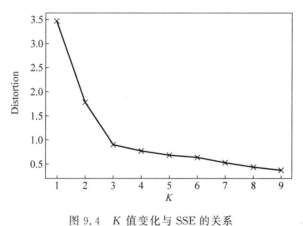

图 9.4　K 值变化与 SSE 的关系

　　值得注意的是,并不是所有的 K 值选取的问题都可以通过画肘部图来解决,有时会遇到肘点位置不明显的情况,这时就无法通过该方法来确定最佳的 K 值了。

9.4.2　轮廓系数

　　轮廓系数(silhouette coefficient)算法通过衡量样本与所属簇之间的相似度(内聚度)来判断模型的聚类效果。样本与其他簇的相似度称为分离度。简单来说,轮廓系数是类的密集与分离程度的评价指标,轮廓系数的值在[−1,1]范围内,值越接近 1,说明样本与所属簇越紧密;值越接近−1,则说明样本越远离所属的簇。计算单个样本的轮廓系数有以下 3 个步骤。

　　(1) 将样本 x 与所属簇内其他点之间的平均距离记作内聚度 a。

　　(2) 将样本 x 与距离最近的其他簇中所有点之间的平均距离记作与最近簇的分离度 b。

　　(3) 将分离度 b 与内聚度 a 的差除以两者中值较大的一方便可得到轮廓系数。

　　轮廓系数的计算公式如下所示。

$$s^{(i)} = \frac{b^{(i)} - a^{(i)}}{\max\left\{b^{(i)}, a^{(i)}\right\}}$$

　　当簇内聚度与分度离相等时,轮廓系数为 0。当分离度 b 的值远大于内聚度 a 的值时,轮廓系数近似等于 1，此时模型的性能最佳。具体实现方法如例 9.4 所示。

【例 9.4】 根据轮廓系数选择合适的 *K* 值。

```
1    from sklearn.cluster import KMeans
2    from matplotlib import cm
3    from sklearn.metrics import silhouette_samples
4    import numpy as np
5    import matplotlib.pyplot as plt
6
7    x1 = np.array([3, 1, 1, 2, 1, 6, 6, 6, 5, 6, 7, 8, 9, 8, 9, 9, 8])
8    x2 = np.array([5, 4, 5, 6, 5, 8, 6, 7, 6, 7, 1, 2, 1, 2, 3, 2, 3])
9
10   x = np.array(list(zip(x1, x2))).reshape(len(x1), 2)
11
12   km = KMeans(n_clusters = 3, init = "k - means++", n_init = 10, max_iter = 300, tol = 1e - 4,
     random_state = 0)
13   y_km = km.fit_predict(x)
14
15   #获取簇的标号
16   cluster_labels = np.unique(y_km)
17   #获取簇的个数
18   n_clusters = cluster_labels.shape[0]
19   #基于欧氏距离计算轮廓系数
20   silhouette_vals = silhouette_samples(x, y_km, metric = "euclidean")
21   #设置 y 坐标的起始位置
22   y_ax_lower, y_ax_upper = 0, 0
23   yticks = []
24   for i, c in enumerate(cluster_labels):
25       #获取不同簇的轮廓系数
26       c_silhouette_vals = silhouette_vals[y_km == c]
27       #对簇中样本的轮廓系数由小到大进行排序
28       c_silhouette_vals.sort()
29       #获取到簇中轮廓系数的个数
30       y_ax_upper += len(c_silhouette_vals)
31       #获取不同颜色
32       color = cm.jet(i / n_clusters)
33       #绘制水平直方图
34       plt.barh(range(y_ax_lower, y_ax_upper), c_silhouette_vals, height = 1.0, edgecolor = "
     none", color = color)
35       #获取显示 y 轴刻度的位置
36       yticks.append((y_ax_lower + y_ax_upper) / 2)
37       #下一个 y 轴的起点位置
38       y_ax_lower += len(c_silhouette_vals)
39   #获取轮廓系数的平均值
40   silhouette_avg = np.mean(silhouette_vals)
41   #绘制一条平行于 y 轴的轮廓系数平均值的虚线
42   plt.axvline(silhouette_avg, color = "g", linestyle = "-")
43   #设置 y 轴显示的刻度
44   plt.yticks(yticks, cluster_labels + 1)
```

```
45
46  plt.rcParams['font.sans - serif'] = ['KaiTi']
47  plt.ylabel("簇")
48  plt.xlabel("轮廓系数")
49  plt.show()
```

输出结果如图 9.5 所示。

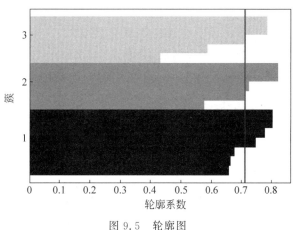

图 9.5　轮廓图

通过图 9.5 中的输出结果可以看出样本的簇个数为 3。可以根据图 9.5 中的垂直于 x 轴的直线来衡量聚类模型的性能。

9.4.3　间隔统计量

9.4.1 节提到,根据肘部法则选择 K 值时可能遇到肘点位置并不明显的请况,此时可以采用间隔统计量(gap statistic)的方法来确定 K 值。间隔统计量的优点是:不再需要通过使用者的肉眼判断肘点位置,使用者只需要找出使间隔统计量最大的 K 值即可。间隔统计量的计算公式如下所示。

$$\mathrm{Gap}_n(K) = E_n^*(\log D_k) - \log D_k$$

式中,$E_n^*(\log D_k)$ 表示 $\log D_k$ 的期望,通常采用蒙特卡洛(Monte Carlo)采样的方法获得。

$$E_n^*(\log D_k) = (1/B)\sum_{b=1}^{B}\log(D_{kb}^*)$$

式中,B 表示采样的次数。间隔统计量算法的基本思想为:首先在样本所在区域内按照均匀分布随机地产生与原始样本数量相同的新样本,然后求解这些随机样本的 K 均值,得到 D_k。通过迭代上述操作近似计算出 $E_n^*(\log D_k)$。

通常情况下,Gap(K)可以看作随机样本的损失值与实际样本的损失值之差。假设实际样本对应的最佳簇数为 K',那么此时实际样本的损失值应该相对较小,而随机样本的损失值与实际样本损失值的差值此时应该达到最大值。也就是说,当 Gap(K)取得最大值时所对应的 K 值就是最佳簇数。在实际应用中,通常会通过计算标准差 s_k 的方法来修正蒙特卡洛采样方法带来的误差,具体公式如下所示。

$$d' = (1/B) \sum_{b=1}^{B} \log (D_{kb}^{*})$$

$$\mathrm{sd}(k) = \sqrt{(1/B) \sum_{b=1}^{B} (\log(D_{kb}^{*}) - d')^2}$$

$$s_k = \sqrt{\frac{1+B}{B}} \, \mathrm{sd}(k)$$

选择满足 $\mathrm{Gap}(k) \geqslant \mathrm{Gap}(k+1) - s(k+1)$ 的最小 k 值作为最佳簇数。具体实现方法如例 9.5 所示。

【例 9.5】 通过间隔统计量选择合适的 K 值。

```
1   import scipy
2   import scipy.cluster.vq
3   import scipy.spatial.distance
4   import numpy as np
5   import matplotlib.pyplot as plt
6   EuclDist = scipy.spatial.distance.euclidean
7   def gap(data, resf = None, nrefs = 10, ks = range(1,10)):
8     #计算间隔统计量
9     shape = data.shape
10    if resf == None:
11      x_max = data.max(axis = 0)
12      x_min = data.min(axis = 0)
13      dists = np.matrix(np.diag(x_max - x_min))
14      rands = np.random.random_sample(size = (shape[0], shape[1], nrefs))
15      for i in range(nrefs):
16        rands[:,:,i] = rands[:,:,i] * dists + x_min
17    else:
18      rands = refs
19    gaps = np.zeros((len(ks),))
20    gapDiff = np.zeros(len(ks) - 1,)
21    sdk = np.zeros(len(ks),)
22    for (i,k) in enumerate(ks):
23      (cluster_mean, cluster_res) = scipy.cluster.vq.kmeans2(data, k)
24      Wk = sum([EuclDist(data[m,:], cluster_mean[cluster_res[m],:]) for m in range(shape[0])])
25      WkRef = np.zeros((rands.shape[2],))
26      for j in range(rands.shape[2]):
27        (kmc,kml) = scipy.cluster.vq.kmeans2(rands[:,:,j], k)
28        WkRef[j] = sum([EuclDist(rands[m,:,j],kmc[kml[m],:]) for m in range(shape[0])])
29      gaps[i] = scipy.log(scipy.mean(WkRef)) - scipy.log(Wk)
30      sdk[i] = np.sqrt((1.0 + nrefs)/nrefs) * np.std(scipy.log(WkRef))
31
32      if i > 0:
33        gapDiff[i-1] = gaps[i-1] - gaps[i] + sdk[i]
34    return gaps, gapDiff
35
36  mean = (1, 2)
37  cov = [[1, 0], [0, 1]]
```

```
38   ♯从多元正态分布中随机抽取样本用于计算 E(logD_k )
39   Nf = 1000;
40   dat1 = np.zeros((3000,2))
41   dat1[0:1000,:] = np.random.multivariate_normal(mean, cov, 1000)
42   mean = [5, 6]
43   dat1[1000:2000,:] = np.random.multivariate_normal(mean, cov, 1000)
44   mean = [3, - 7]
45   dat1[2000:3000,:] = np.random.multivariate_normal(mean, cov, 1000)
46   plt.plot(dat1[::,0], dat1[::,1], 'b.', linewidth = 1)
47
48   gaps,gapsDiff = gap(dat1)
49   ♯绘制结果
50   plt.subplots(1,1)
51   plt.plot(gaps, 'g - o')
52   plt.xlabel('Number of clusters K')
53   plt.ylabel('gaps')
54   plt.subplots(1,1)
55   plt.bar(np.arange(len(gapsDiff)),gapsDiff)
56   plt.xlabel('Number of clusters K')
57   plt.ylabel('Gap(k) - Gap(k + 1) + s_k + 1 ')
58   plt.show()
```

输出结果分别如图 9.6～图 9.8 所示。

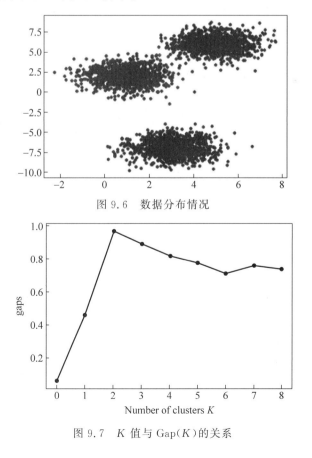

图 9.6   数据分布情况

图 9.7 K 值与 Gap(K)的关系

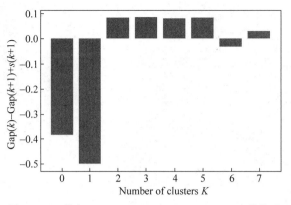

图 9.8　K 值与 $\mathrm{Gap}(\mathrm{k})-\mathrm{Gap}(k+1)+s(k+1)$ 的关系

由于横轴是从 0 开始的,所以实际最佳簇数为 3。

9.4.4　Canopy 算法

之前介绍的三种确定最佳 K 值的方法都属于"事后"判断的类型,而 Canopy 算法则可以通过事先"粗"聚类的方式,为 K-means 算法确定初始聚类中心个数和聚类中心点。与 K-means 聚类算法相比,Canopy 算法最大的特点是不需要事先指定 K 值(即簇的个数),虽然该算法的精度较低,但具有速度上的极大优势,因此可以使用 Canopy 聚类先对数据进行"粗"聚类,从而找到最佳 K 值,以及大致的 K 个质点的位置,再使用 K-means 进行进一步"细"聚类。因此,Canopy 算法具有很大的实际应用价值。

Canopy 算法的实现步骤大致如下所示。

(1) 对原始数据集进行随机排列,构成新的样本列表 $L=[x_1,x_2,\cdots,x_n]$(排序规则随意,但确定规则后不应再改变),设定两个初始距离阈值 T_1 和 T_2,且 $T_1>T_2$(T_1、T_2 的值可以根据使用者的需要自行设定,也可以通过交叉验证获得)。

(2) 在样本列表 L 中随机挑选一个数据点 A,作为第一个 Canopy 的质心,并将数据点 A 从 L 中剔除。

(3) 从样本列表 L 中随机选取一个数据点 B,计算 B 到所有质心的距离。找到距离最小值 D。如果此时 $D \leqslant T_1$,则给 B 一个弱标记,表示 B 属于该 Canopy,并将 B 添加到该 Canopy。

如果此时同时满足 $D \leqslant T_2$,则给 B 一个强标记,表示 B 属于该 Canopy,且 B 与质心的距离非常近,然后将该 Canopy 的质心更新为当前所有强标记数据点的中心位置,并将 B 从样本列表 L 中删除。

如果此时 $D>T_1$,则新建一个簇,将数据点 B 归类到新建的这个簇中,并将 B 从样本列表 L 中删除。

(4) 迭代步骤(3),直到样本列表 L 中元素个数为 0。

Canopy 算法的原理并不复杂,需要注意的是,一个数据点可能属于多个 Canopy,但不会出现某个数据点不属于任何 Canopy 的情况。Canopy 算法可以消除孤立点,也就是删除包含样本数目较少的 Canopy,一般情况下,这些 Canopy 中的数据点往往是孤立点或噪声点。

Canopy 算法的优点如下所示。

（1）与 K-means 算法相比，对噪声不敏感，可以通过 Canopy 算法对数据进行预处理然后再进行 K-means 聚类，增强模型的抗噪能力。

（2）通常 Canopy 算法找出的每个 Canopy 的质心可以直接作为 K-means 算法各簇的质心。

（3）Canopy 算法只针对每个 Canopy 的内容进行 K-means 聚类，减少了相似计算的数量，提升计算效率。

Canopy 算法的缺点则是难以找到恰当的 T_1 和 T_2 的值。

Canopy 算法的具体实现方法如例 9.6 所示。

【例 9.6】 实现 Canopy 算法。

```
1   import math
2   import random
3   import numpy as np
4   import matplotlib.pyplot as plt
5
6   class Canopy:
7     def __init__(self, dataset):
8       self.dataset = dataset
9       self.t1 = 0
10      self.t2 = 0
11
12      #设置初始阈值
13    def setThreshold(self, t1, t2):
14      if t1 > t2:
15        self.t1 = t1
16        self.t2 = t2
17      else:
18        print('t1 needs to be larger than t2!')
19
20      #使用欧氏距离进行距离的计算
21    def euclideanDistance(self, vec1, vec2):
22      return math.sqrt(((vec1 - vec2) ** 2).sum())
23
24      #根据当前 dataset 的长度随机选择一个下标
25    def getRandIndex(self):
26      return random.randint(0, len(self.dataset) - 1)
27
28    def clustering(self):
29      if self.t1 == 0:
30        print('Please set the threshold.')
31      else:
32        canopies = []   #用于存放最终归类结果
33        while len(self.dataset) != 0:
34          rand_index = self.getRandIndex()
35          current_center = self.dataset[rand_index]   #随机获取一个中心点,定为P点
36          current_center_list = []   #初始化P点的 Canopy 类容器
```

191

第9章

K-means 算法

```
37              delete_list = []    # 初始化 P 点的删除容器
38              self.dataset = np.delete(
39                  self.dataset, rand_index, 0)    # 删除随机选择的中心点 P
40              for datum_j in range(len(self.dataset)):
41                  datum = self.dataset[datum_j]
42                  distance = self.euclideanDistance(
43                      current_center, datum)    # 计算选取的中心点 P 到每个点之间的距离
44                  if distance < self.t1:
45                      # 若距离小于 t1,则将点归入 P 点的 canopy 类
46                      current_center_list.append(datum)
47                  if distance < self.t2:
48                      delete_list.append(datum_j)    # 若小于 t2 则归入删除容器
49              # 根据删除容器的下标,将元素从数据集中删除
50              self.dataset = np.delete(self.dataset, delete_list, 0)
51              canopies.append((current_center, current_center_list))
52          return canopies
53
54
55  def showCanopy(canopies, dataset, t1, t2):
56      fig = plt.figure()
57      sc = fig.add_subplot(111)
58      colors = ['brown', 'green', 'blue', 'y', 'r', 'tan', 'dodgerblue', 'deeppink', 'orangered', 'peru',
    'blue', 'y', 'r',
59              'gold', 'dimgray', 'darkorange', 'peru', 'blue', 'y', 'r', 'cyan', 'tan', 'orchid',
    'peru', 'blue', 'y', 'r', 'sienna']
60      markers = ['*', 'h', 'H', '+', 'o', '1', '2', '3', ',', 'v', 'H', '+', '1', '2', '^',
61              '<', '>', '.', '4', 'H', '+', '1', '2', 's', 'p', 'x', 'D', 'd', '|', '_']
62      for i in range(len(canopies)):
63          canopy = canopies[i]
64          center = canopy[0]
65          components = canopy[1]
66          sc.plot(center[0], center[1], marker = markers[i],
67              color = colors[i], markersize = 10)
68          t1_circle = plt.Circle(
69              xy = (center[0], center[1]), radius = t1, color = 'dodgerblue', fill = False)
70          t2_circle = plt.Circle(
71              xy = (center[0], center[1]), radius = t2, color = 'skyblue', alpha = 0.2)
72          sc.add_artist(t1_circle)
73          sc.add_artist(t2_circle)
74          for component in components:
75              sc.plot(component[0], component[1],
76                  marker = markers[i], color = colors[i], markersize = 1.5)
77      maxvalue = np.amax(dataset)
78      minvalue = np.amin(dataset)
79      plt.xlim(minvalue - t1, maxvalue + t1)
80      plt.ylim(minvalue - t1, maxvalue + t1)
81      plt.show()
82
83  if __name__ == "__main__":
```

```
84    dataset = np.random.rand(500, 2)    ♯随机生成500个二维[0,1]平面点
85    t1 = 0.6
86    t2 = 0.4
87    gc = Canopy(dataset)
88    gc.setThreshold(t1, t2)
89    canopies = gc.clustering()
90    print('Get % s initial centers.' % len(canopies))
91  showCanopy(canopies, dataset, t1, t2)
```

输出结果如图 9.9 所示。

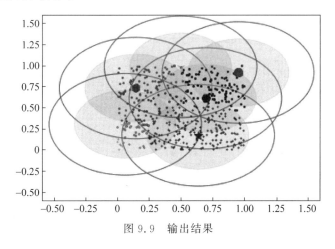

图 9.9 输出结果

从输出结果可以看出，一共找出了 6 个 Canopy，同时确定了各 Canopy 所对应的质心。此时最佳 K 值便为 6。

9.5 二分 K-means 算法

本章之前提到 K-means 算法可能出现收敛到局部最小值的情况，而二分 K-means（bisecting K-means）算法的出现正是为了解决 K-means 算法的这一问题。

二分 K-means 算法先将所有的数据点当作一个簇，然后将该簇一分为二。之后选择其中一个簇继续进行划分，选择哪一个簇进行划分取决于对其划分是否可以最大程度降低 SSE 的值。上述基于 SSE 的划分过程不断重复，直到得到预先指定的簇数为止。

二分 K-means 算法的伪代码如下所示。

```
将所有点看成一个簇
当簇数目小于 k 时
对于每一个簇
    计算总误差
    在给定的簇上面进行 K-means 聚类(k = 2)
    计算将该簇一分为二之后的总误差
选择使得误差最小的那个簇进行划分操作
```

也可以通过选择 SSE 最大的簇来进行划分，直到簇数量达到预先指定值为止。具体方

法如例 9.7 所示。

【例 9.7】 二分 *K*-means 算法。

```python
import time
import matplotlib.pyplot as plt
import matplotlib
import numpy as np
matplotlib.rcParams['font.sans-serif'] = [u'SimHei']
matplotlib.rcParams['axes.unicode_minus'] = False

def distEclud(vecA, vecB):
    #计算两个向量的欧氏距离
    return np.sqrt(np.sum(np.power(vecA - vecB, 2)))

def randCent(dataSet, k):
    #随机生成 k 个点作为质心,全部质心都处于整个数据集的数据边界之内
    n = dataSet.shape[1] #获取数据集的维度
    centroids = np.mat(np.zeros((k, n)))
    for j in range(n):
        minJ = np.min(dataSet[:, j])
        rangeJ = np.float(np.max(dataSet[:, j]) - minJ)
        centroids[:, j] = minJ + rangeJ * np.random.rand(k, 1)
    return centroids

def kMeans(dataSet, k, distMeas = distEclud, createCent = randCent):
    #K-means 算法,返回最终的 k 个质心和点的分配结果
    m = dataSet.shape[0]    #获取样本数量
    #构建一个簇分配结果矩阵,共两列,第一列为样本所属的簇类值,第二列为样本到簇质心的
    #误差
    clusterAssment = np.mat(np.zeros((m, 2)))
    #初始化 k 个质心
    centroids = createCent(dataSet, k)
    clusterChanged = True
    while clusterChanged:
        clusterChanged = False
        for i in range(m):
            minDist = np.inf
            minIndex = -1
            #找出最近的质心
            for j in range(k):
                distJI = distMeas(centroids[j, :], dataSet[i, :])
                if distJI < minDist:
                    minDist = distJI
                    minIndex = j
            #更新每一行样本所属的簇
            if clusterAssment[i, 0] != minIndex:
                clusterChanged = True
            clusterAssment[i, :] = minIndex, minDist ** 2
        print(centroids) #打印质心
```

```python
46          #更新质心
47          for cent in range(k):
48              ptsClust = dataSet[np.nonzero(clusterAssment[:,0].A == cent)[0]]  #获取给定簇的
                                                                                  #所有点
49              centroids[cent,:] = np.mean(ptsClust,axis = 0)  #沿矩阵列的方向求均值
50      return centroids,clusterAssment
51
52  def biKmeans(dataSet, k, distMeas = distEclud):
53      #二分K-means算法,返回最终的k个质心和点的分配结果
54      m = dataSet.shape[0]
55      #构建一个簇分配结果矩阵,共两列,第一列为样本所属的簇类值,第二列为样本到簇质心的
        #误差
56      clusterAssment = np.mat(np.zeros((m,2)))
57      #创建初始簇质心
58      centroid0 = np.mean(dataSet,axis = 0).tolist()[0]
59      centList = [centroid0]  #创建一个包含一个质心的列表
60      #计算每个点到质心的误差值
61      for j in range(m):
62          clusterAssment[j,1] = distMeas(np.mat(centroid0),dataSet[j,:]) ** 2
63      while (len(centList) < k):
64          lowestSSE = np.inf
65          for i in range(len(centList)):
66              #获取当前簇的所有数据
67              ptsInCurrCluster = dataSet[np.nonzero(clusterAssment[:,0].A == i)[0],:]
68              #对该簇的数据进行K-means聚类
69              centroidMat, splitClustAss = kMeans(ptsInCurrCluster,2,distMeas)
70              sseSplit = sum(splitClustAss[:,1])  #该簇聚类后的SSE
71              sseNotSplit = sum(clusterAssment[np.nonzero(clusterAssment[:,0].A != i)[0],1])
                #获取剩余数据集的SSE
72              if (sseSplit + sseNotSplit) < lowestSSE:
73                  bestCentToSplit = i
74                  bestNewCents = centroidMat
75                  bestClustAss = splitClustAss.copy()
76                  lowestSSE = sseSplit + sseNotSplit
77          #将簇编号0,1更新为划分簇和新加入簇的编号
78          bestClustAss[np.nonzero(bestClustAss[:,0].A == 1)[0],0] = len(centList)
79          bestClustAss[np.nonzero(bestClustAss[:,0].A == 0)[0],0] = bestCentToSplit
80
81          print("the bestCentToSplit is: ",bestCentToSplit)
82          print("the len of bestClustAss is: ",len(bestClustAss))
83          #增加质心
84          centList[bestCentToSplit] = bestNewCents[0,:]
85          centList.append(bestNewCents[1,:])
86          #更新簇的分配结果
87          clusterAssment[np.nonzero(clusterAssment[:,0].A == bestCentToSplit)[0],:] =
    bestClustAss
88      return centList, clusterAssment
89
90  def load_data_make_blobs():
```

```
91      # 生成模拟数据
92      from sklearn.datasets import make_blobs   # 导入产生模拟数据的方法
93      k = 5   # 设定簇个数
94      X, Y = make_blobs(n_samples = 1000, n_features = 2, centers = k, random_state = 1)
95      return X, k
96
97  if __name__ == '__main__':
98      X, k = load_data_make_blobs()   # 获取模拟数据和聚类数量
99      s = time.time()
100     myCentroids, clustAssing = biKmeans(X, k)   # myCentroids 为簇质心
101     print("用二分 K-means 算法原理聚类耗时:", time.time() - s,"秒")
102     centroids = np.array([i.A.tolist()[0] for i in myCentroids])   # 将 matrix 转换为
                                                                        # ndarray 类型
103     # 获取聚类后的样本所属的簇值,将矩阵转换为 ndarray
104     y_kmeans = clustAssing[:, 0].A[:, 0]
105     # 未聚类前的数据分布
106     plt.subplot(121)
107     plt.scatter(X[:, 0], X[:, 1], s = 50)
108     plt.title("未聚类前的数据分布")
109     plt.subplots_adjust(wspace = 0.5)
110     plt.subplot(122)
111     plt.scatter(X[:, 0], X[:, 1], c = y_kmeans, s = 50, cmap = 'viridis')
112     plt.scatter(centroids[:, 0], centroids[:, 1], c = 'w', s = 100, alpha = 0.5)
113     plt.title("用二分 K-means 算法原理聚类的效果")
114     plt.show()
```

输出结果如下所示。

```
⋮
[[ - 5.44288315  - 3.2984478 ]
 [ - 6.86064223  - 2.58318869]]
[[ - 5.44105217  - 3.31307333]
 [ - 6.84598747  - 2.57394411]]
the bestCentToSplit is:  1
the len of bestClustAss is:   402
用二分 K-means 算法原理聚类耗时: 1.5954196453094482 秒
```

通过 Matplotlib 绘制的为聚类前数据分布情况与通过二分 K-means 算法聚类后的对比图如图 9.10 所示。

在给定数据集、所期望的簇数目和距离计算方法的条件下,函数返回聚类结果。上述代码中采用了欧氏距离,大家可以根据实际需求修改距离公式。上述代码中的 kMeans() 函数首先创建了一个"簇分配结果矩阵",用来存储数据集中每个点所属的簇和平方误差。然后初始化 k 个质心,在计算完整个数据集的质心后,将它们保存到一个列表中。接下来,遍历数据集中所有点并计算每个点到质心的误差值。

通过一个 while 循环对簇进行划分,直到得到指定数量的簇个数为止。为了遍历所有的簇来决定最佳的簇个数对数据集进行划分,此时需要比较划分前后的 SSE。先将最小 SSE 的值设为正无穷,然后遍历簇列表 centList 中的各簇。对每个簇,将该簇中的所有点都看成一个

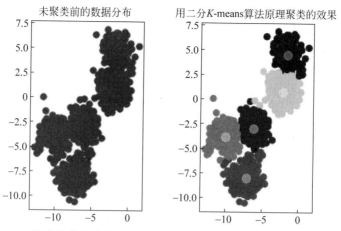

未聚类前的数据分布　　用二分K-means算法原理聚类的效果

图 9.10　聚类前数据分布情况与通过二分 K-means 算法聚类后的对比图

小的数据集 ptsInCurrCluster。将 ptsInCurrCluster 输入到 kMeans()函数中进行处理($k=2$)。K-means 算法会生成两个簇,同时给出每个簇的误差值。这些误差与剩余数据集的误差之和作为本次划分的误差。如果当前划分所得的 SSE 值最小,则保存本次划分。决定待划分的簇后,开始执行划分操作。所谓划分操作是指对将要划分的簇中所有点所属的簇进行修改。当使用 kMeans()函数并且指定簇个数为 2 时,可以获得两个编号分别为 0 和 1 的簇结果。得到这两个簇后,将它们的簇编号修改为划分簇及新加簇的编号,该过程可以通过两个数组过滤器来完成。最后,新的簇分配结果被更新,新的质心会被添加到质心列表中。

当 while 循环结束时,函数返回质心列表与簇分配结果。通过多次执行二分 K-means 算法,可以让聚类算法收敛到全局最小值,而原始的 K-means 算法则可能会出现陷入局部最小值的情况。

9.6　本 章 小 结

本章所介绍的 K-means 算法属于无监督学习算法,在开始训练模型前没有明确的目标变量。聚类算法会把数据点划分到多个不同的簇中,相似数据点往往会被划分到同一个簇。反之,不相似数据点会被划分到不同的簇中。K-means 算法容易受到初始簇质心的影响。为了获得更好的聚类效果,可以使用二分 K-means 算法进行优化。通常二分 K-means 算法的效果要好于 K-means 算法。

本章所介绍的聚类算法为本书详细介绍的第一种聚类算法,接下来的章节将继续介绍其他几种常见的聚类算法。

9.7　习　　题

1. 填空题

（1）_____是将数据集划分为若干簇的过程,同一簇内的数据对象具有较高的相似度,而不同簇中的数据对象的相似度较低。

（2）K-means 算法的特点是簇的个数是_____给定的，且每个簇的质心采用簇中所含值的_____计算而成。

（3）有监督的分类算法的分类标签通常是_____，而聚类算法中的分类标签在一开始是_____。

（4）肘部法则中，最合适的 K 值往往便出现在"手肘"的_____处。

2. 选择题

（1）在构建 K-means 算法时，kMeans()函数中，必选参数为（   ）。

    A. 数据集   B. 簇的数目

    C. 距离计算公式   D. A 和 B 都对

（2）误差平方和越小，表示数据点距离它们所处簇的质心越（   ）。因此，误差平方和越小，模型的聚类效果越（   ）。

    A. 近　好   B. 远　好

    C. 远　差   D. 近　差

（3）通过（   ）算法可以实现对数据进行预处理，从而提高模型的聚类性能。

    A. 肘部法则   B. 轮廓系数

    C. 间隔统计量   D. Canopy 算法

3. 思考题

简述 K-means 算法的优点和缺点。

第 10 章　Apriori 算法

本章学习目标

- 了解关联分析算法的基本概念；
- 掌握频繁项集生成的使用方法；
- 掌握关联规则生成的使用方法。

通过第 9 章的学习，可以对 K-means 算法有了较为深入的了解，本章将继续介绍无监督学习算法的有关内容——Apriori 算法。Apriori 算法属于最为常见的关联分析算法，主要用来发掘数据集中频繁出现的数据，找到这些频繁出现的数据可以用于制定某些决策，例如，通过分析客户购买商品的习惯来调整超市的货架摆放规则，从而提升超市商品的销量。

10.1　关联分析算法简介

关联分析算法也称为购物篮分析算法，最早是为了发现超市销售数据库中不同商品之间的关联关系，该算法用于反映一个事物与其他事物之间的关联性。若多个事物之间存在着某种关联关系，那么其中的一个事物就能通过其他事物预测到。

实际生活中，超市里货架上商品的摆放位置是有规律可循的。有些商品之间是相互关联的，而有些商品之间是对立或竞争关系（负关联），这些规律都隐藏在大量的历史购物清单数据中，如果能够通过数据挖掘发现购物者的购物规则，就可以快速识别顾客的购物习惯，当顾客购买了某个商品时为其推荐相关联的商品，引导购物者消费，提高购物者的购物体验和店铺中商品的销量。

许多企业通过日常运营积累了用户的大数据信息，如表 10.1 所示的数据集便是购物篮分析中常用的表格（超市购物清单），表中每一行对应一笔交易，每一行包含一个唯一标识和特定顾客购买的商品集合。

表 10.1　超市购物清单

标　　识	商　品　集　合
1	⟨面包，牛奶⟩
2	⟨面包，尿布，啤酒，鸡蛋⟩
3	⟨牛奶，尿布，啤酒，可乐⟩
4	⟨面包，牛奶，尿布，啤酒⟩
5	⟨面包，牛奶，尿布，可乐⟩

商家希望在这些交易记录中找到某种"商业规律"：由于某些事物间存在的彼此关联和依赖的关系，从而导致这些事物成对或者按照某种确定的先后关系成对出现的情况。例如，买了面包的顾客往往还会购买牛奶。从理论上来说，一个单独的关联规则经常能够预测出不止一个属性的值。

关联分析算法是一种在大规模数据集中寻找数据间关联关系的算法。数据间的关系通常有两种形式，这两种形式属于递进的抽象形式，前者是后者的抽象基础。这两种的具体形式如下所示。

- 代表共现关系的频繁项集。频繁项集（frequent item sets）是经常出现在一起的物品的集合，它表示某些事物之间总是结伴或成对出现。从本质上来说，不管是因果关系还是相关关系，都是共现关系，频繁项集是覆盖量（coverage）这个指标的一种度量关系。表 10.1 中的集合{面包，牛奶}就是频繁项集的一个例子。
- 代表因果/相关关系的关联规则。关联规则（association rules）暗示两种物品之间可能存在着强关联关系，这种规则更关注事物之间的互相依赖和条件先验关系。关联规则暗示了组内某些属性间不仅共现，而且还存在明显的相关和因果关系。关联关系是一种更强的共现关系。从表 10.1 中可以找到如"{面包}⇒{牛奶}"的关联规则，即如果有人买了面包，那么他很可能也会购买牛奶。注意，这两项数据间存在的先后关系，即"{面包}⇒{牛奶}"的关联规则，而不是"{牛奶}⇒{面包}"的关联规则。仔细观察表 10.1 可以发现，第 3 行购物清单中，出现了"牛奶"，却没有出现"面包"，所以"{牛奶}⇒{面包}"的关联推导是不成立的，而"{面包}⇒{牛奶}"的关联规则则在现有的数据集中成立。从包含 k 项的数据集提取的可能规则的总数 $R = 3^k - 2^{k+1} + 1$。

在使用关联分析算法时可能会遇到以下两个问题。

（1）根据大量的数据集来构建模型时，计算代价高昂。

（2）难以衡量所发现的数据间的关系的真实性。

在实际应用中，关联分析算法的实现步骤会分为两步：首先，产生一个达到指定最小覆盖量的项集；然后，从每一个项集中找出能够达到指定最小准确率的规则。

关联规则的强度可以用支持度（support）和置信度（confidence）来量化分析。

支持度：一个项集的支持度被定义为数据集中包含该项集的记录所占的比例。通过支持度进行分析有着较为明显的不足之处：许多潜在的有意义的关系模式由于存在于支持度小的项之间而容易被忽略，比如超市里可能很少有顾客购买帝王蟹，但商家可能对关于帝王蟹的关联规则十分感兴趣，因为这些商品可能有着更高的利润率。

置信度：事件 A 与事件 B 同时出现的项集在事件 A 出现的事务中的比例。置信度被用来衡量事件 B 在包含事件 A 的项集中出现的频繁程度。需要注意的是，高置信度并不代表规则是有意义的，在衡量二者关系时请不要忽略了后件的支持度。

为了找到经常在一起购买的物品集合，可以先使用集合的支持度来度量其出现的频率。一个集合的支持度是指有多少比例的交易记录包含该集合。关联规则的支持度计算公式如下所示。

$$support(A \rightarrow B) = P(A \cup B)$$

其中，$P(A \cup B)$ 表示事物包含集合 A 和 B 的并集（即包含 A 和 B 中的每个项）的概率。这里的支持度也可以理解为集合 A 和集合 B 共现的概率。一个项集的支持度被定义为数据集中包含该项集（多个项的组合集合）的记录所占的比例，即覆盖度。如表 10.1 中，{面包}

的支持度为 0.8,{面包,牛奶} 的支持度为 0.6。

置信度是针对关联规则来定义的,例如"{面包}⇒{牛奶}"规则。这条规则的置信度被定义为"支持度({面包,牛奶})/支持度({面包})"。从表 10.1 中可以计算出 {面包,牛奶} 的支持度为 0.6,{面包} 的支持度为 0.8。根据置信度公式可以计算出"{面包}⇒{牛奶}"规则的置信度,该规则的置信度为 0.75。这意味着对于包含 {面包} 的所有记录,"{面包}⇒{牛奶}"规则对其中 75% 的记录都适用。

值得注意的是,如果一个事件 A 的出现概率很高,那么这个事件对其他事件是否出现的推测置信度就会降低。例如,事件 A 为冬天的气温低于 10℃,该事件属于常见事件,可能出现的概率大于 0.9;事件 B 为今晚会有流星雨。那么 {冬天}⇒{流星雨} 的置信度就不会很高。也就是说,常见事件 A 对事件 B 的推导关联几乎没有实际意义。需要注意的是,关联规则分析所得出的推论并不必然蕴涵因果关系。

在程序中实现关联分析算法时,可以通过以下流程来计算给定集合的支持度。

> 遍历每条交易记录
> 对每个候选项集:
>   检查候选项集是否是交易记录的子集
>   如果是,就增加总计数值
> 对每个候选项集:
>   如果支持度不低于预设的最小值,则保留该项集
> 返回所有频繁项集到列表

在遍历完所有数据之后,使用统计得到的候选项集总计数值除以总的交易记录数量,就可以得到支持度。为了找到数据集中支持度大于 0.8 的所有项集,可以通过生成物品所有可能组合的清单,然后统计每一种组合出现的频繁程度,以此找到所有符合要求的项集。但是这种方法在处理大量数据时效率将非常低下。Apriori 算法的提出减少了关联规则分析算法所需的计算量,10.2 节将详细介绍该原理。

10.2　Apriori 算法的工作原理

当数据量非常大时,人们难以通过肉眼发掘数据集中的各频繁项集,Apriori 算法的出现可以提高发现频繁项集的效率。接下来将详细地讲解 Apriori 算法的工作原理。

10.1 节提到了通过分析客户经常同时购买的商品集合,从而调整货架的商品摆放情况以增加商品的销量。为了便于讲解,本节假设超市里只有 4 种商品,且分别命名为商品 0、商品 1、商品 2 和商品 3。这些商品的组合存在以下可能:顾客只购买了一种商品、顾客购买了两种商品、顾客购买了三种商品或者顾客购买了全部 4 种商品。在进行关联分析时并不用分析某种商品被买了几件,而是关注顾客购买了哪几种商品。图 10.1 显示了 4 种商品之间存在的所有可能组合形式。

图 10.1 中,从上往下的第一个集合是 ∅,表示空

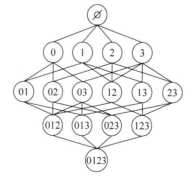

图 10.1　商品的类别组合

集或不包含任何物品的集合。物品集合之间的连线表明两个或者更多集合可以组合形成一个更大的集合。从图 10.1 中不难发现即使只包含 4 种物品的集合,也需要遍历数据 15 次。而随着物品数目的增加遍历次数会急剧增长。对于包含 n 种物品的数据集共有 $2^n - 1$ 种项集组合。显然这对动辄上万件商品的超市来说分析效率将非常低下。

根据 Apriori 原理可以降低分析所需的计算时间。在 Apriori 原理中,如果某个项集是频繁的,那么它的所有子集也是频繁的。例如,在图 10.1 中,如果{0,1}是频繁的,那么{0}、{1}也一定是频繁的;反之,如果一个项集是非频繁集,那么它的所有超集也是非频繁的。

接下来,根据图 10.1 中的商品组合进一步讲解 Apriori 原理。在图 10.2 中,假设阴影项集{3}属于非频繁项(非频繁项集用灰色表示)。根据 Apriori 原理便可以推测出,项集{1,2,3}、{0,3}、{1,3}、{2,3}、{0,1,3}、{0,2,3}和{0,1,2,3}都属于非频繁项,即如果知道了某一项的支持度,且判定该项集为非频繁项后,不需要再计算包含该项集的其他项集的支持度。通过 Apriori 原理可以提高发现频繁项集的效率。

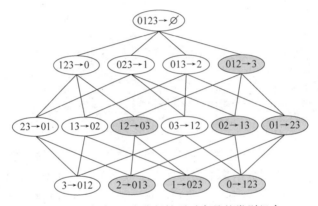

图 10.2　集合{3}为非频繁项时商品的类别组合

10.3　实战:Python 编程发现频繁项集

发现关联规则是指找出支持度大于或等于最小支持度,且置信度大于或等于最小置信度的所有规则。关联分析的目标有两个:发现频繁项集和发现强关联规则。首先需要找到频繁项集,然后才能获得关联规则。本节将只介绍发现频繁项集的相关内容,10.4 节将介绍发现强关联规则的方法。

10.2 节所介绍的 Apriori 原理是一种发现频繁项集的有效方法,其实现流程如下所示。

(1) 迭代数据集,确定每个项的支持度,生成所有单个物品的项集列表。

(2) 使用上一次迭代发现的频繁项集,产生新的候选项集。通过 Apriori-gen()函数可以实现生成候选项。

(3) 对候选项的支持度进行计数。

(4) 删去支持度计数小于最小支持度的候选项集。

(5) 当不再有新的频繁项集产生时结束。

在使用 Python 来实现关联分析算法之前,需要创建一些辅助函数。接下来将创建一个用于构建初始集合的函数和一个通过扫描数据集以寻找交易记录子集的函数。想要实现发现频繁项集需要先构建相应的辅助函数,具体实现方法如例 10.1 所示。

【例 10.1】 构建 Apriori 算法的辅助函数。

```
1    # 加载数据函数
2    def loadDataSet():
3      dataList = [[1,3,4],[2,3,5],[1,2,3,5],[2,5]]
4      # 将列表数据映射为集合返回
5      return dataList
6
7    # 创建初始情况下只包含一个元素的候选项集集合
8    def createC1(dataSet):
9      # 定义候选项集列表 C1
10     C1 = []
11     # 遍历数据集合,并且遍历每一个集合中的每一项,创建只包含一个元素的候选项集集合
12     for transaction in dataSet:
13       for item in transaction:
14         # 如果没有在 C1 列表中,则将该项的列表形式添加进去
15         if not [item] in C1:
16           C1.append([item])
17     # 对列表进行排序
18     C1.sort()
19     # print("C1 not frozenset:",C1)
20     # 将 C1 冰冻,即固定列表 C1,使其不可变
21     return list(map(frozenset,C1))
22
23   # 创建满足支持度要求的候选键集合
24   def scanD(D,ck,minSupport):
25     # 定义存储每个项集在消费记录中出现的次数的字典
26     ssCnt = {}
27     # 遍历这个数据集,并且遍历候选项集集合,判断候选项是否是一条记录的子集
28     # 如果是则累加其出现的次数
29     for tran in D:
30       for scan in ck:
31         if scan.issubset(tran):
32           if not scan in ssCnt:
33             ssCnt[scan] = 1
34           else:
35             ssCnt[scan] += 1
36     # 计算数据集总及记录数
37     # print("ssCnt:",ssCnt)
38     numItems = float(len(D))
39     # 定义满足最小支持度的候选项集列表
40     retList = []
41     # 用于所有项集的支持度
42     supportData = {}
43     # 遍历整个字典
44     for key in ssCnt:
45       # 计算当前项集的支持度
46       support = ssCnt[key]/numItems
```

```
47        #如果该项集支持度大于最小要求,则将其头插至 L1 列表中
48        if support > = minSupport:
49          retList.insert(0,key)    #添加的是 key,不是 ssCnt
50        #记录每个项集的支持度
51        supportData[key] = support
52    return retList,supportData
```

例 10.1 中构建了三个函数: loadDataSet()函数、creatC1()函数和 scanD()函数。其中, loadDataSet()函数用来创建用于测试的数据集。

createC1()函数的作用为构建集合 C1(大小为 1 的所有候选项集的集合)。在 Apriori 算法中,首先扫描 C1 集合中的项集是否满足最小支持度的要求。将满足要求的项集提取出来组合成集合 L1。用集合 L1 中的元素构建大小 2 的所有候选项集的合集 C2,再对集合 C2 中的项集进行过滤,满足条件的项集组合成集合 L2,以此类推。由于示例中首先从输入数据中提取候选项集列表,所以在创建集合 C1 时需要添加一个处理初始数据的函数,后续的项集列表则是会按照这种处理好的格式进行数据的存放。本书采用了 frozenset 类型来设置集合的格式。frozenset 类型会把集合"冰冻",使得这些集合不可改变。这里之所以采用 frozenset 类型而不是 set 类型,是因为之后的操作会将集合作为字典的键值使用,而 set 类型无法实现该操作。

需要注意的是,Python 不能创建只有一个整数的集合,因此这里必须使用列表。最后,对大列表进行排序并将其中的每个单元素列表都映射到 frozenset(),最后返回 frozenset 的列表。

scanD()函数包含三个参数: 数据集、候选项集列表和频繁项集的最小支持度。scanD()函数的主要作用为根据集合 C1 生成列表 L1。该函数还会返回一个包含支持度值的字典。在 scanD()函数中,先创建一个空字典,然后遍历样本数据集中的所有数据以及集合 C1 中的所有候选集。如果集合 C1 中的数据是样本数据集的一部分,那么增加字典中对应的计数值。此处字典的键便是集合。数据集中所有项以及所有候选集遍历完成后,进行支持度的计算。函数将只输出满足设定的最小支持度的集合。然后 scanD()函数会构建一个空列表用于存储满足最小支持度的集合。在下一个循环中,遍历字典中的各字典元素并且计算它们的支持度,将满足最小支持度的字典元素添加到 retList 中。通过 retList.insert(0,key)语句可以在列表的首部插入任意新的集合。scanD()函数的返回值为最频繁项集的支持度。

有了例 10.1 中的辅助函数后,便可以开始构建完整的 Apriori 算法,具体方法如例 10.2 所示。

【**例 10.2**】 完整的 Apriori 算法。

```
1    from numpy import *
2
3    #构造数据
4    def loadDataSet():
5      return [[1, 3, 4], [2, 3, 5], [1, 2, 3, 5], [2, 5]]
6
7    #将所有元素转换为 frozenset 型字典存放到列表中
```

```
8    def createC1(dataSet):
9        C1 = []
10       for transaction in dataSet:
11           for item in transaction:
12               if not [item] in C1:
13                   C1.append([item])
14       C1.sort()
15       #使用 frozenset 是为了后面可以将这些值作为字典的键
16       return list(map(frozenset, C1))
17
18   #过滤掉不符合支持度的集合
19   #返回频繁项集列表 retList
20   def scanD(D, Ck, minSupport):
21       ssCnt = {}
22       for tid in D:
23           for can in Ck:
24               if can.issubset(tid):      #判断 can 是否是 tid 的子集 (这里使用子集的方式来判断
                                            #两者的关系)
25                   if can not in ssCnt:   #统计该值在整个记录中满足子集的次数(以字典的形式记
                                            #录,frozenset 为键)
26                       ssCnt[can] = 1
27                   else:
28                       ssCnt[can] += 1
29       numItems = float(len(D))
30       retList = []                       #重新记录满足条件的数据值(即支持度大于阈值的数据)
31       supportData = {}                   #每个数据值的支持度
32       for key in ssCnt:
33           support = ssCnt[key] / numItems
34           if support >= minSupport:
35               retList.insert(0, key)
36           supportData[key] = support
37       return retList, supportData        #返回排除了支持度不符合要求的元素后剩余元素的列表,
                                            #以及每个元素的支持度
38
39   #生成所有可以组合的集合
40   #频繁项集列表 Lk,项集元素个数为 k [frozenset({2, 3}), frozenset({3, 5})] ->
     [frozenset({2, 3, 5})]
41   def aprioriGen(Lk, k):
42       retList = []
43       lenLk = len(Lk)
44       for i in range(lenLk):            #两层循环比较 Lk 中的每个元素与其他元素
45           for j in range(i + 1, lenLk):
46               L1 = list(Lk[i])[:k - 2]  #将集合转换为列表后取值
47               L2 = list(Lk[j])[:k - 2]
48               L1.sort(); L2.sort()      #该函数每次比较两个列表的前 k - 2 个元素,如果相同则求
                                            #并集得到 k 个元素的集合
49               if L1 == L2:
50                   retList.append(Lk[i] | Lk[j])   #求并集
51       return retList                    #返回频繁项集列表 Ck
```

```
52
53   #封装所有步骤的函数
54   #返回所有满足大于阈值的组合,集合支持度列表
55   def apriori(dataSet, minSupport = 0.5):
56       D = list(map(set, dataSet))   #转换列表记录为字典  [{1, 3, 4}, {2, 3, 5}, {1, 2, 3,
     5}, {2, 5}]
57       C1 = createC1(dataSet)       #将每个元素转换为 frozenset 字典  [frozenset({1}),
     frozenset({2}), frozenset({3}), frozenset({4}), frozenset({5})]
58       L1, supportData = scanD(D, C1, minSupport)   #过滤数据
59       L = [L1]
60       k = 2
61       while (len(L[k - 2]) > 0):   #若仍有满足支持度的集合则继续做关联分析
62           Ck = aprioriGen(L[k - 2], k)           #Ck 候选频繁项集
63           Lk, supK = scanD(D, Ck, minSupport)   #Lk 频繁项集
64           supportData.update(supK)   #更新字典(把新出现的集合:支持度加入到 supportData 中)
65           L.append(Lk)
66           k += 1   #每次新组合的元素都只增加了一个,所以 k 也增加 1(k 表示元素个数)
67       return L, supportData
68
69   dataSet = loadDataSet()
70   L, suppData = apriori(dataSet)
71   print(L)
72   print(suppData)
```

输出结果如下所示。

```
[[frozenset({5}), frozenset({2}), frozenset({3}), frozenset({1})], [frozenset({2, 3}),
frozenset({3, 5}), frozenset({2, 5}), frozenset({1, 3})], [frozenset({2, 3, 5})], []]
{frozenset({1}): 0.5, frozenset({3}): 0.75, frozenset({4}): 0.25, frozenset({2}): 0.75,
frozenset({5}): 0.75, frozenset({1, 3}): 0.5, frozenset({2, 5}): 0.75, frozenset({3, 5}):
0.5, frozenset({2, 3}): 0.5, frozenset({1, 5}): 0.25, frozenset({1, 2}): 0.25, frozenset({2, 3,
5}): 0.5}
```

例 10.2 在例 10.1 的基础上添加了 aprioriGen( )函数和 apriori( )函数。其中 apriori( )
函数会调用 aprioriGen( )函数来创建候选项集 Ck。aprioriGen( )函数的输入参数有两个：
频繁项集列表 Lk 和项集元素个数 k。aprioriGen( )函数的输出为候选项集 Ck。当该函数
以{0}、{1}、{2}作为输入时,会生成 3 个项集：{0,1}、{0,2}以及{1,2}。

要实现上述过程,首先需要创建一个空列表,并计算频繁项集列表所包含的元素个数。
然后,将频繁项集列表中各元素与列表中的其他元素一一比较。比较的过程可以通过两个
for 循环来实现。接下来,取列表中的两个集合进行比较。如果这两个集合的前 $k-2$ 个元
素都相等,那么就将这两个集合合成一个大小为 k 的集合。这里通过并集操作来实现
(Python 的并集操作符为"|")。

当利用{0}、{1}、{2}这 3 个单元素项来构建包含两个元素的项集时,只需要将单元素项
两两组合在一起即可。如果想利用{0,1}、{0,2}、{1,2}来创建包含 3 个元素的项集,则需要
先扫描包含 3 个元素的项集的列表来获取非重复的组合结果,并确保遍历列表的次数最少。
提取{0,1}、{0,2}、{1,2}这 3 个项集中的第一个元素,合并第一个元素相同的集合,此时便

会得到一个包含三个元素的项集：{0,1,2}。通过该操作便可以只经一步便实现利用包含两个元素的项集来创建包含三个元素的项集。

10.4 实战：Python 编程发现强关联规则

关联分析中关联规则的定义：两个不相交的非空项集 X、Y，如果可以通过项集 X 推导出项集 Y，那么就可以说 $X \Rightarrow Y$ 是一条关联规则。例如之前提到的，超市购物清单中发现购买了啤酒的客人大概率会购买尿布，那么{啤酒}$\Rightarrow${尿布}就是一条关联规则。关联规则的强度用支持度和置信度来描述。需要注意的是，关联规则之间的前件和后件互换之后通常是不成立的。

10.3 节介绍了发现频繁项集的方法，接下来将介绍从这些频繁项集中发现关联规则的方法。通过 Python 来发现关联规则时，先选中某一个频繁项集，然后创建一个规则列表，其中规则右件只包含一个元素，遍历这些规则，合并所有剩余规则后创建一个新的规则列表，此时的规则右件将包含两个元素，通过这种分级的方法逐步挖掘关联规则。具体实现方法如例 10.3 所示。

【例 10.3】 发现关联规则。

```
1   def generateRules(L, supportData, minConf = 0.7):
2     bigRuleList = []
3     # only get the sets with two or more items
4     # 注意，i 从 1 开始，表示只取项数大于或等于 2 的项集
5     for i in range(1, len(L)):
6       for freqSet in L[i]:
7         # 对每个频繁项集集合的频繁项集，生成单项集合，注意使用了 frozenset，因为之后要用
          # [item]作为 key 获取支持度
8         H1 = [frozenset([item]) for item in freqSet]
9         # 项数多于 2，调用 rulesFromConseq()
10        if (i > 1):
11          rulesFromConseq(freqSet, H1, supportData, bigRuleList, minConf)
12        # 项数等于 2，调用 calcConf()
13        else:
14          calcConf(freqSet, H1, supportData, bigRuleList, minConf)
15    return bigRuleList
16
17  def calcConf(freqSet, H, supportData, brl, minConf = 0.7):
18
19    # 存储满足最小置信度的规则的后件集合，以便之后再次合并时使用
20    prunedH = []
21    # 对候选项集 H 进行迭代，选择出符合最小置信度的关联规则
22    for conseq in H:
23      # 因为关联规则每次都是对一个项集而言，因此直接用项集与后件做差，就可以得出前件
24      conf = supportData[freqSet]/supportData[freqSet - conseq]  # calc confidence
25      print(freqSet - conseq,freqSet,supportData[freqSet - conseq],supportData[freqSet])
26      if conf >= minConf:
27        print(freqSet - conseq, '-->',conseq, 'conf:',conf)
```

```
28              brl.append((freqSet - conseq, conseq, conf))
29              prunedH.append(conseq)
30      return prunedH
31
32  def rulesFromConseq(freqSet, H, supportData, brl, minConf = 0.7):
33      # 获取候选项集项数
34      m = len(H[0])
35      if (len(freqSet) > (m + 1)):
36          Hmp1 = aprioriGen(H, m + 1)
37          # 得出满足最小置信度的候选关联规则
38          Hmp1 = calcConf(freqSet, Hmp1, supportData, brl, minConf)
39          if (len(Hmp1) > 1):
40              # 如果满足最小置信度的候选关联规则数目大于1,那么递归,将项数+1,继续进行过滤,
                # 直到候选关联规则数目小于或等于1或者 freqSet 数目小于或等于 m+1,例如{1,2,3}
                # 不能以{1,2,3}为后件
41              rulesFromConseq(freqSet, Hmp1, supportData, brl, minConf)
42  if __name__ == '__main__':
43      dataSet = loadDataSet()
44      # 生成一个最小支持度为 0.5 的频繁项的集合
45      L, suppData = apriori(dataSet, 0.5)
46      print("L:\n", L)
47      print("L0:\n", L[0])
48      print("L1:\n", L[1])
49      print("L2:\n", L[2])
50      print("L3:\n", L[3])
51      print("supportData:", suppData)
52
53      rules = generateRules(L, suppData, minConf = 0.5)
54      print("降低可信度阈值之后:", rules)
```

输出结果如下所示。

```
L:
  [[frozenset({5}), frozenset({2}), frozenset({3}), frozenset({1})], [frozenset({2, 3}),
frozenset({3, 5}), frozenset({2, 5}), frozenset({1, 3})], [frozenset({2, 3, 5})], []]
L0:
  [frozenset({5}), frozenset({2}), frozenset({3}), frozenset({1})]
L1:
  [frozenset({2, 3}), frozenset({3, 5}), frozenset({2, 5}), frozenset({1, 3})]
L2:
  [frozenset({2, 3, 5})]
L3:
  []
supportData: {frozenset({1}): 0.5, frozenset({3}): 0.75, frozenset({4}): 0.25, frozenset({2}):
0.75, frozenset({5}): 0.75, frozenset({1, 3}): 0.5, frozenset({2, 5}): 0.75, frozenset({3,
5}): 0.5, frozenset({2, 3}): 0.5, frozenset({1, 5}): 0.25, frozenset({1, 2}): 0.25, frozenset
({2, 3, 5}): 0.5}
frozenset({3}) frozenset({2, 3}) 0.75 0.5
frozenset({3}) --> frozenset({2}) conf: 0.6666666666666666
```

```
frozenset({2}) frozenset({2, 3}) 0.75 0.5
frozenset({2}) --> frozenset({3}) conf: 0.6666666666666666
frozenset({5}) frozenset({3, 5}) 0.75 0.5
frozenset({5}) --> frozenset({3}) conf: 0.6666666666666666
frozenset({3}) frozenset({3, 5}) 0.75 0.5
frozenset({3}) --> frozenset({5}) conf: 0.6666666666666666
frozenset({5}) frozenset({2, 5}) 0.75 0.75
frozenset({5}) --> frozenset({2}) conf: 1.0
frozenset({2}) frozenset({2, 5}) 0.75 0.75
frozenset({2}) --> frozenset({5}) conf: 1.0
frozenset({3}) frozenset({1, 3}) 0.75 0.5
frozenset({3}) --> frozenset({1}) conf: 0.6666666666666666
frozenset({1}) frozenset({1, 3}) 0.5 0.5
frozenset({1}) --> frozenset({3}) conf: 1.0
frozenset({5}) frozenset({2, 3, 5}) 0.75 0.5
frozenset({5}) --> frozenset({2, 3}) conf: 0.6666666666666666
frozenset({3}) frozenset({2, 3, 5}) 0.75 0.5
frozenset({3}) --> frozenset({2, 5}) conf: 0.6666666666666666
frozenset({2}) frozenset({2, 3, 5}) 0.75 0.5
frozenset({2}) --> frozenset({3, 5}) conf: 0.6666666666666666
```
降低可信度阈值之后：[(frozenset({3}), frozenset({2}), 0.6666666666666666), (frozenset
({2}), frozenset({3}), 0.6666666666666666), (frozenset({5}), frozenset({3}),
0.6666666666666666), (frozenset({3}), frozenset({5}), 0.6666666666666666), (frozenset({5}),
frozenset({2}), 1.0), (frozenset({2}), frozenset({5}), 1.0), (frozenset({3}), frozenset({1}),
0.6666666666666666), (frozenset({1}), frozenset({3}), 1.0), (frozenset({5}), frozenset({2,
3}), 0.6666666666666666), (frozenset({3}), frozenset({2, 5}), 0.6666666666666666),
(frozenset({2}), frozenset({3, 5}), 0.6666666666666666)]

　　例 10.3 的代码建立在例 10.1 和例 10.2 的基础之上。例 10.3 中创建了 3 个函数。
generateRules()函数为主函数，通过它来调用另外两个函数：rulesFromConseq()函数和
calcConf()函数。rulesFromConseq()函数主要用于生成候选规则集合，而 calcConf()函数
则用于对规则进行评估。

　　generateRules()函数含有 3 个参数：频繁项集列表、包含频繁项集支持数据的字典和
最小置信度阈值。generateRules()函数的输出是一个包含置信度的规则列表 bigRuleList，
之后可以根据置信度来对列表中的规则进行排序。其中，最小置信度的阈值默认值为 0.7。

　　generateRules()函数的另两个输入参数对应于例 10.2 中 apriori()函数的输出结果。
generateRules()函数会遍历 L 中的每一个频繁项集，为每个频繁项集创建只包含单个元素
集合的列表 H1。由于无法从只包含单元素的项集中发掘关联规则，因此需要从包含两个
或者更多元素的项集开始规则构建。

　　假设规则的构建从集合{0,1,2}开始，那么 H1 为[{0},{1},{2}]。如果频繁项集的元
素数目超过 2，那么会考虑对它进一步合并。进一步的合并可以通过案例中构建的第二个
函数 rulesFromConseq()函数来实现。

　　如果项集中只有两个元素，那么使用 calcConf()函数来计算置信度值。目标是计算规
则的置信度，并找到满足最小置信度的规则。函数会返回一个满足最小置信度要求的规则

列表,创建一个空列表 prunedH 来保存这些规则。

接下来,遍历列表 prunedH 中的所有项集并计算它们的置信度值。根据 supportData 中的支持度数据来计算规则的置信度。有了这些支持度数据,可以节约大量计算时间。如果某条规则满足最小置信度值,那么将这些规则打印出来。通过检查的规则也会被输出,这些输出将会作为 rulesFromConseq() 函数的输入。同时也需要对通过检查的 bigRuleList 列表 brl 进行填充。

rulesFromConseq() 函数包含两个参数:频繁项集和可以出现在规则右部的元素列表 H。rulesFromConseq() 函数会先计算出列表 H 中的频繁集的大小,然后查看该频繁项集是否大到可以移除大小为 m 的子集。如果可以,那么将其移除。可以使用例 10.2 中的 aprioriGen() 函数来生成 H 中元素的无重复组合。该结果会存储在列表 Hmp1 中,该列表将作为下一次迭代时需要用到的"H 列表"。列表 Hmp1 中包含了所有可能的规则。可以利用 calcConf() 函数来测试它们的置信度以确定规则是否满足要求。如果不止一条规则满足要求,那么使用列表 Hmp1 迭代调用 rulesFromConseq() 函数来判断这些规则是否可以进一步地被组合。

从输出结果可以看出,在降低可信度阈值后,获得了比之前更多的规则。

10.5 本 章 小 结

关联分析主要用于发现大数据集中数据间的潜在关系,量化这些关系的方式主要有两种:①频繁项集,找出数据集中经常在一起出现的元素项;②关联规则,每条关联规则意味着元素项之间的"如果……那么"关系。本章主要讲解了 Apriori 算法,然后演示了通过 Python 实现 Apriori 算法的方法。在实际应用中需要注意,Apriori 算法每次增加频繁项集大小时,算法需要重新扫描整个数据集,当数据集很大时,算法效率极低。第 11 章将介绍提升发现频繁项集效率的方法。

10.6 习 题

1. 填空题

(1) 关联分析算法也称为_____算法,最早是为了发现超市销售数据库中不同的商品之间的关联关系。

(2) _____是经常出现在一起的物品的集合,它表示某些事物之间总是结伴或成对出现。

(3) _____暗示两种物品之间可能存在着强关联关系,这种规则更关注事物之间的互相依赖和条件先验关系。

(4) 在 Apriori 原理中,如果某个项集是频繁的,那么所有包含它的子集_____。

(5) 两个不相交的非空项集 X、Y,如果可以通过项集 X 推导出项集 Y,那么就可以说 $X{\Rightarrow}Y$ 是一条_____。

2．选择题

（1）在关联分析算法中，从包含 k 项的数据集提取的可能规则的总数 $R=$（　　　）。

    A．3^k-2^{k+1} B．3^k-2^k+1

    C．$3^k-2^{k+1}+1$ D．$3^k-2^{k+1}-1$

（2）在 Apriori 算法中，对于包含 n 种物品的数据集共有（　　　）种项集组合。

    A．2^n B．2^n-1 C．2^n+1 D．$2^{n+1}-1$

3．思考题

简述 Apriori 算法的优点和局限性。

第 11 章   FP-growth 算法

本章学习目标

- 了解 FP-growth 算法的基本概念；
- 掌握通过 FP-growth 算法发现事务数据中的公共模式的方法；
- 掌握构建 FP 树的方法；
- 掌握通过 Python 实现 FP-growth 算法的方法。

读者应该对搜索引擎并不陌生，在搜索栏中输入一个短语时，搜索引擎往往会自动罗列一些与之相关的推荐查询项。搜索引擎所给出的这些推荐查询项便用到了发现频繁项集的方法。第 10 章所介绍的 Apriori 算法通过不断地构造候选项集、筛选候选项集挖掘出频繁项集，该过程需要多次扫描原始数据，在处理大量数据时，效率比较低下，这显然难以满足搜索引擎的需求，本章将要介绍的 FP-growth 算法可以帮助提升发现频繁项集的效率。FP是 Frequent Pattern 的缩写，表示频繁模式。

FP-growth 算法基于 Apriori 算法构建而成，但在完成相同任务时采用了不同的处理方法，该算法将数据集存储在 FP 树的结构中。FP-growth 算法的执行效率往往比 Apriori 算法高两个数量级。

11.1   FP-growth 算法简介

既然 Apriori 算法每次构造出一种组合都要遍历一遍数据集，那么是否可以考虑将数据集压缩从而提高算法的效率呢？假设现有一个超市购物单数据集，这些数据很可能存在大量公共商品组合，如果将这些公共商品作为前缀，便有可能对数据集进行压缩。通过压缩数据集可以有效减少统计某种组合出现次数时扫描整个数据集所花费的时间。FP-growth 算法便是通过这样的方法来提升发现频繁项集的效率的，通常情况下，FP-growth 算法只需要对数据集进行两次扫描。FP-growth 算法通过构造一颗 FP 树，将相同商品保存在上层结点，并且每个结点记录了当前结点重复利用的次数，从而实现频繁项集的挖掘。

接下来通过一个简单的例子来演示 FP-growth 算法是如何构建 FP 树的。假设，有以下三条超市购物清单数据。

〈牛奶 尿布 面包 啤酒〉

〈啤酒 尿布 鸡蛋 面包 〉

〈牛奶 西瓜 面包 白酒 剃须刀〉

首先，对上述各类商品进行编号，具体如下所示。

[1]牛奶 [2]尿布 [3]面包 [4]啤酒 [5]鸡蛋 [6]西瓜 [7]白酒 [8]剃须刀

通过编号的形式来表示之前提到的那三条购物清单,具体如下所示。

[1,2,3,4],[4,2,5,3],[1,6,3,7,8]

与第 10 章介绍的 Apriori 算法相似,此时需要设定一个阈值,只保存出现频率超过这个阈值的数据作为高频项。在此,设定阈值为 2。然后统计各商品出现的频率,剔除低频商品。筛选后的数据情况如表 11.1 所示。

表 11.1 超市购物清单

标　　志	出 现 次 数	是 否 保 留
1	2	Y
2	2	Y
3	3	Y
4	2	Y
5	1	N
6	1	N
7	1	N
8	1	N

根据频率将每条购物清单内的商品按频率排序(只保留高频商品)。筛选后的编号形式购物清单如下所示。

[3,1,2,4],[3,2,4],[3,1]

通过上述过程便实现了对原始数据集的压缩表示。

11.2　构建 FP 树

11.1 节提到,FP-growth 算法会将数据存储在一种称为 FP 树的紧凑数据结构中。FP树与之前介绍到的其他树结构类似,但是 FP 树通过链接(link)来连接相似元素,被连起来的元素项可以看成一个链表。

11.2.1　创建 FP 树的数据结构

可以通过逐个读入元素,并把元素映射到 FP 树中的各路径来构造 FP 树。由于不同的元素可能会有若干个相同的项,因此它们的路径可能部分重叠。路径相互重叠越多,使用FP 树结构获得的压缩效果越好;如果 FP 树足够小,能够存放在内存中,就可以直接从这个内存中的结构提取频繁项集,而不必重复地扫描存放在硬盘上的数据。一般情况下,由于经过了压缩处理,通过 FP 树结构压缩后的数据集要比原始数据集小。如果所有的数据都具有相同的项集,那么这棵 FP 树将只包含一条结点路径;如果每个数据都具有唯一项集,那么 FP 树的大小将与原数据的大小相同。

关于构建 FP 树的文字表述可能比较空洞,接下来,根据表 11.2 中的数据集构建一棵最小支持度为 3 的 FP 树,具体如图 11.1 所示。

表 11.2　数据集

样本 ID	事物所含元素
0	r, z, h, j, p
1	z, y, x, w, v, u, t, s
2	z
3	r, x, n, o, s
4	y, r, x, z, q, t, p
5	y, z, x, e, q, s, t, m

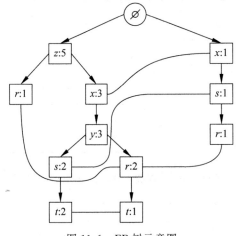

图 11.1　FP 树示意图

图 11.1 中的 ϕ 表示 FP 树的根结点,其余结点包括一个数据项和该数据项在本路径上的支持度;每条路径都是一条训练数据中满足最小支持度的数据项集;FP 树还将所有相同项连接成链表,即图 11.1 中被无箭头的线连接的各项。

为了能够高效地访问 FP 树中的相同项,需要构建一个连接具有相同项结点的头指针列表(headTable),头指针列表中包含三类元素:数据项、该项所对应的全局最小支持度和指向 FP 树中该项链表的表头的指针。加入了头指针列表的 FP 树如图 11.2 所示。

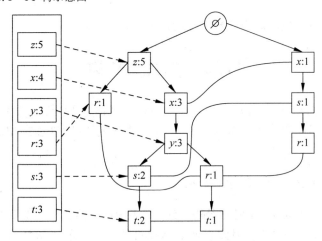

图 11.2　加入了头指针列表的 FP 树

FP-growth 算法在第一次扫描时,首先会过滤掉所有不满足预设的最小支持度的项;然后保留满足最小支持度的项,按照全局最小支持度的值对这些项进行排序。除此之外,有时为了更方便地处理数据集,可以采用按照项的关键字排序等其他排序方式。

第一次扫描时,过滤所有不满足最小支持度的项;对于满足最小支持度的项,按照全局最小支持度排序,在此基础上,为了处理方便,也可以按照项的关键字再次排序。第一次扫描后表的数据集如表 11.3 所示。

表 11.3 第一次扫描后的数据集

样本 ID	事物所含元素
0	z,r
1	z,x,y,s,t
2	z
3	x,s,r
4	z,x,y,r,t
5	z,x,y,s,t

在第二次扫描时,开始构造 FP 树。第二次扫描只针对经过第一步过滤处理后的数据,如果某个数据项是第一次遇到,则创建一个对应的结点,并在头指针列表中添加一个指向该结点的指针;否则按路径找到该项对应的结点,修改结点信息。大致过程如图 11.3 所示。

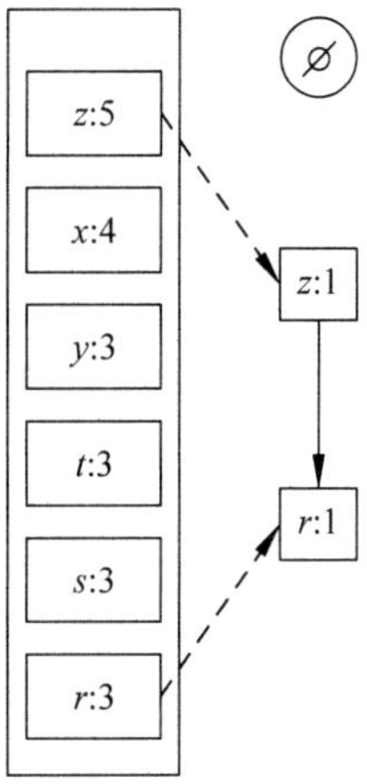

图 11.3～图 11.8 反映了 FP-growth 算法第二次扫描的过程。从这些图中不难看出,头指针列表并不是伴随着构建 FP 树的过程而一起创建的,头指针列表在第一次扫描时就完成了创建,在构建 FP 树时只需将头指针列表中的指针指向相应结点即可。从图 11.6 所对应的项集 004 开始,通过创建结点间的连接将不同路径上的相同项组合成链表。

需要注意的是,FP 树的结构会受到项的关键字排序的影响。具体可以参考图 11.9 和 11.10 的对比,这两幅图都是相同训练集生成的 FP 树。图 11.9 只按照最小支持度进行了排序,而图 11.10 则在按照最小支持度排序的基础上,根据项的关键字进行了降序排序。可以看出,两幅图中树的结构有着明显的差异。树的结构将影响后续发现频繁项的结果。

图 11.3 FP-growth 算法第二次扫描——项集 $001\{z,x\}$

FP-growth 算法中频繁项集的产生步骤如下所示。

(1) 从 FP 树的最下面的项开始,构造每个项的条件模式基(CPB):该项到根结点之间的 FP 子树(利用链表可快速查找路径)。

(2) 对每个 CPB,将所有的祖先结点计数设置为叶子结点的计数,累加每条 CPB 的支持度计数,去掉不符合最小支持度的项,构建条件 FP 树。

(3) 递归挖掘每个条件 FP 树,累加后缀频繁项集,直到 FP 树为空或 FP 树只有一条路径。

11.2.2 通过 Python 构建 FP 树

11.2.1 节介绍了构建 FP 树的原理,本节将介绍通过 Python 构建 FP 树的方法,一般流程如下所示。

(1) 收集数据:构建数据集。

(2) 准备数据:数据类型为离散型数据。如果要处理连续数据,则需要将这些数据量化为离散值。

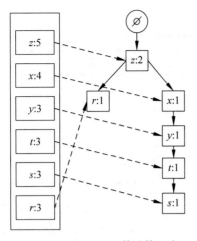

图 11.4　FP-growth 算法第二次
扫描——项集 $002\{z,x,y,t,s\}$

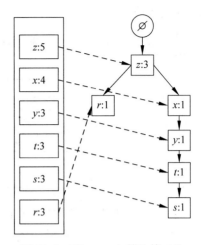

图 11.5　FP-growth 算法第二次
扫描——项集 $003\{z\}$

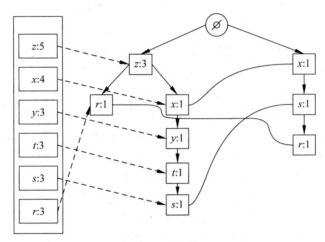

图 11.6　FP-growth 算法第二次扫描——项集 $004\{x,s,r\}$

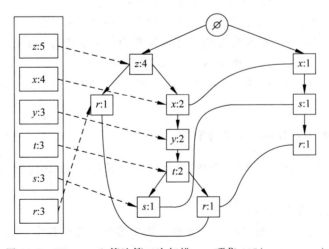

图 11.7　FP-growth 算法第二次扫描——项集 $005\{z,x,y,t,r\}$

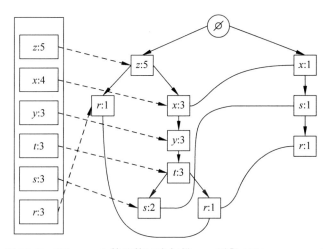

图 11.8   FP-growth 算法第二次扫描——项集 $006\{z,x,y,t,s\}$

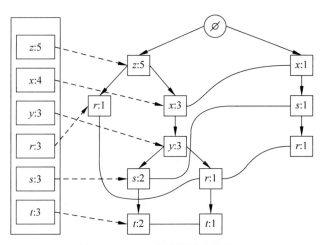

图 11.9   未对项的关键字排序时

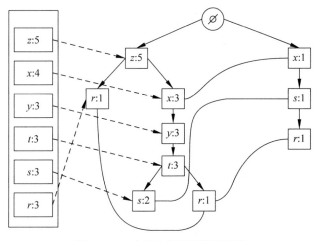

图 11.10   对项的关键字降序排序

（3）分析数据。

（4）训练算法：构建 FP 树，进行数据挖掘。

（5）应用算法。

根据 11.2.1 节所介绍的知识可知，FP-growth 算法在第二次扫描数据集时会构建一棵 FP 树。此时，需要创建一个类来保存树的结点。创建 FP 树类的方法如例 11.1 所示。

【例 11.1】 FP 树的类定义。

```
1    class treeNode:
2        #name 存放结点名称
3        #count 存放计数值
4        #nodeLink 链接相似元素
5        #parent 存放父结点
6        #children 存放子结点
7        def __init__(self, nameValue, numOccur, parentNode):
8            self.name = nameValue
9            self.count = numOccur
10           self.nodeLink = None
11           self.parent = parentNode        #用于回溯整棵树
12           self.children = {}              #用于存放子结点
13
14       def inc(self, numOccur):
15           self.count += numOccur
16       #展示树结构
17       def disp(self, ind = 1):
18           #' ' * ind 表示输出 ind 个' '
19           print(' ' * ind, self.name, '', self.count)
20           for child in self.children.values():
21           #使用了递归的方式对不同层级的 node 输出不同个数的空格
22               child.disp(ind + 1)
```

例 11.1 所定义的类中包含用于存放结点名字的变量和一个计数值，nodeLink 变量用于链接相似的元素项。上述代码中用到了父变量 parent，这是为了方便指向当前结点的父结点，这样便可以根据给定的叶子结点回溯整棵树。

inc()方法用于为 count 变量增加给定值，disp()方法用于将树以文本形式显示，其中使用了递归的方式对不同层级的结点输出不同个数的空格。

在构建好 FP 树所需数据结构后，便可以开始构建 FP 树，具体方法如例 11.2 所示。

【例 11.2】 构建 FP 树。

```
1    def createTree(dataSet, minSup = 1):
2        headerTable = {}
3        #go over dataSet twice
4        #first pass counts frequency of occurance
5        #遍历两次数据集，第一次过滤出满足最小支持度的项
6        for trans in dataSet:
7            for item in trans:
8                headerTable[item] = headerTable.get(item, 0) + dataSet[trans]
```

```
9          # 删除不满足最小支持度的项
10         headerTable = {k:v for k,v in headerTable.items() if v >= minSup}
11         freqItemSet = set(headerTable.keys())
12         if len(freqItemSet) == 0: return None, None
13         for k in headerTable:
14             headerTable[k] = [headerTable[k], None]
15         # print 'headerTable: ',headerTable
16         # 创建根结点
17         retTree = treeNode('Null Set', 1, None)
18         # go through dataset 2nd time
19         # 第二次遍历数据集,创建树
20         for tranSet, count in dataSet.items():
21             # localD 存储 tranSet 中满足最小支持度的项和对应的出现频率
22             localD = {}
23             for item in tranSet:
24                 if item in freqItemSet:
25                     localD[item] = headerTable[item][0]
26             if len(localD) > 0:
27                 # localD 中没项通过计数值进行逆序排序,然后将排好序的键存放到新建的列表
                   # orderedItems 中
28                 orderedItems = [v[0] for v in sorted(localD.items(), key = lambda p: p[1], reverse
= True)]
29                 # 用排好序的频繁项集创建树
30                 updateTree(orderedItems, retTree, headerTable, count)
31         return retTree, headerTable # return tree and header table
32
33     def updateTree(items, inTree, headerTable, count):
34         # 如果 items[0]项在树中,那么增加树中对应结点计数值
35         if items[0] in inTree.children:
36             inTree.children[items[0]].inc(count)
37         # 如果 items[0]不在树中,那么新建对应结点,创建分支,更新 headerTable 头指针
38         else:    n
39             inTree.children[items[0]] = treeNode(items[0], count, inTree)
40             # items[0]对应的头指针为空,将 items[0]项对应的树结点放入 headerTable 中
41             if headerTable[items[0]][1] == None: # update header table
42                 headerTable[items[0]][1] = inTree.children[items[0]]
43             # 如果 items[0]对应的头指针非空,调用 updateHeader()更新头指针
44             else:
45                 updateHeader(headerTable[items[0]][1], inTree.children[items[0]])
46         # 如果频繁项集长度大于一,那么递归调用 updateTree(),items[1::]表示使用频繁项集中第
           # 二项之后的所有项,inTree.children[itemes[0]]表示使用子结点
47         if len(items) > 1:
48             updateTree(items[1::], inTree.children[items[0]], headerTable, count)
49
50     def updateHeader(nodeToTest, targetNode):
51         # 迭代指针链表,直到 nodeToTest 的指针为空
52         while (nodeToTest.nodeLink != None):
53             nodeToTest = nodeToTest.nodeLink
54         # 将 targetNode 加入指针链表
55         nodeToTest.nodeLink = targetNode
```

上述代码中包含三个函数：createTree()函数、updateTree()函数和 updateHeader()函数。createTree()函数使用数据集以及最小支持度作为参数来构建 FP 树。树构建过程中会遍历数据集两次。第一次遍历扫描数据集并统计每个元素项出现的频度。这些信息被存储在头指针表中。接下来，扫描头指针表删掉那些出现次数少于 minSup 的项。如果所有项都是非频繁项，则不需要再进行后续处理。然后，对头指针表进行扩展，用来保存计数值及指向每种类型第一个元素项的指针。接着创建只包含空集合的根结点。最后，再次遍历数据集，本次遍历仅限于频繁项，调用 updateTree()方法。

updateTree()函数用于 FP 树的生长，该函数的输入参数为项集。该函数首先检测样本中的第一个元素项是否作为子结点存在。如果存在，则更新该元素项的计数；如果不存在，则创建一个新的 treeNode 并将其作为一个子结点添加到树中。此时，需要更新头指针表以指向新的结点。更新头指针表需要调用 updateHeader()函数。updateTree()函数会不断迭代调用自身，在每次调用时删除列表中的第一个元素。

updateHeader()函数用于确保结点链接指向 FP 树中该元素项的每一个实例。从头指针表中的 nodeLink 开始，一直沿着 nodeLink 到达链表末尾。loadSimpDat()函数会返回一个样本列表。通过 createTree()函数构建树结构时，该函数的输入数据类型不是列表，而是字典，其中项集为字典中的键，而频率为每个键对应的值。createInitSet()函数用于实现上述从列表到字典的类型转换过程。

接下来检验之前构建的树，具体方法如例 11.3 所示。

【例 11.3】 检验构建的 FP 树。

```
1    # 数据集
2    def loadSimpDat():
3      simDat = [['r','z','h','j','p'],
4                ['z','y','x','w','v','u','t','s'],
5                ['z'],
6                ['r','x','n','o','s'],
7                ['y','r','x','z','q','t','p'],
8                ['y','z','x','e','q','s','t','m']]
9      return simDat
10   # 构造成 element : count 的形式
11   def createInitSet(dataSet):
12     retDict = {}
13     for trans in dataSet:
14       key = frozenset(trans)
15       if retDict.has_key(key):
16         retDict[frozenset(trans)] += 1
17       else:
18         retDict[frozenset(trans)] = 1
19     return retDict
20
21   simDat = fpgrowth.loadSimpDat()
22   initSet = fpgrowth.createInitSet(simDat)    # 格式化数据
23   myFPtree, myHeaderTab = fpgrowth.createFPtree(initSet, 3) # 最小支持度为3
24   myFPtree.disp()
```

输出结果如下所示。

```
Null Set    1
  x   1
    s   1
      r   1
  z   5
    x   3
      y   3
        s   2
          t   2
        r   1
          t   1
    r   1
```

上述输出结果表示了元素项及其对应的频率计数值,其中每个缩进表示所处的树的深度。

11.3　通过 FP-growth 算法提取频繁项集

掌握 11.2 节介绍的 FP 树构建方法之后,便可以开始提取频繁项集的步骤。在提取频繁项集时,先从单元素项集合开始,然后开始构建复杂庞大的集合。由于采用了 FP 树结构,因此提取频繁项集时不再需要原始数据集。

11.3.1　提取条件模式基

条件模式基(conditional pattern base)是 FP 树中以所查找元素为结尾的所有前缀路径(prefix path)的集合。所谓前缀路径,是指在所查找元素项与树的根结点之间的所有内容。从头指针列表开始,针对每一个频繁项,都查找其对应的条件模式基。每一个路径都要与起始元素的计数值关联。

前缀路径将被用于构建条件 FP 树,想要获得这些前缀路径,需要对 FP 树进行穷举式检索,直到获得想要的频繁项为止,也可以使用其他更有效的方法来加速这个检索过程。可以利用先前创建的头指针表来得到一种更有效的方法。头指针表包含相同类型元素链表的起始指针。一旦到达了每一个元素项,就可以上溯这棵树直到根结点为止。

发现指定元素项结尾的前缀路径的方法,具体如例 11.4 所示。

【例 11.4】　发现指定元素项结尾的前缀路径。

```
1    #递归回溯
2    def ascendFPtree(leafNode, prefixPath):
3      if leafNode.parent != None:
4        prefixPath.append(leafNode.name)
5        ascendFPtree(leafNode.parent, prefixPath)
6    #条件模式基
7    def findPrefixPath(basePat, myHeaderTab):
8      treeNode = myHeaderTab[basePat][1]  #basePat 在 FP 树中的第一个结点
9      condPats = {}
```

221

```
10    while treeNode != None:
11        prefixPath = []
12        ascendFPtree(treeNode, prefixPath) ♯prefixPath 是倒过来的, 从 treeNode 开始到根
13        if len(prefixPath) > 1:
14            condPats[frozenset(prefixPath[1:])] = treeNode.count ♯关联 treeNode 的计数
15        treeNode = treeNode.nodeLink ♯下一个 basePat 结点
16    return condPats
17  print(findPrefixPath('z', myHeaderTab))
18  print(findPrefixPath('r', myHeaderTab))
19  print(findPrefixPath('x', myHeaderTab))
```

输出结果如下所示。

```
{}
{frozenset(['x', 's']): 1, frozenset(['z']): 1, frozenset(['y', 'x', 'z']): 1}
{frozenset(['z']): 3}
```

例 11.4 中的代码实现了发现指定元素项结尾的前缀路径的功能,该功能的实现需要访问 FP 树中所有包含该指定元素项的结点。在创建 FP 树结构的过程中,通过头指针表来指向该类型的第一个元素项,该元素项会与该类型的后续所有元素项相连。示例代码通过 findPrefixPath() 函数来遍历整个链表。在遍历的过程中如果遇到新的元素项,程序此时会调用 ascendTree() 函数来上溯 FP 树,并收集遇到的全部元素项的名称,将它们的名称存储在一个列表中。该列表返回之后添加到条件模式基的 condPats 字典中。

11.3.2 创建条件 FP 树

本节将介绍创建条件 FP 树的方法。在 11.3.1 节已经对各频繁项进行了提取条件模式基的操作,现在需要将它作为输入数据把每一个前缀路径当成样本构建 FP 树。本节将通过调用 createFPtree() 函数构造一棵条件 FP 树。然后,对该树进行递归挖掘(发现条件模式基、发现其他条件树)。由于 createFPtree() 函数含有过滤功能,因此最终总能获得所有满足最小支持度的频繁项。通过递归方法查找频繁项集的方法具体如例 11.5 所示。

【**例 11.5**】 递归查找频繁项集。

```
1   def mineFPtree(inTree, headerTable, minSup, preFix, freqItemList):
2       ♯最开始的频繁项集是 headerTable 中的各元素
3       bigL = [v[0] for v in sorted(headerTable.items(), key = lambda p:p[1][0])] ♯根据频繁项的
                                                                      ♯总频次排序
4       for basePat in bigL: ♯对每个频繁项
5           newFreqSet = preFix.copy()
6           newFreqSet.add(basePat)
7           freqItemList.append(newFreqSet)
8           condPattBases = findPrefixPath(basePat, headerTable) ♯当前频繁项集的条件模式基
9           myCondTree, myHead = createTree(condPattBases, minSup) ♯构造当前频繁项的条件 FP 树
10          if myHead != None:
11              print('条件树: ', newFreqSet)
```

```
12          myCondTree.disp(1)
13          mineFPtree(myCondTree, myHead, minSup, newFreqSet, freqItemList)  ♯递归挖掘条件
                                                                              ♯FP树
14  simDat = loadSimpDat()
15  initSet = createInitSet(simDat)
16  myFPtree, myHeaderTab = createTree(initSet, 3)
17
18  freqItems = []
19  mineFPtree(myFPtree, myHeaderTab, 3, set([]), freqItems)
20  for x in freqItems:
21    print(x)
```

输出结果如下所示。

```
条件树: {'t'}
    Null Set   1
      z   3
        x   3
条件树: {'t', 'x'}
    Null Set   1
      z   3
条件树: {'s'}
    Null Set   1
      x   3
条件树: {'y'}
    Null Set   1
      t   3
        z   3
          x   3
条件树: {'y', 'z'}
    Null Set   1
      t   3
条件树: {'y', 'x'}
    Null Set   1
      t   3
        z   3
条件树: {'y', 'z', 'x'}
    Null Set   1
      t   3
条件树: {'x'}
    Null Set   1
      z   3
None
{'r'}
{'t'}
{'t', 'z'}
{'t', 'x'}
{'t', 'z', 'x'}
{'s'}
```

```
{'x', 's'}
{'y'}
{'y', 't'}
{'y', 'z'}
{'y', 't', 'z'}
{'y', 'x'}
{'y', 't', 'x'}
{'y', 'z', 'x'}
{'y', 't', 'z', 'x'}
{'x'}
{'z', 'x'}
{'z'}
```

上述代码建立在本章之前代码的基础之上。例 11.5 中的代码实现了创建条件树、前缀路径以及条件基。首先,对头指针表中的元素项按照其出现频率进行了排序操作(默认排序方式为从小到大)。接下来,程序将每一个频繁项都添加到频繁项集列表 freqItemList 中。然后,递归调用例 11.4 中构建的 findPrefixPath() 函数来创建条件基。该条件基被当成一个新数据集传输给 create-Tree() 函数。这里为 createTree() 函数添加了足够的灵活性,以确保它可以被重用于构建条件树。最后,如果树中有元素项,则递归调用 mineTree() 函数。

输出结果中包含了所有的条件树和返回的项集。从输出结果不难看出,返回项集与条件 FP 树相匹配。需要注意的是,对项的关键字排序将会影响 FP 树的结构。

11.4　实战:从超市购物清单中发掘信息

在访问新闻网站时,用户会不断单击和浏览各种新闻报道,这些单击操作会被网站记录下来,成为该用户的网站单击历史记录。而所有用户的单击历史记录是一个蕴含了巨大价值的数据集。可以从各个角度,使用不同的方法来进行有价值的挖掘,并应用到不同的任务中去。

本项目就是从用户单击的历史记录中挖掘频繁项集,以便知道哪些新闻报道是经常关联在一起的,从而为网站的新闻版面排版、新闻推荐等提供科学的参考。

接下来,介绍通过代码实现用 FP-growth 算法对复杂的购物单信息进行关联分析的方法。

(1) 创建 FP 树的数据结构。具体方法如例 11.6 所示。

【例 11.6】　创建 FP 树的数据结构。

```
1  class TreeNode:
2    def __init__(self, nodeName, count, nodeParent):
3      self.nodeName = nodeName
4      self.count = count
5      self.nodeParent = nodeParent  # 需要更新
6      self.nextSimilarItem = None
7      self.children = {}
```

上述代码所创建的 FP 树中，nodeName 表示结点名称，count 表示结点元素出现频数，nodeParent 表示父结点，nextSimilarItem 表示指向下一个相同元素的指针，children 表示子结点集合。

（2）根据例 11.6 中创建的数据结构来创建 FP 树。具体方法如例 11.7 所示。

【例 11.7】 创建 FP 树。

```
1  def createFPTree(frozenDataSet, minSupport):
2    ♯对数据集进行第一次检索,筛选出支持度大于设定的最小支持度的项集
3    headPointTable = {}
4    for items in frozenDataSet:
5      for item in items:
6        headPointTable[item] = headPointTable.get(item, 0) + frozenDataSet[items]
7    headPointTable = {k:v for k, v in headPointTable.items() if v >= minSupport}
8    frequentItems = set(headPointTable.keys())
9    if len(frequentItems) == 0: return None, None
10
11   for k in headPointTable:
12     headPointTable[k] = [headPointTable[k], None]
13   fptree = TreeNode("null", 1, None)
14   ♯对数据进行第二次检索,只针对经过第一步过滤处理后的数据
15   for items, count in frozenDataSet.items():
16     frequentItemsInRecord = {}
17     for item in items:
18       if item in frequentItems:
19         frequentItemsInRecord[item] = headPointTable[item][0]
20     if len(frequentItemsInRecord) > 0:
21       orderedFrequentItems = [v[0] for v in sorted(frequentItemsInRecord.items(), key = lambda v:v[1], reverse = True)]
22       updateFPTree(fptree, orderedFrequentItems, headPointTable, count)
23
24   return fptree, headPointTable
```

例 11.7 中的代码包含两步：第一步，对数据库进行扫描，统计各项集出现的频数；第二步，再次对数据库进行扫描，删除数据记录中不包含频繁项集中的元素，然后将数据记录中的元素按出现频数排序。将数据记录逐条导入 FP 树中，迭代 FP 树。

（3）迭代 FP 树。具体方法如例 11.8 所示。

【例 11.8】 迭代 FP 树。

```
1  def updateFPTree(fptree, orderedFrequentItems, headPointTable, count):
2    ♯更新树
3    """updateFPTree(更新 FP - tree,第二次遍历)
4      针对每一行的数据
5      最大的 key, 添加
6    Args:
7      orderedFrequentItems   满足 minSup 排序后的元素 key 的数组(大到小的排序)
8      fptree    空的 Tree 对象
9      headPointTable 满足最小支持度{所有的元素 + (value, treeNode)}
```

```
10        count        原数据集中每一组 key 出现的次数
11
12        取出出现次数最高的元素
13        如果该元素在 inTree.children 这个字典中,就进行累加
14        如果该元素不存在,则在 inTree.children 字典中新增 key,value 为初始化的 treeNode
          对象
15        """
16        if orderedFrequentItems[0] in fptree.children:
17            fptree.children[orderedFrequentItems[0]].increaseC(count)
18        else:
19            fptree.children[orderedFrequentItems[0]] = TreeNode(orderedFrequentItems[0],
    count, fptree)
20
21        # headPointTable 只记录第一次结点出现的位置
22        if headPointTable[orderedFrequentItems[0]][1] == None:
23                headPointTable[orderedFrequentItems[0]][1] = fptree.children
    [orderedFrequentItems[0]]
24        # 本质上是修改 headPointTable 的 key 对应的 Tree 的 nodeLink 值
25        else:
26            updateHeadPointTable(headPointTable[orderedFrequentItems[0]][1], fptree.children
    [orderedFrequentItems[0]])
27        # 递归地调用,在 orderedFrequentItems[0]的基础上,添加 orderedFrequentItems[1]做子
          # 结点
28        # count 只要循环地进行累加而已,统计出结点的最后的统计值
29        if(len(orderedFrequentItems) > 1):
30            updateFPTree(fptree.children[orderedFrequentItems[0]], orderedFrequentItems[1::],
    headPointTable, count)
```

例 11.8 中代码的作用是通过递归迭代更新 FP 树。在每次迭代中,数据记录中的第一个元素如果是 fptree 结点的子结点,则只增加该子结点的 count 树;否则,重新创建一个 treeNode 结点,并将该元素添加到 fptree 结点的子结点,然后更新头指针表关于下一个相同元素指针的信息。当前数据记录长度小于或等于 1 时停止迭代。

(4) 发现频繁项集。具体方法如例 11.9 所示。

【例 11.9】 发现频繁项集。

```
1    def mineFPTree(headPointTable, prefix, frequentPatterns, minSupport):
2        # 针对头指针列表中的每一项 e, 发掘其条件模式基, 创建条件 FP 树,然后一直迭代,直到树
         # 中只剩下一个元素为止
3        headPointItems = [v[0] for v in sorted(headPointTable.items(), key = lambda v:v[1]
    [0])]
4        if(len(headPointItems) == 0): return  # 如果不存在,则直接返回
5
6        for headPointItem in headPointItems:
7            newPrefix = prefix.copy()
8            newPrefix.add(headPointItem)
9            support = headPointTable[headPointItem][0]
10           frequentPatterns[frozenset(newPrefix)] = support
```

```
11
12        prefixPath = getPrefixPath(headPointTable, headPointItem)
13        if(prefixPath != {}):
14          ♯构建 FP 树
15            conditionalFPtree, conditionalHeadPointTable = createFPTree ( prefixPath,
    minSupport)
16          if conditionalHeadPointTable != None:
17            ♯递归找出频繁项集
18            mineFPTree(conditionalHeadPointTable, newPrefix, frequentPatterns, minSupport)
```

上述代码的作用便是发现数据集中的频繁项集。首先,获取头指针表中每个元素结尾的所有前缀路径。然后,将所有前缀路径作为新的数据集传入 createFPTree()函数,以创建条件 FP 树。接下来,获取条件 FP 树所对应的头指针表中各元素的前缀路径,并创建新的条件 FP 树。重复上述过程,当条件 FP 树中的元素只有一个时,停止该操作。

(5) 获取前缀路径。具体方法如例 11.10 所示。

【例 11.10】 获取前缀路径。

```
1   def getPrefixPath(headPointTable, headPointItem):
2     prefixPath = {}
3     beginNode = headPointTable[headPointItem][1]
4     prefixs = ascendTree(beginNode)
5     if((prefixs != [])):
6       prefixPath[frozenset(prefixs)] = beginNode.count
7
8     while(beginNode.nextSimilarItem != None):
9       beginNode = beginNode.nextSimilarItem
10      prefixs = ascendTree(beginNode)
11      if (prefixs != []):
12        prefixPath[frozenset(prefixs)] = beginNode.count
13    return prefixPath
```

通过例 11.10 中的代码,根据每一个相同元素的父结点指针不断向上遍历。通过这种方式所获取的路径便是该元素的前缀路径。

(6) 发掘关联规则。具体方法如例 11.11 所示。

【例 11.11】 发掘关联规则。

```
1   def rulesGenerator(frequentPatterns, minConf, rules):
2     for frequentset in frequentPatterns:
3       if(len(frequentset) > 1):
4         getRules(frequentset,frequentset, rules, frequentPatterns, minConf)
5   def getRules(frequentset,currentset, rules, frequentPatterns, minConf):
6     for frequentElem in currentset:
7       subSet = removeStr(currentset, frequentElem)
8       confidence = frequentPatterns[frequentset] / frequentPatterns[subSet]
9       if (confidence >= minConf):
10        flag = False
```

```
11            for rule in rules:
12                if(rule[0] == subSet and rule[1] == frequentset - subSet):
13                    flag = True
14            if(flag == False):
15                rules.append((subSet, frequentset - subSet, confidence))
16
17        if(len(subSet) >= 2):
18            getRules(frequentset, subSet, rules, frequentPatterns, minConf)
```

例 11.11 中的代码通过递归迭代的方法,对每一个频繁项集进行关联规则的构建。然后,计算每一个关联规则的置信度。最后,输出置信度大于最小支持度的关联规则。

运行完整的案例代码后,输出结果如下所示。

```
fptree:
  null  1
    milk  4
      eggs  2
        bread  2
      socks  2
        eggs  1
          shoes  1
            bread  1
        gloves  1
          shoes  1
    socks  2
      gloves  2
        shoes  1
frequent patterns:
{frozenset({'eggs'}): 3, frozenset({'milk', 'eggs'}): 3, frozenset({'bread'}): 3, frozenset({'milk', 'bread'}): 3, frozenset({'eggs', 'bread'}): 3, frozenset({'milk', 'eggs', 'bread'}): 3, frozenset({'gloves'}): 3, frozenset({'socks', 'gloves'}): 3, frozenset({'shoes'}): 3, frozenset({'shoes', 'socks'}): 3, frozenset({'milk'}): 4, frozenset({'socks'}): 4}
association rules:
[(frozenset({'eggs'}), frozenset({'milk'}), 1.0), (frozenset({'milk'}), frozenset({'eggs'}), 0.75), (frozenset({'bread'}), frozenset({'milk'}), 1.0), (frozenset({'milk'}), frozenset({'bread'}), 0.75), (frozenset({'bread'}), frozenset({'eggs'}), 1.0), (frozenset({'eggs'}), frozenset({'bread'}), 1.0), (frozenset({'eggs', 'bread'}), frozenset({'milk'}), 1.0), (frozenset({'bread'}), frozenset({'eggs', 'milk'}), 1.0), (frozenset({'eggs'}), frozenset({'milk', 'bread'}), 1.0), (frozenset({'milk', 'bread'}), frozenset({'eggs'}), 1.0), (frozenset({'milk'}), frozenset({'eggs', 'bread'}), 0.75), (frozenset({'eggs', 'milk'}), frozenset({'bread'}), 1.0), (frozenset({'gloves'}), frozenset({'socks'}), 1.0), (frozenset({'socks'}), frozenset({'gloves'}), 0.75), (frozenset({'socks'}), frozenset({'shoes'}), 0.75), (frozenset({'shoes'}), frozenset({'socks'}), 1.0)]
```

从上述输出结果可以看出以下关联信息。

(1) 顾客在购买鸡蛋与面包后,有很大的可能性会购买牛奶。

(2) 顾客在购买鞋子后,有很大的可能性会购买袜子。

(3) 顾客在购买手套后,有很大的可能性会购买袜子。

上述事例的频繁项集结果如表 11.4 所示。

表 11.4 频繁项集的结果

频 繁 项 集	支　持　度
{'gloves'}	0.5
{'shoes', 'socks'}	0.5
{'milk', 'eggs', 'bread'}	0.5
{'bread'}	0.5
{'milk', 'bread'}	0.5
{'gloves', 'socks'}	0.5
{'shoes'}	0.5
{'eggs', 'bread'}	0.5
{'eggs'}	0.5
{'milk'}	0.67
{'socks'}	0.67
{'milk', 'eggs'}	0.5

频繁项集关联规则的结果如表 11.5 所示。

表 11.5 频繁项集关联规则的结果

频 繁 项 集	支　持　度
{'socks'} —> {'shoes'}	0.75
{'shoes'} —> {'socks'}	1.0
{'eggs', 'bread'} —> {'milk'}	1.0
{'bread'} —> {'milk', 'eggs'}	1.0
{'eggs'} —> {'milk', 'bread'}	1.0
{'milk', 'bread'} —> {'eggs'}	1.0
{'milk'} —> {'eggs', 'bread'}	0.75
{'milk', 'eggs'} —> {'bread'}	1.0
{'bread'} —> {'milk'}	1.0
{'milk'} —> {'bread'}	0.75
{'socks'} —> {'gloves'}	0.75
{'gloves'} —> {'socks'}	1.0
{'bread'} —> {'eggs'}	1.0
{'eggs'} —> {'bread'}	1.0
{'eggs'} —> {'milk'}	1.0
{'milk'} —> {'eggs'}	0.75

11.5　本章小结

　　本章主要介绍了频繁项集和关联规则在现实场景中的应用,通过实际案例介绍了在实际应用中使用 FP-growth 算法的方法。FP-growth 算法虽然可以提升发现频繁项集的效率,但在处理海量数据时,速度仍然相对较慢。这是因为为海量的数据建立一份统一的 FP

树结构是难以实现的。感兴趣的读者可以尝试通过并行计算的思路来并发实现 FP-growth 算法,本书不再对此进行详细讲解。

11.6 习　　题

1. 填空题

(1) 通常情况下,FP-growth 算法只需要对数据集进行_____次扫描。

(2) 数据间的路径相互重叠越多,使用 FP 树结构获得的压缩效果_____。

(3) 如果所有的数据都具有相同的项集,那么这棵 FP 树将_____结点路径。

(4) 头指针列表中包含 3 类元素:_____、_____、_____。

(5) 条件模式基是 FP 树中以所查找元素为结尾的_____的集合。

2. 思考题

(1) 简述 FP-growth 算法中发现频繁项集的步骤。

(2) 简述 FP-growth 算法的优缺点。

第 12 章　主成分分析

本章学习目标

- 了解数据降维的概念；
- 掌握主成分分析的相关知识；
- 掌握通过主成分分析来对数据进行降维的方法。

庞大的数据集为研究和应用提供了丰富的信息，与此同时也增加了信息的复杂度。许多变量之间可能存在着相关性，如果仅仅对每个指标进行分析，所得到的结果往往是孤立的，无法充分利用数据中所包含的信息，因此如果随意地减少指标来提升分析效率，会导致有用信息的损失，甚至产生错误的结论。科学家们开发出了各种数据降维方法来合理地减少指标并尽可能地对集数据进行全面的分析。主成分分析（Principal Components Analysis, PCA）便是最常见的降维方法之一，在数据压缩、消除冗余数据和消除数据噪声等领域都有广泛的应用。

12.1　数据降维

主成分分析法属于无监督的机器学习算法，主要用于数据的降维。该算法通过正交变换将一组可能存在相关性的变量数据转换为一组线性不相关的变量，转换后的变量被称为主成分。数据集中各变量之间往往存在一定的相关性，因此可以将关系紧密的多个变量变成尽可能少的新变量，使这些新变量保持低相关性，以此达到简化数据集的目的。通过主成分分析从数据集中发现更便于人类理解的特征。

在学习主成分分析算法之前，有必要了解一下数据降维的概念。本节将通过一个简单的例子来解释数据降维的概念。假设一家超市某品牌 6 种瓶装牛奶的价格数据集为 X，牛奶的价格与容量如表 12.1 所示。

表 12.1　牛奶的价格与容量表

商品 ID	价格/元	容量/升
X_1	20	2
X_2	15	1.5
X_3	17	1.7
X_4	30	3
X_5	13	1.3
X_6	25	2.5

表 12.1 中牛奶的价格属于一维数据,因此可以通过如图 12.1 所示的数轴来表示。

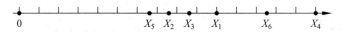

图 12.1　通过数轴来表示牛奶的价格

牛奶的平均价格为:

$$\bar{X} = \frac{X_1 + X_2 + X_3 + X_4 + X_5 + X_6}{6} = \frac{20 + 15 + 17 + 30 + 13 + 25}{6} = 20(元)$$

如果以 $\bar{X}$ 作为数轴的原点,通过 $\bar{X}$ 来表示牛奶的价格,那么表 12.1 中牛奶的价格如表 12.2 所示。

表 12.2　以 $\bar{X}$ 表示牛奶的价格

商品 ID	商品价格/元
X_1	$20 - \bar{X}$
X_2	$15 - \bar{X}$
X_3	$17 - \bar{X}$
X_4	$30 - \bar{X}$
X_5	$13 - \bar{X}$
X_6	$25 - \bar{X}$

根据表 12.2 可知,在以 $\bar{X}$ 作为原点的数轴上牛奶的价格: X_1 价格为 0 元, X_2 的价格为 -5 元,以此类推其他 4 种牛奶的价格。上述步骤其实是一个零均值化的过程,所谓零均值化是指各变量减去它们的均值,这是一个数据平移的过程,平移后所有数据的中心是 $(0,0)$ 。之所以对这些数据进行零均值化处理,是为了方便后续的统计运算(例如计算牛奶价格的方差)。这 6 种瓶装牛奶的价格样本方差如下所示。

$$\text{var}(X) = \frac{1}{6}[0 + (-5)^2 + (-3)^2 + 10^2 + (-7)^2 + 5^2]$$

通过零均值化处理后,根据价格可以将这 6 种牛奶大致分为两类,具体如图 12.2 所示。

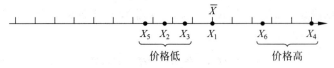

图 12.2　根据牛奶价格进行简单的分类

根据表 12.1 可以看出牛奶的价格跟其容量具有强正相关性,因此在分析这 6 种牛奶的差异时,其实只需要选择其中一种特征即可。对牛奶的价格和容积同时零均值化后,可以得到如表 12.3 所示的数据。

接下来,通过图 12.3 所示的二维坐标系来表示表 12.3 中的数据(横轴与纵轴的单位长度不同,此时 X_1 被作为原点构建了新的坐标系, $\bar{X}$ 值为 X_1)。

表 12.3　零均值化处理后的牛奶价格与容量表

商品 ID	价格/元	容量/升
X_1	0	0
X_2	−5	−0.5
X_3	−3	−0.3
X_4	10	1
X_5	−7	−0.7
X_6	5	0.5

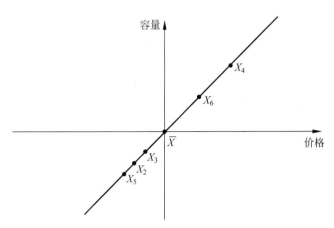

图 12.3　牛奶的价格与容量关系图

此时,如果旋转图 12.3 中的坐标系,使得横坐标轴与图中的直线重合,此时的横轴不再单独表示牛奶的价格和容量,而是变成了线性组合。将旋转后的横轴称为第一主成分,旋转后的竖轴成为第二主成分。需要注意的是,第二主成分是与第一主成分正交且样本空间内所有点映射方差次大的基。此时可以根据勾股定理来计算牛奶 X_4 在主成分一上的坐标值,具体如图 12.4 所示。

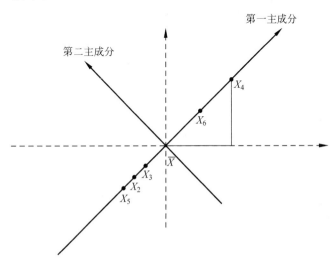

图 12.4　计算牛奶 X_4 在第一主成分和第二主成分上的坐标值

主成分分析

根据勾股定理可以求得牛奶 X_4 在第一主成分上的值为 10.050。从图 12.4 中不难看出，牛奶 X_4 在第二主成分上的坐标值为 0。在旋转后的坐标系中，6 种牛奶的数据如表 12.4 所示。

表 12.4 牛奶价格与容量在第一主成分和第二主成分上的值

商品 ID	第一主成分	第二主成分
X_1	0	0
X_2	-5.025	0
X_3	-3.015	0
X_4	10.050	0
X_5	-7.035	0
X_6	5.025	0

从表 12.4 可以看出第二主成分中的数据值全部为 0，此时只需要第一主成分中的数据值便可以表示原有数据集的信息。这样便将原有的牛奶价格与容量的二维数据降维成了一维数据，并且保留了原有数据集中的大部分信息。

主成分分析的降维思想是寻找某个基，使得样本映射到该基上后使得样本区分度更大。衡量可区分度的指标即方差（数据的稀疏程度）。方差越大表示样本分布越稀疏，方差越小表示样本分布越密集，方差的表达式如下。

$$\mathrm{var}(x) = \frac{1}{m} \sum_{i=1}^{m} (x_i - \bar{x})^2$$

为了便于计算，本节之前对数据集采用了去零均值化的处理，即减去每个特征的均值，这种处理方式不会改变样本的相对分布。零均值化处理后，样本 x 每个特征维度上的均值都是 0，方差公式可以转换成下列形式。

$$\mathrm{var}(x) = \frac{1}{m} \sum_{i=1}^{m} (x_i)^2$$

一个数据集中映射方差值最大的基往往存在于最先确立的几个主成分之中。此时，便可以忽略映射方差值极小的其他基，只保留映射方差较大的基，这便是主成分分析的降维过程。

假设有一个三维数据空间 (x, y, z)，其中 x、y、z 分别是原始空间的三个基，可以通过新的坐标系 (a, b, c) 来表示原始的数据，那么 a、b、c 便是新的基，它们组成了新的特征空间。通常的处理方法是：先对原始数据零均值化，然后求协方差矩阵，接着对协方差矩阵求特征向量和特征值，这些特征向量组成了新的特征空间。在新的特征空间中如果此时所有的数据在 c 上的投影都接近于 0，这种接近于 0 的投影即使被忽略也不会对原始数据的表示产生较大影响，此时便可以直接用 (a, b) 来表示数据，这样数据就从三维的 (x, y, z) 降到了二维的 (a, b)。更高维的降维方法可以以此类推。

当数据集不同维度上的方差分布不均匀时，使用主成分分析法来对数据集进行降维将非常有效。如果数据集的分布呈球壳型，此时主成分分析法将难以发挥作用，因为这种数据集中各个方向上的方差值都很接近（这些数据点无论在哪个主成分上的映射结果几乎都一样，难以进行压缩）。

主成分分析法的优点和缺点如下所示。

1. 优点

- 主成分分析法属于无监督学习算法,不受参数限制。在主成分分析法的计算过程中无须人为设定参数或根据任何经验模型对计算进行干预,最后的结果只与数据本身相关。
- 可以对数据进行降维处理。通过对求解的主成分向量的重要性进行排序,根据需要取前几个最重要的主成分,剔除后续不重要的主成分,从而实现数据的降维,达到简化模型或者对数据的压缩。这种有损压缩可以较大程度地保持原有数据的信息。
- 各主成分之间正交,可消除原始数据成分间的相互影响。
- 计算方法简单,易于实现,降低训练模型的成本。

2. 缺点

- 如果用户对观测对象有一定的先验知识,掌握了数据的一些特征,却无法通过参数化等方法对处理过程进行干预,通过主成分分析可能难以达到预期的效果。
- 被剔除的贡献率小的主成分可能含有样本差异的重要信息。
- 特征值矩阵正交向量的空间唯一性有待验证。
- 在非高斯分布的情况下,主成分分析法得出的主成分可能并不是最优解,此时在寻找主成分时不能将方差作为衡量重要性的标准。

值得注意的是,主成分分析法属于有损降维法。至此,已经初步掌握了主成分分析的基本概念,接下来将介绍通过 Python 实现主成分分析的方法。

12.2 实战:通过 Python 实现简单的主成分分析

通过前面的学习,已经基本了解了主成分分析法的概念,本节将通过一个简单的示例来演示通过 Python 实现主成分分析的方法。假设,有 m 条 n 维数据,则实现主成分分析的大致步骤如下所示。

(1)将原始数据按列组成 n 行 m 列矩阵 $\boldsymbol{X}$。

(2)对矩阵的每一行进行零均值化,即各行的数据值减去该行的均值。

(3)求出协方差矩阵 $\boldsymbol{C} = \dfrac{1}{m}\boldsymbol{X}^{\mathrm{T}}\boldsymbol{X}$。

(4)求出协方差矩阵的特征值及对应的特征向量。

(5)将特征向量按对应特征值大小从上到下按行排列成矩阵,取前 k 行组成矩阵 $\boldsymbol{P}$。

(6)$\boldsymbol{Y} = \boldsymbol{P}\boldsymbol{X}$ 即为降维到 k 维后的数据。

NumPy 中的 linalg 模块可以用于寻找特征向量和特征值,通过 eig()方法便可以求解特征向量和特征值。

首先,构建一个简单的数据集。具体如例 12.1 所示。

【例 12.1】 构建数据集。

```
1   import numpy as np
2   import matplotlib.pyplot as plt
3
4   data = np.empty((200, 2))
```

```
5    data[:,0] = np.random.uniform(0., 100., size = 200)
6    data[:,1] = 0.75 * data[:,0] + 1.5 + np.random.normal(0, 10., size = 200)
7
8    plt.scatter(data[:,0], data[:,1])
9    plt.show()
```

输出结果如图 12.5 所示。

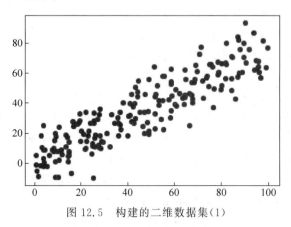

图 12.5　构建的二维数据集(1)

接下来,对例 12.1 中的数据集进行降维处理,找到该数据集的第一主成分。具体如例 12.2 所示。

【例 12.2】　对数据集进行降维。

```
1    def demean(data):
2        #矩阵 data 各项减去矩阵 data 各项所在列的均值
3        return data - np.mean(data, axis = 0)
4
5    #pca 目标函数推导公式
6    def f(w, data):
7        return np.sum((data.dot(w) ** 2)) / len(data)
8
9    #求解目标函数对应的梯度
10   def df_math(w, data):
11       #求梯度公式
12       return data.T.dot(data.dot(w)) * 2. / len(data)
13
14   def direction(w):
15       #由于 w 不一定是一个单位向量,把它转换为一个单位向量,w/w.模
16       return w / np.linalg.norm(w)
17
18   def gradient_ascent(df, data, initial_w, eta, n_iters = 1e4, epsilon = 1e-8):
19
20       w = direction(initial_w)
21       cur_iter = 0
22
23       while cur_iter < n_iters:
```

```
24        gradient = df(w, data)
25        last_w = w
26        w = w + eta * gradient
27        w = direction(w)  ♯每次求一个单位基,得到一个合适的值以便进行计算
28        if(abs(f(w, data) - f(last_w, data)) < epsilon):
29            break
30
31        cur_iter += 1
32
33    return w
34  data_mean = demean(data)  ♯零均值处理
35  initial_w = np.random.random(data.shape[1])  ♯注意:不能用 0 向量开始
36  eta = 0.001  ♯设置初始化步长
37  w = gradient_ascent(df_math, data_mean, initial_w, eta)  ♯降维并得出第一个基,即第一
                                                             ♯主成分,使得数据集在该方向
                                                             ♯上进行映射的方差值最大
38
39  plt.scatter(data_mean[:,0], data_mean[:,1])
40  plt.plot([0, w[0] * 30], [0, w[1] * 30], color = 'r')  ♯将 w 表示的基进行绘制,为了更清楚地
    ♯展示,这里适当扩大了 w 的表示范围,w0 和 w1 的比例需保持一致
41  plt.show()
```

输出结果如图 12.6 所示。

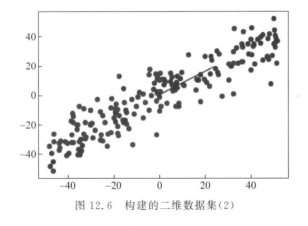

图 12.6　构建的二维数据集(2)

由于例 12.1 中构建的只是一个简单的二维数据,所以上述代码只用找到一个主成分便可以对数据进行较为有效的降维处理。在处理更高维的数据时则往往需要找到更多的主成分从而对高维数据进行降维。

接下来通过例 12.1 中的数据集演示在简单的二维特征数据集中求解第二主成分的方法,这里需要去除数据集在第一主成分上的分量,此处将采用空间几何的向量减法来去除。在得到去除第一主成分分量的新分量后,对新的分量重新进行一次求主成分的操作,便得到第二主成分。以此类推,便可以得到前 n 个主成分。去除例 12.2 中第一主成分的方法如例 12.3 所示。

【例 12.3】　去除第一主成分。

```
1   def f(w, data):
2       return np.sum((data.dot(w) ** 2)) / len(data)
```

```
3
4    def df(w, data):
5      return data.T.dot(data.dot(w)) * 2. / len(data)
6
7    def direction(w):
8      return w / np.linalg.norm(w)
9
10   def first_component(data, initial_w, eta, n_iters = 1e4, epsilon = 1e - 8):
11
12     w = direction(initial_w)
13     cur_iter = 0
14
15     while cur_iter < n_iters:
16        gradient = df(w, data)
17        last_w = w
18        w = w + eta * gradient
19        w = direction(w)
20        if(abs(f(w, data) - f(last_w, data)) < epsilon):
21           break
22        cur_iter += 1
23     return w
24   data = demean(data)
25   initial_w = np.random.random(data.shape[1])
26   eta = 0.01
27   w = first_component(data, initial_w, eta) #求解出第一个主成分
28   data_2 = np.empty(data.shape)     #初始化一个矩阵,和 data 数据集的维度保持一致,用来存
                                       #储去除掉第一个主成分分量后的数据集
29   for i in range(len(data)):
30      data_2[i] = data[i] - data[i].dot(w) * w   #得到数据集中每个样本在去除第一个主成
                                                    #分分量后的值
31
32   #绘制新的分量
33   plt.scatter(data_2[:,0], data_2[:,1])
34   plt.show()
```

输出结果如图 12.7 所示。

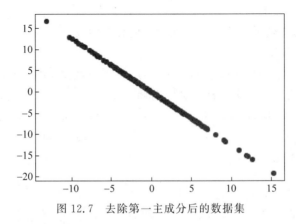

图 12.7　去除第一主成分后的数据集

12.3 对 Iris 数据集降维

在实际应用中二维或三维的数据往往更容易通过可视化来发现数据中所蕴含的模式，而高维数据集往往难以用图形表示，因此可以通过降维的方法将高维数据降成二维或三维数据来可视化。本节将使用 Iris 数据集来演示应用主成分分析法进行数据集的降维。具体实现方法如例 12.4 所示。

【例 12.4】 通过主成分分析算法对 Iris 数据集降维。

```
1    from __future__ import print_function
2    from sklearn import datasets
3    import matplotlib.pyplot as plt
4    import matplotlib.cm as cmx
5    import matplotlib.colors as colors
6    import numpy as np
7
8    def shuffle_data(X, y, seed = None):
9        if seed:
10           np.random.seed(seed)
11       idx = np.arange(X.shape[0])
12       np.random.shuffle(idx)
13       return X[idx], y[idx]
14
15   # 零均值化数据集 X
16   def normalize(X, axis = -1, p = 2):
17       lp_norm = np.atleast_1d(np.linalg.norm(X, p, axis))
18       lp_norm[lp_norm == 0] = 1
19       return X / np.expand_dims(lp_norm, axis)
20
21   # 标准化数据集 X
22   def standardize(X):
23       X_std = np.zeros(X.shape)
24       mean = X.mean(axis = 0)
25       std = X.std(axis = 0)
26       # 规避分母等于 0 的情形
27       # X_std = (X - X.mean(axis = 0)) / X.std(axis = 0)
28       for col in range(np.shape(X)[1]):
29           if std[col]:
30               X_std[:, col] = (X_std[:, col] - mean[col]) / std[col]
31
32       return X_std
33
34   # 将数据集切分为训练数据集和测试数据集
35   def train_test_split(X, y, test_size = 0.2, shuffle = True, seed = None):
36       if shuffle:
37           X, y = shuffle_data(X, y, seed)
38       n_train_samples = int(X.shape[0] * (1 - test_size))
```

```
39        x_train, x_test = X[:n_train_samples], X[n_train_samples:]
40        y_train, y_test = y[:n_train_samples], y[n_train_samples:]
41        return x_train, x_test, y_train, y_test
42
43    # 求解矩阵 X 的协方差矩阵
44    def calculate_covariance_matrix(X, Y = np.empty((0,0))):
45        if not Y.any():
46            Y = X
47        n_samples = np.shape(X)[0]
48        covariance_matrix = (1 / (n_samples - 1)) * (X - X.mean(axis = 0)).T.dot(Y - Y.mean
    (axis = 0))
49
50        return np.array(covariance_matrix, dtype = float)
51
52    # 求解数据集 X 每列的方差
53    def calculate_variance(X):
54        n_samples = np.shape(X)[0]
55        variance = (1 / n_samples) * np.diag((X - X.mean(axis = 0)).T.dot(X - X.mean(axis =
    0)))
56        return variance
57
58    # 求解数据集 X 每列的标准差
59    def calculate_std_dev(X):
60        std_dev = np.sqrt(calculate_variance(X))
61        return std_dev
62
63    # 求解相关系数矩阵
64    def calculate_correlation_matrix(X, Y = np.empty([0])):
65        # 先计算协方差矩阵
66        covariance_matrix = calculate_covariance_matrix(X, Y)
67        # 求解 X, Y 的标准差
68        std_dev_X = np.expand_dims(calculate_std_dev(X), 1)
69        std_dev_y = np.expand_dims(calculate_std_dev(Y), 1)
70        correlation_matrix = np.divide(covariance_matrix, std_dev_X.dot(std_dev_y.T))
71        return np.array(correlation_matrix, dtype = float)
72
73    class PCA():
74        def __init__(self):
75            self.eigen_values = None
76            self.eigen_vectors = None
77            self.k = 2
78        def transform(self, X):
79            # 将原始数据集 X 通过主成分分析进行降维
80            covariance = calculate_covariance_matrix(X)
81            # 求解特征值和特征向量
82            self.eigen_values, self.eigen_vectors = np.linalg.eig(covariance)
83            # 将特征值从大到小进行排序,注意特征向量是按列排的,即 self.eigen_vectors 第 k 列
              # 是 self.eigen_values 中第 k 个特征值对应的特征向量
84            idx = self.eigen_values.argsort()[:: - 1]
```

```
85          eigenvalues = self.eigen_values[idx][:self.k]
86          eigenvectors = self.eigen_vectors[:, idx][:, :self.k]
87          # 将原始数据集 X 映射到低维空间
88          X_transformed = X.dot(eigenvectors)
89          return X_transformed
90
91  def main():
92      # 加载数据集
93      data = datasets.load_iris()
94      X = data.data
95      y = data.target
96      # 将数据集 X 映射到低维空间
97      X_trans = PCA().transform(X)
98      # 绘制图形
99      red_x, red_y = [], []
100     blue_x, blue_y = [], []
101     green_x, green_y = [], []
102     for i in range(len(X_trans)):
103         if y[i] == 0:
104             red_x.append(X_trans[i][0])
105             red_y.append(X_trans[i][1])
106         elif y[i] == 1:
107             blue_x.append(X_trans[i][0])
108             blue_y.append(X_trans[i][1])
109         else:
110             green_x.append(X_trans[i][0])
111             green_y.append(X_trans[i][1])
112     plt.scatter(red_x, red_y, c = 'r', marker = 'x')
113     plt.scatter(blue_x, blue_y, c = 'g', marker = '^')
114     plt.scatter(green_x, green_y, c = 'b', marker = '.')
115     # 添加坐标轴标签
116     plt.xlabel('Principal Component 1')
117     plt.ylabel('Principal Component 2')
118     plt.show()
119
120  if __name__ == "__main__":
121     main()
```

上述步骤中设计了标准化操作。所谓标准化是指各变量减去它们的均值,再除以标准差的操作。标准化方法被广泛地使用在许多机器学习算法中。

输出结果如图 12.8 所示。

降维后的 Iris 数据集如图 12.8 所示,图中对三个不同类别的鸢尾花分别使用了不同的符号进行标记。从图 12.8 中不难看出,"×"(叉号)表示的类别与另外两个类别完全分离。这个可视化结果可以帮助在对鸢尾花进行分类。

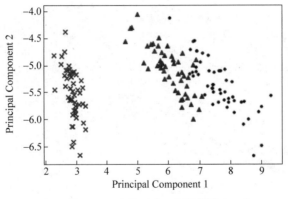

图 12.8　降维后的 Iris 数据集

12.4　本章小结

本章主要介绍了通过主成分分析法对数据进行降维的方法。高维数据往往不容易被可视化,对数据集进行降维处理将有助于简化对数据集的应用,并起到降噪的作用,这有助于提高模型的训练效率和准确度,解释高维数据集中变量间的相关性。数据集降维是数据预处理的重要组成部分。

主成分分析需要将所有数据集放入内存,当数据集较大时,内存处理效率较低,此时需要使用其他方法来寻找特征值。基于主成分分析占用内存的缺点,下一章将会介绍另一种降维算法——奇异值分解。

12.5　习　　题

1. 填空题

(1) 主成分分析法属于_____学习算法,该算法通过将关系紧密的多个变量变成尽可能少的新变量,使这些新变量保持_____相关性,以此达到简化数据集的目的。

(2) 一个数据集中映射方差值最大的基往往存在于_____主成分之中。

(3) 当数据集不同维度上的方差分布_____时,使用主成分分析法来对数据集进行降维将非常有效。

2. 选择题

(1) 下列(　　)不属于数据降维的优点。

　　A. 增强数据的易用性　　　　　　　　　　B. 提高训练模型的效率

　　C. 彻底消除噪声对数据集的影响　　　　　D. 提高结果的可读性

(2) 下列不属于主成分分析法的优点的是(　　)。

　　A. 结果只与数据相关,与用户独立

　　B. 方法简单,易于实现

　　C. 善于发现所有导致样本差异的重要信息

　　D. 主成分之间正交,可消除原始数据成分间的相互影响

3. 思考题

简述标准化与零均值化的区别。

第 13 章　奇异值分解

本章学习目标

- 理解特征值分解和奇异值分解的概念；
- 掌握通过奇异值分解进行图片压缩的方法；
- 掌握构建协同过滤推荐引擎的方法。

奇异值分解(Singular Value Decomposition,SVD)在机器学习领域应用广泛,除了被用于数据降维,还可被应用于推荐系统和自然语言处理等领域。

奇异值分解具有较为明显的物理意义,它可以将一个原本比较复杂的矩阵用更简单的形式来表示:通过更小、更简单的几个子矩阵的相乘来表示原本比较复杂的矩阵。用来表示原始矩阵的"小"矩阵可以描述原始矩阵所包含的重要特性。生活中,大家在描述一个人的长相时可能会这样表述:这个人浓眉大眼,高鼻梁,国字脸,寸头。事实上,人的脸部特征远不止这些,但是通过前面所列出的几个主要特征,便可以让其他人对被描述的人形成一个较为简单但清晰的认识。人类天生具有优秀的提取重要特征的能力,奇异值分解则可以帮助机器学会提取数据集中所包含的重要特征。本章将介绍奇异值分解的相关概念和具体实现方法。

13.1　特征值分解

在学习奇异值分解之前,有必要先了解特征值分解(eigen-decomposition)的概念。特征值分解和奇异值分解两者有着很紧密的关系,两者的目标一致:提取出一个矩阵最重要的特征。特征值分解又被称作谱分解(spectral decomposition),是使用最广的矩阵分解之一,是一种将矩阵分解成由其特征向量和特征值表示的矩阵之积的方法。

"分而治之"的策略经常被用于机器学习的算法设计中,许多数学对象可以通过分解成多个子成分或者寻找相关特征来更好地理解整体。例如,整数可以分解为质数。十进制整数 12 可以用十进制或二进制等不同方式表示,但素数分解是具有唯一性的,通过素数分解可以获得一些有用的信息,例如,$12=2\times2\times3$。通过这个表示可以知道 12 是不能被 5 整除的,还可以得出 12 的倍数可以被 2 整除等信息。同理,可以通过将矩阵分解为多个子矩阵的方法来发现原矩阵中本来不明显的函数性质。

"特征"在模式识别和图像处理中是非常常见的一个词语。要认识和描绘一件事物,首先得找出这个事物的特征。因此,要让计算机识别一件事物,首先就要让计算机学会理解或者抽象出事物的特征。不论某一类事物的个体如何变换,都存在于这类事物中的共有特点才能被作为"特征"。例如,计算机视觉中常用的 SIFT(Scale-Invariant Feature Transform)特征点就是一种很经典的用于视觉跟踪的特征点,即使被跟踪的物体的尺度、角度发生了变化,这种特征点依然能够找到关联。

在机器学习中,特征向量的选取也是整个机器学习系统中非常重要的一步。线性代数中的"特征"是抽象的。矩阵乘法对应了一个变换,是把任意一个向量变成另一个方向或长度不同的新向量。在这个变换的过程中,原向量会发生旋转、伸缩变化。如果矩阵对某一个向量或某些向量只发生伸缩(尺度)变化,而没有产生旋转的变化(也就意味着张成的子空间没有发生改变),则这样的向量就是特征向量。可以通过图 13.1 来理解特征向量的概念。

(a) 原图   (b) 变换后的图

图 13.1   特征向量的概念

可以看出,图 13.1(a)通过仿射变换发生了形变,但是,图像的中心纵轴在变形后并未发生改变,如图 13.1(b)所示。对比图 13.1(a)和图 13.1(b)中的浅色向量,可以看出其发生了方向的改变,但是深黑色向量的方向依然保持不变,因此深黑色向量可以看作该变换的一个特征向量。深黑色向量在从图 13.1(a)变换成图 13.1(b)时,既没有被拉伸也没有被压缩,其特征值为 1。所有沿着垂直线的向量也都是特征向量,它们的特征值相等。这些沿着垂直线方向的向量构成了特征值为 1 的特征空间。

假设方阵 A 有 m 个不同的特征值,设特征值为 λ,单位特征向量为 x。方阵 A 的特征向量是指与 A 相乘后相当于对该向量进行放缩的非 0 向量,基于特征向量的该特性,通常可以只考虑单位特征向量。有

$$Ax = \lambda x$$

其中,标量 λ 是特征向量 x 所对应的特征值。非 0 向量 x 称为方阵 A 对应于特征值 λ 的特征向量。

假设矩阵 A 有 n 个线性无关的特征向量 $\{x^1, x^2, \cdots, x^n\}$,它们对应着特征值分别为 $\{\lambda^1, \lambda^2, \cdots, \lambda^n\}$。将 n 个线性无关的特征向量连接一个矩阵,使得每一列是一个特征向量 $V = [x^1, x^2, \cdots, x^n]$,用特征值构成一个新的向量 $\boldsymbol{\lambda} = [\lambda_1, \lambda_2, \cdots, \lambda_n]^{\mathrm{T}}$,此时矩阵 A 的特征分解表达式如下所示。

$$A = V \mathrm{diag}(\boldsymbol{\lambda}) V^{-1}$$

需要注意的是,并不是所有矩阵都可以特征值分解,一个大小为 $\boldsymbol{R}^{n \times n}$ 的矩阵 A 存在特征向量的充要条件是矩阵 A 含有 n 个线性无关的特征向量。

13.2 奇异值分解简介

13.1节中探讨了如何将矩阵分解成特征向量和特征值,但特征值分解仅适用于方阵,而现实中大部分矩阵都不是方阵,比如电影推荐网站有 M 个用户,每个用户有 N 种偏好,这样形成的一个 $M \times N$ 的矩阵,而 M 和 N 很可能不是相等的,此时可以通过奇异值分解来对非方阵的矩阵进行分解。

奇异值分解出现至今已有上百年,但是随着计算机的普及和硬件计算性能的提高,奇异值分解的更多价值才得以被发掘。奇异值分解适用于任意给定的 $m \times n$ 阶实数矩阵分解,它将矩阵分解为奇异向量(singular vector)和奇异值(singular value),通过奇异向量和奇异值来表述原矩阵的重要特征。

在13.1节中,使用特征分解分析矩阵 A 时,得到特征向量构成的矩阵 V 和特征值构成的向量λ,现在通过如下形式重新表示矩阵 A:

$$A = V \text{diag}(\lambda) V^{-1}$$

设 A 是一个 $m \times n$ 的矩阵,U 是一个 $m \times m$ 的矩阵,D 是一个 $m \times n$ 的矩阵,V 是一个 $n \times n$ 的矩阵,则矩阵 A 可以分解为如下形式:

$$A = UDV^{\text{T}}$$

这些矩阵每一个都拥有特殊的结构。矩阵 U 和 V 都是正交矩阵,矩阵 D 是对角矩阵。

矩阵 $U = \{u^1, u^2, \cdots, u^m\}$ 是一个 m 阶方阵,其中 u^i 的值是矩阵 $A^{\text{T}}A$ 的第 i 大的特征值对应的特征向量。u^i 也被称为矩阵 A 的左奇异向量(left singular vector)。

对角矩阵 D 对角线上的元素为$(\lambda_1, \lambda_2, \cdots, \lambda_k)$,其中 λ_i 是矩阵 $A^{\text{T}}A$ 的第 i 大的特征值的平方根,$\lambda_i = \sqrt{\lambda_i(A^{\text{T}}A)}$ 被称为矩阵 A 的奇异值。

矩阵 $V = \{v^1, v^2, \cdots, v^n\}$ 是一个 n 阶方阵,其中 v^i 的值是矩阵的列向量被称右奇异向量(right singular vector)。

奇异值分解可以高效地表示数据。例如,假设想传输如图 13.2 所示的图像,每张图片实际上对应着一个矩阵,像素大小就是矩阵的大小,图中包含 15×25 个黑色或者白色像素。

可以看出,图 13.2 实际上是由如图 13.3 所示的三种列所组成的。

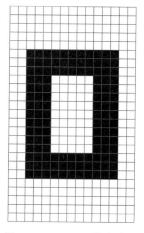

图 13.2　15×25 像素阵列

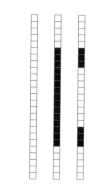

图 13.3　三种类型的列

接下来,通过由规格为 15×25、各元素为 0 或 1 的矩阵来表示图 13.2。其中,0 表示图 13.2 中的黑色像素,1 表示图中的白色像素,具体如图 13.4 所示。

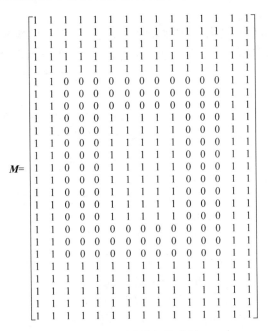

图 13.4　图片的矩阵表示

奇异值往往对应着矩阵中隐含的重要信息,每个奇异值所对应信息的重要性都与值的大小具有正相关性。每个矩阵都可以表示为一系列秩为 1 的"子矩阵"之和,通过奇异值来衡量这些"子矩阵"对应的权重。

如果对矩阵 M 进行奇异值分解,可以得到 3 个非零的奇异值(图 13.4 中只有 3 个线性独立的列,因此得到 3 个奇异值,矩阵的序为 3)。假设得到的这 3 个非零奇异值分别为 σ_1、σ_2、σ_3。因此,矩阵可以通过如下表达式进行近似表达:

$$M \approx u_1\sigma_1 v_1^{\mathrm{T}} + u_2\sigma_2 v_2^{\mathrm{T}} + u_3\sigma_3 v_3^{\mathrm{T}}$$

从图 13.4 中可以看到,该图可以近似由 3 个包含 15 个元素的行向量 v_i、3 个包含 25 个元素的列向量 u_i,以及 3 个奇异值 σ_i 表达。因此,现在只需要 123($3\times15+3\times25+3=$123)个元素就可以表示这个矩阵,远远少于原始矩中的 375 个元素。

一般情况下,奇异值越大,所对应的信息越重要,这一点可以被应用于数据的降噪处理中。假如在通过扫描仪将图 13.2 中的数据输入到计算机时由于扫描仪的原因在原图上产生一些缺陷(这种缺陷通常被称为"噪声"),这时可以通过奇异值对图像降噪。图 13.5 是一张扫描后包含噪声的图片。现假设那些较小的奇异值是由噪声引起的,接下来可以通过令这些较小的奇异值为 0 来达到降低图像噪声的目的。

假设通过奇异值分解得到了矩阵的以下奇异值,由大到小依次为:$\sigma_1=14.15$,$\sigma_2=4.67$,$\sigma_3=3.00$,$\sigma_4=0.21$,$\cdots$,$\sigma_{15}=0.05$。在 15 个奇异值中,从第 4 个奇异值开始数值变得较小,在这些较小的奇异值便可能是所要剔除的"噪声"。此时,令这些较小奇异值为 0,仅保留前 3 个奇异值来构造新的矩阵,得到如图 13.6 所示的图像。

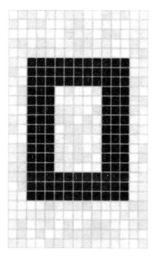

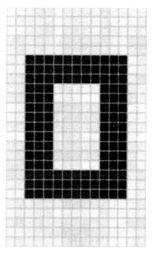

图 13.5　含有噪声的图像　　　　　　　　图 13.6　去噪后的图像

与图 13.5 相比,图 13.6 中的白色方格中灰白相间的图案减少了,通过这种对较小的奇异值置 0 的方法可降低图像噪声。

奇异值分解的优缺点如下所示。

- 可以有效简化数据,降低原始数据中的噪声,提高算法的性能。
- 奇异值分解的结果难以解释,且仅适用于数值型数据。

13.3　实战:通过 Python 实现图片压缩

通过前面的介绍,已经对奇异值分解有了较为基础的了解,本节将会介绍如何将奇异值分解应用于处理图像压缩任务。待压缩的图片如图 13.7 所示,它是梵高的作品《星空》。

图 13.7　待压缩的图片

图片的压缩方法具体如例 13.1 所示。

【例 13.1】　压缩梵高的作品《星空》。

```
1    from PIL import Image
2    import os
3    from numpy import *
4    import matplotlib as mpl
5    import matplotlib.pyplot as plt
6
7    if __name__ == '__main__':
8      mpl.rcParams['font.sans-serif'] = [u'simHei']
9      mpl.rcParams['axes.unicode_minus'] = False
10     A = Image.open('starry_night.jpg')
11     a = array(A)    #转换为矩阵
12
13     #由于是彩色图像,所以是三通道.a的最内层数组为三个数,分别表示R、G、B,用来表示一个
       #像素
14     u_r, sigma_r, v_r = linalg.svd(a[:, :, 0])
15     u_g, sigma_g, v_g = linalg.svd(a[:, :, 1])
16     u_b, sigma_b, v_b = linalg.svd(a[:, :, 2])
17   def restore1(u, sigma, v, k):
18     m = len(u)
19     n = len(v)
20     a = zeros((m, n))
21     #重构图像
22     a = dot(u[:, :k], diag(sigma[:k])).dot(v[:k, :])
23     #上述语句等价于如下形式
24     #for i in range(k):
25     #   ui = u[:, i].reshape(m, 1)
26     #   vi = v[i].reshape(1, n)
27     #   a += sigma[i] * dot(ui, vi)
28     a[a < 0] = 0
29     a[a > 255] = 255
30     return rint(a).astype('uint8')
31
32   plt.figure(facecolor = 'w', figsize = (10, 10))
33   #保留的奇异值个数依次为:1,2,...,12
34   K = 12
35   for k in range(1, K + 1):
36     print(k)
37     R = restore1(u_r, sigma_r, v_r, k)
38     G = restore1(u_g, sigma_g, v_g, k)
39     B = restore1(u_b, sigma_b, v_b, k)
40     I = stack((R, G, B), axis = 2)
41     #现实重构后的图片
42     plt.subplot(3, 4, k)
43     plt.imshow(I)
44     plt.axis('off')
45     plt.title(u'奇异值个数:%d' % k)
46   plt.suptitle(u'SVD与图像分解', fontsize = 20)
47   plt.tight_layout(0.1, rect = (0, 0, 1, 0.92))
48   plt.show()
```

输出结果如图 13.8 所示。

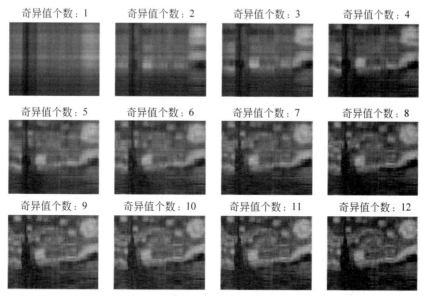

SVD与图像分解

图 13.8　保留不同奇异值数量所得到的不同结果

　　程序的输出结果展示了保留的奇异值从 1～12 个的压缩效果。从图 13.8 可以看出，自左上角第一个结果往右，随着保留奇异值个数的增多，图片逐渐变得清晰起来（越接近原始图片的清晰程度）。当保留的奇异值个数为 5 时，已经能够较为清楚地对图像进行重构。

13.4　基于协同过滤的推荐算法

　　奇异值分解除了用于图片压缩外，另一个目前比较流行的应用场景是推荐引擎。随着网购的兴起，推荐引擎逐渐被大家所熟知。电商购物网站会根据顾客的浏览或购买记录向其推荐相关的其他商品。推荐算法种类很多，但是目前应用最广泛的应该是协同过滤类别的推荐算法。本章将通过协同过滤（collaborative filtering）的方法来实现简单的推荐引擎。所谓协同过滤，简单来说就是将用户的数据信息与其他用户数据进行对比，从而推测用户可能感兴趣的商品。

13.4.1　推荐算法概述

　　推荐算法的出现可能远早于机器学习的兴起，大致可以分为以下 5 个类别。

　　（1）基于内容的推荐。这种推荐算法一般基于自然语言处理技术，通过发掘文本数据中的 TF-IDF 特征向量来发掘用户的偏好，进而给出相关推荐。该推荐算法的解释性强，并且可以发掘出用户独特的小众喜好。

　　（2）协同过滤推荐。随着对协同过滤推荐算法研究的深入，现有的该类型算法变化繁多，被各领域广泛应用。该类算法的优点是构建模型时不需要太多相关领域的知识，通过基于统计学的算法模型来得到较好的推荐效果。其最大的优点是易于在工程上实现，并可方便地应用到产品中。目前,绝大多数实际应用的推荐算法都是协同过滤推荐算法。本节将主要讲述该算法。

(3)混合推荐。该算法类似于本书之前提到的集成学习算法——通过结合多个推荐算法得到一个更好的推荐算法。例如,通过构建多个推荐算法模型,然后通过投票的形式决定最终的推荐结果。混合推荐理论上不会比单一任何一种推荐算法差,但是使用混合推荐会显著提高算法的复杂度,该算法的实际适用领域相对较小。

(4)基于规则的推荐。这类算法通常基于用户单击次数或用户浏览次数等进行推荐,属于大众型推荐方法,该算法目前已逐渐不适应大数据时代。

(5)基于人口统计信息的推荐。该算法最为简单,它只是简单地根据系统用户的基本信息发现用户的相关程度,然后进行推荐,目前在大型推荐系统中已难以看到该类算法。

由于篇幅原因,本章将只介绍应用最为广泛的协同过滤推荐算法。

13.4.2 协同推荐系统概述

协同过滤算法包括"在线协同"和"离线过滤"两个部分。其中,在线协同是指通过在线数据找到用户可能喜欢的物品;而离线过滤是指过滤掉一些不值得推荐的数据,比如推荐值评分低的数据,或者虽然推荐值高但是用户已经购买的数据。

基于协同过滤的推荐系统分为两类,分别是基于用户的推荐系统和基于物品的推荐系统。基于用户的协同过滤推荐系统的基本原理是,根据所有用户对物品或者信息的偏好,发现与当前用户喜好或偏好相似的"邻居"用户群(采用计算 K 近邻算法)。然后,基于这 K 个邻居的历史偏好信息,为当前用户进行推荐,具体如图 13.9 所示。

上图示意出基于用户的协同过滤推荐机制的基本原理,假设有三个用户 A、B、C。用户 A 喜欢物品 A、物品 C,用户 B 喜欢物品 B,用户 C 喜欢物品 A、物品 C 和物品 D。通过分析这三个用户的历史喜好可以发现,用户 A 和用户 C 的喜好类似。那么可以推测,用户 A 很可能像用户 C 一样喜欢物品 D,因此可以推荐物品 D 给用户 A。

基于用户的协同过滤推荐机制和基于人口统计学的推荐机制都是计算用户的相似度,并基于"邻居"用户群计算推荐,但两者的不同之处在于计算用户相似度的方式。基于人口统计学的机制只考虑用户本身的特征,而基于用户的协同过滤系统是在用户的历史偏好数据的基础上计算用户的相似度,它的基本假设是,喜欢类似物品的用户可能有相同或者相似的喜好。

基于物品的协同过滤推荐系统基于所有用户对物品或者信息的偏好,来发现物品和物品之间的相似度,然后根据用户的历史偏好信息,将类似的物品推荐给用户。基于物品的协同过滤推荐系统的基本原理如图 13.10 所示。

假设有三个用户 A、B、C。用户 A 喜欢物品 A 和物品 C,用户 B 喜欢物品 A、物品 B 和物品 C,用户 C 喜欢物品 A,通过分析这三个用户的历史喜好,可以发现喜欢物品 A 的人都喜欢物品 C,基于这个数据可以推断,喜欢物品 A 的用户 C 很有可能也喜欢物品 C,所以系统会将物品 C 推荐给用户 C。

可以看出,协同过滤的推荐系统主要是基于相似度算法的,常见的相似度计算方法主要有三种:欧氏距离相似度、皮尔逊相关系数和余弦相似度。本书将重点介绍皮尔逊相关系数。

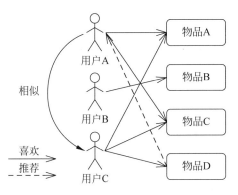

图 13.9 基于用户的协同过滤推荐

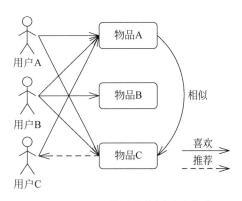

图 13.10 基于物品的协同过滤推荐

皮尔逊相关系数(Pearson correlation)可以度量两个向量之间的相似度。该方法相对于欧氏距离相似度的优势是:它对用户评级的量级并不敏感。例如,某个电影打分网站上,有的用户对所有作品都很包容,对所有电影的评分都是 5 分,而另一个用户则比较苛刻,对所有电影的评分都是 1 分。皮尔逊相关系数会认为这两个向量是相等的。在 NumPy 中,皮尔逊相关系数的计算是由函数 corrcoef()完成。皮尔逊相关系数的取值范围为$-1\sim+1$,通过$0.5+0.5\times$corrcoef()计算,并且把其取值范围归一化到 $0\sim1$。

13.4.3 实战:通过 Python 实现基于用户的协同推荐系统

以推荐电影的系统为例,推荐系统的工作过程大致上可以简化为:选定某个用户,寻找与该用户最相似的 N 个其他用户,从这些相似用户中输出一个评分最高的电影给选定的用户。想要最终实现推荐功能,需要处理以下几个具体步骤。

(1) 寻找与选定用户最相近的 N 个其他用户;

(2) 找出这 N 个相似用户的观影列表;

(3) 从相似用户的观影列表中找出选定用户未观看过的电影,将这些电影按评分由高到低输出。

接下来,将通过基于用户的协同过滤算法实现电影推荐系统,具体实现方法如例 13.2 所示。

【例 13.2】 基于用户的协同过滤算法。

```
1    from math import sqrt,pow
2    import operator
3    class UserCf():
4
5        #获得初始化数据
6        def __init__(self,data):
7            self.data = data;
8
9        #通过用户名获得电影列表,仅调试使用
10       def getItems(self,username1,username2):
11           return self.data[username1],self.data[username2]
12
```

奇异值分解

```
13    # 计算两个用户的皮尔逊相关系数
14    def pearson(self,user1,user2): # 数据格式为：电影,评分   {'Snakes on a Plane': 4.5,
                                      # 'You, Me and Dupree': 1.0, 'Superman Returns': 4.0}
15        sumXY = 0.0;
16        n = 0;
17        sumX = 0.0;
18        sumY = 0.0;
19        sumX2 = 0.0;
20        sumY2 = 0.0;
21        try:
22            for movie1,score1 in user1.items():
23                if movie1 in user2.keys(): # 计算公共电影的评分
24                    n += 1;
25                    sumXY += score1 * user2[movie1]
26                    sumX += score1;
27                    sumY += user2[movie1]
28                    sumX2 += pow(score1,2)
29                    sumY2 += pow(user2[movie1],2)
30
31            molecule = sumXY - (sumX * sumY)/n;
32            denominator = sqrt((sumX2 - pow(sumX,2)/n) * (sumY2 - pow(sumY,2)/n))
33            r = molecule/denominator
34        except Exception as e:
35            print("异常信息:",e.message)
36            return None
37        return r
38
39    # 计算与当前用户的距离,获得最临近的用户
40    def nearstUser(self,username,n = 1):
41        distances = {};                              # 用户,相似度
42        for otherUser,items in self.data.items():    # 遍历整个数据集
43            if otherUser not in username:            # 非当前的用户
44                distance = self.pearson(self.data[username],self.data[otherUser]) # 计算两个用
                                                        # 户的相似度
45                distances[otherUser] = distance
46        sortedDistance = sorted(distances.items(), key = operator.itemgetter(1), reverse =
    True);                                            # 最相似的 N 个用户
47        print("排序后的用户为:",sortedDistance)
48        return sortedDistance[:n]
49
50
51    # 给用户推荐电影
52    def recomand(self,username,n = 1):
53        recommand = {}; # 待推荐的电影
54        for user,score in dict(self.nearstUser(username,n)).items(): # 最相近的 n 个用户
55            print("推荐的用户:",(user,score))
56            for movies,scores in self.data[user].items(): # 推荐用户的电影列表
57                if movies not in self.data[username].keys(): # 当前 username 没有看过
58                    print("%s 为该用户推荐的电影: %s" % (user,movies))
```

```
59                    if movies not in recommand.keys():＃添加到推荐列表中
60                        recommand[movies] = scores
61
62              return sorted(recommand.items(),key = operator.itemgetter(1),reverse = True);
     ＃对推荐的结果按照电影评分排序
63
64    if __name__ == '__main__':
65      users = {'Lisa Rose': {'Lady in the Water': 2.5, 'Snakes on a Plane': 3.5,
66                        'Just My Luck': 3.0, 'Superman Returns': 3.5, 'You, Me and Dupree': 2.5,
67                        'The Night Listener': 3.0},
68
69            'Gene Seymour': {'Lady in the Water': 3.0, 'Snakes on a Plane': 3.5,
70                        'Just My Luck': 1.5, 'Superman Returns': 5.0, 'The Night Listener': 3.0,
71                        'You, Me and Dupree': 3.5},
72
73            'Michael Phillips': {'Lady in the Water': 2.5, 'Snakes on a Plane': 3.0,
74                        'Superman Returns': 3.5, 'The Night Listener': 4.0},
75
76            'Claudia Puig': {'Snakes on a Plane': 3.5, 'Just My Luck': 3.0,
77                        'The Night Listener': 4.5, 'Superman Returns': 4.0,
78                        'You, Me and Dupree': 2.5},
79
80            'Mick LaSalle': {'Lady in the Water': 3.0, 'Snakes on a Plane': 4.0,
81                        'Just My Luck': 2.0, 'Superman Returns': 3.0, 'The Night Listener': 3.0,
82                        'You, Me and Dupree': 2.0},
83
84            'Jack Matthews': {'Lady in the Water': 3.0, 'Snakes on a Plane': 4.0,
85                        'The Night Listener': 3.0, 'Superman Returns': 5.0, 'You, Me and Dupree': 3.5},
86
87            'Toby': {'Snakes on a Plane': 4.5, 'You, Me and Dupree': 1.0, 'Superman Returns': 4.0}
88            }
89
90      userCf = UserCf(data = users)
91      recommandList = userCf.recomand('Toby', 2)
92      print("最终推荐:%s" % recommandList)
```

　　上述代码首先根据当前用户,计算与当前用户最相似的 N 个用户数据信息。然后从这 N 个最相似的用户看过的电影中剔除当前用户已经看过的电影,从剩下的电影中选取一部分推荐给当前用户。选取电影的规则为:按照电影评分从高到低的顺序推荐给当前用户。

　　输出结果如下所示。

```
排序后的用户为: [('Lisa Rose', 0.9912407071619299), ('Mick LaSalle', 0.9244734516419049),
('Claudia Puig', 0.8934051474415647), ('Jack Matthews', 0.66284898035987), ('Gene Seymour',
0.38124642583151164), ('Michael Phillips', -1.0)]
推荐的用户: ('Lisa Rose', 0.9912407071619299)
Lisa Rose 为该用户推荐的电影: Lady in the Water
Lisa Rose 为该用户推荐的电影: Just My Luck
```

Lisa Rose 为该用户推荐的电影: The Night Listener
推荐的用户: ('Mick LaSalle', 0.9244734516419049)
Mick LaSalle 为该用户推荐的电影: Lady in the Water
Mick LaSalle 为该用户推荐的电影: Just My Luck
Mick LaSalle 为该用户推荐的电影: The Night Listener
最终推荐: [('Just My Luck', 3.0), ('The Night Listener', 3.0), ('Lady in the Water', 2.5)]

13.4.4 实战:通过 Python 实现基于物品的协同推荐系统

13.4.3 节介绍了通过 Python 实现基于用户的协同推荐系统的方法,这种推荐系统有着较为明显的缺陷:

(1)随着用户数量的增加,计算用户相似度矩阵的时间和空间复杂度增长较快。

(2)基于用户的协同过滤算法在结果的可解释性上可能存在问题。当用户得知你的推荐是基于另一个与他相似的用户的喜好时,用户可能会质疑两者之间是否真的具有相似性。

本节将要介绍的另一种类型的推荐系统将会缓解上述问题,这便是基于物品的协同推荐系统。通常来说,物品的种类数量是小于用户数量的,因此基于物品的协同过滤的每次遍历将比基于用户的推荐系统花费更少的时间。所谓基于物品的协同过滤,其实并不是利用物品本身的内在属性来计算相似度,而是通过分析用户行为记录来计算两个物品间的相似度。

接下来将介绍基于物品的协同过滤推荐系统的具体实现方法。本节案例的数据来源于 https://grouplens.org/datasets/movielens/。单击图 13.11 中框选处的选项开始下载。

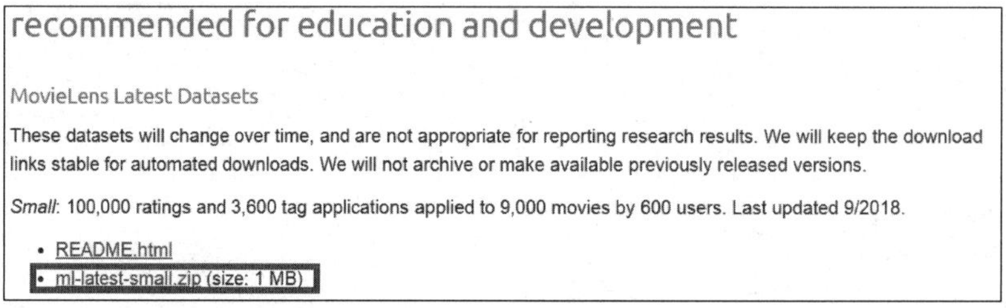

recommended for education and development

MovieLens Latest Datasets

These datasets will change over time, and are not appropriate for reporting research results. We will keep the download links stable for automated downloads. We will not archive or make available previously released versions.

Small: 100,000 ratings and 3,600 tag applications applied to 9,000 movies by 600 users. Last updated 9/2018.

- README.html
- ml-latest-small.zip (size: 1 MB)

图 13.11　下载数据集

下载解压后使用文件夹中的 ratings.csv 文件作为案例的数据集。

基于物品的协同推荐系统需要计算物品的相似度。设矩阵 W 为相似矩阵,物品相似度计算公式如下所示。

$$W_{ij} = \frac{N_i \bigcap N_j}{\sqrt{N_i \cdot N_j}}$$

上述表达式中,N_i 和 N_j 分别表示看过电影 i 的用户数量和看过电影 j 的用户数量,$N_i \bigcap N_j$ 表示同时看过电影 i 和电影 j 的用户数量。实现基于物品的协同推荐系统的方法,具体如例 13.3 所示。

【例 13.3】 基于物品的协同推荐过滤算法。

```
1    import random
2    import operator
3
4    class ItemBasedCF:
5        def __init__(self):
6            self.N = {}  # 看过某部电影的用户数量
7            self.W = {}  # 相似矩阵,用于存储电影 i 和电影 j 的相似度
8            self.train = {}
9            # 从最相似的 k 个已观看电影中挑选 n 个电影进行推荐
10           self.k = 30
11           self.n = 10
12
13       def get_data(self, file_path):
14           # 从文件中加载数据
15           print("开始加载数据: ", file_path)
16           with open(file_path, "r") as f:
17               for i, line in enumerate(f, 0):
18                   if i != 0:  # 删除文件的第一行数据(第一行为表头)
19                       line = line.strip("\r")
20                       user, item, rating, timestamp = line.split(',')
21                       self.train.setdefault(user, [])
22                       self.train[user].append([item, rating])
23           print("数据加载成功")
24
25       def similarity(self):
26           # 计算电影 i 和电影 j 之间的相似度
27           print("开始计算相似矩阵 ...")
28           for user, item_ratings in self.train.items():
29               items = [x[0] for x in item_ratings]  # 用户看过的电影
30               for i in items:
31                   self.N.setdefault(i, 0)
32                   self.N[i] += 1  # 看过电影 i 的用户数
33                   for j in items:
34                       if i != j:
35                           self.W.setdefault(i, {})
36                           self.W[i].setdefault(j, 0)
37                           self.W[i][j] += 1  # 同时看过电影 i 和电影 j 的用户数
38           for i, j_cnt in self.W.items():
39               for j, cnt in j_cnt.items():
40                   self.W[i][j] = self.W[i][j] / (self.N[i] * self.N[j]) ** 0.5  # 电影 i 与电影
                                                                                  # j 的相似度
41           print('计算相似矩阵成功')
42
43       def recommendation(self, user):
44           # 为用户推荐电影
45           print("开始为用户 ID 为", user,"的用户推荐电影")
46           rank = {}
47           watched_items = [x[0] for x in self.train[user]]
48           for i in watched_items:
```

奇异值分解

```
49            for j, similarity in sorted(self.W[i].items(), key = operator.itemgetter(1),
     reverse = True)[0:self.k]:
50                if j not in watched_items:
51                    rank.setdefault(j, 0.)
52                    rank[j] += float(self.train[user][watched_items.index(i)][1]) * similarity
53        return sorted(rank.items(), key = operator.itemgetter(1), reverse = True)[0:self.n]
54
55  if __name__ == "__main__":
56      file_path = "ratings.csv"
57      itemBasedCF = ItemBasedCF()
58      itemBasedCF.get_data(file_path)
59      itemBasedCF.similarity()
60      user = random.sample(list(itemBasedCF.train), 1)
61      rec = itemBasedCF.recommendation(user[0])
62      print("\n被推荐电影的用户 ID 为", user[0], '为他推荐的电影为:')
63      print(rec)
```

上述代码首先遍历 train 变量 $\{$ user：$[[$ item1，rating1$]$，$[$ item2，rating2$]$，$\cdots]$，$\cdots\}$，提取用户看过的电影列表,使用变量 i 遍历该用户看过的电影,对看过该电影的用户数(即变量 $N[i]$)加 1,同时使用变量 j 遍历该用户看过的电影,如果 i 和 j 不同,则 $W[i][j]$ 加 1(此时 $W[i][j]$ 记录的是同时看过电影 i 和电影 j 的用户数)。得到的 W 矩阵就是物品之间的相似度矩阵。

然后为用户推荐电影。在获得用户已经看过的电影列表后,遍历该列表,对于用户看过的电影 i,找出与电影 i 最相似的前 K 个电影(对 $W[i]$ 按照相似度排序),计算这 K 个电影各自的加权评分($\sum_i$(用户对电影 i 的评分×电影 i 和电影 j 的相似度)),对加权评分按照评分降序排序,然后取前 n 个结果推荐给用户。

输出结果如下所示。

```
开始加载数据:ratings.csv
数据加载成功
开始计算相似矩阵…
计算相似矩阵成功
开始为用户 ID 为 398 的用户推荐电影

被推荐电影的用户 ID 为 398 为他推荐的电影为:
[('7153', 20.490436602188126), ('2918', 19.988135332716197), ('2959', 19.178553238975965),
('919', 18.72284164997664), ('4993', 18.29260320920008), ('8961', 17.67161385756675), ('2716',
17.518338048105885), ('2571', 17.202896898969346), ('5952', 16.69863994324088), ('2115',
16.35116888976838)]
```

13.4.5　构建推荐引擎面临的挑战

13.4 节的示例展示出了推荐引擎的工作流程以及奇异值分解将数据映射为重要特征的过程,但是使用奇异值分解时往往需要占用大量的计算资源。本章所展示案例在计算相似矩阵时花费了大量时间。在更大规模的数据集上应用奇异值分解时,如果在每次估计评分时都进行奇异值分解程序的运行效率将更加低下。

除此之外,在构建推荐引擎时还需要面临许多其他问题,比如矩阵的表示方法。在实际应用中数据集里可能会含有大量值为 0 的数据。此时,可以尝试只存储非零元素来节省存储空间和计算资源。另一个潜在的计算资源浪费则来自于相似度得分。在 13.4 节的示例中,每次需要一个推荐得分时,都要计算多个物品的相似度得分,这些得分记录的是物品之间的相似度。因此在需要时,这些记录可以被另一个用户重复使用。在实际中,另一个普遍的做法就是离线计算并保存相似度得分。

构建推荐引擎时还需要考虑如何在缺乏数据时让得出的推荐结果尽可能的准确。该问题称为冷启动(cold-start)问题,在实际应用中很难处理。在协同过滤推荐场景下,新加入数据集的物品往往缺乏相关用户的喜好信息,因此无法判断用户对该物品的喜好程度,在无法判断用户对该物品喜好程度的情况下,推荐系统也就无法应用该物品。

13.5　本 章 小 结

奇异值分解算法在处理降维、提取重要特征和降噪的任务中发挥着重要作用。如今许多购物网站或者电影网站都在使用优化过的奇异值分解算法构建自己的推荐引擎。不过随着大数据的发展,本章所介绍的这种简单的奇异值分解算法已难以胜任对如此大规模数据的处理任务。可以尝试通过离线处理的方式来缓解相应的问题。

13.6　习 　 题

1. 填空题

(1) 特征值分解是一种将矩阵分解成由其_____和_____表示的矩阵之积的方法。

(2) 奇异值分解任务的主要目标是:_____。

(3) 奇异值分解具有_____数据,_____原始数据中的噪声的作用。

(4) 一般情况下,奇异值越大,所对应的信息越_____。

(5) 在图片压缩任务中,保留的奇异值个数越多,压缩后的图片越_____原始图片。

2. 选择题

(1) 奇异值分解算法的缺陷不包括以下(　　　)选项。

　　A. 算法的结果难以解释

　　B. 仅适用于分析数值型数据

　　C. 处理大量数据时效率低下

　　D. 结果容易受原始数据中的噪声影响

(2) 特征值分解适用于(　　　),而奇异值分解适用于(　　　)。

　　A. 非方阵矩阵　方阵　　　　　　　　　　B. 方阵　非方阵矩阵

　　C. 非方阵矩阵　任何矩阵　　　　　　　　D. 方阵　任何矩阵

3. 思考题

(1) 简述奇异值分解的含义并列举两个可以应用奇异值分解的场景。

(2) 简述在不同场景下构建推荐系统时选择基于用户的协同推荐系统还是基于物品的协同推荐系统的依据。以产品为导向的推荐引擎选择哪种协同推荐系统更加高效?

图书资源支持

感谢您一直以来对清华版图书的支持和爱护。为了配合本书的使用,本书提供配套的资源,有需求的读者请扫描下方的"书圈"微信公众号二维码,在图书专区下载,也可以拨打电话或发送电子邮件咨询。

如果您在使用本书的过程中遇到了什么问题,或者有相关图书出版计划,也请您发邮件告诉我们,以便我们更好地为您服务。

我们的联系方式:

地　　址：北京市海淀区双清路学研大厦 A 座 714

邮　　编：100084

电　　话：010-83470236　　010-83470237

客服邮箱：2301891038@qq.com

QQ：2301891038（请写明您的单位和姓名）

资源下载：关注公众号"书圈"下载配套资源。

资源下载、样书申请

书圈

获取最新书目

观看课程直播